职业教育计算机与数码设备维修专业系列教材

计算机数据恢复技术与应用

主　编　乔英霞　孙昕炜
副主编　刘　学　王宁宁　孙学耕　王　岳
参　编　王太岗　朱玉超　孙　斌　叶建辉　黄世瑜
　　　　权建军　赵正道　陈少云　宋义飞　董　瑞

机械工业出版社

本书以项目—任务的形式进行编写，每个项目包括“项目概述”“职业能力目标”“项目评价”“项目总结”和“课后练习”几个部分，主要介绍了硬盘的基础知识及常见物理故障的处理方法，中盈创信数据恢复机及其底层数据编辑软件的使用方法，手工修复MBR和分区表技术，FAT文件系统、NTFS和ExFAT文件系统的数据修复技术以及其他的恢复数据技术等内容。

本书可作为各类职业院校计算机及相关专业的教材，也可作为数据恢复技术培训用书，还可作为自学人员的参考用书。

本书配有电子课件，选用本书作为教材的教师可以从机械工业出版社教育服务网（www.cmpedu.com）免费注册下载或联系编辑（010−88379194）咨询。

图书在版编目（CIP）数据

计算机数据恢复技术与应用 / 乔英霞，孙昕炜主编．—北京：机械工业出版社，2018.5（2024.6重印）

职业教育计算机与数码设备维修专业系列教材

ISBN 978-7-111-59623-3

Ⅰ．①计… Ⅱ．①乔… ②孙… Ⅲ．①数据管理—计算机安全—文件恢复—高等职业教育—教材 Ⅳ．①TP309.3

中国版本图书馆CIP数据核字（2018）第067245号

机械工业出版社（北京市百万庄大街22号 邮政编码100037）

策划编辑：李绍坤 梁 伟　　责任编辑：梁 伟 范成欣

版式设计：鞠 杨　　封面设计：鞠 杨

责任校对：马立婷　　责任印制：张 博

北京建宏印刷有限公司印刷

2024年6月第1版第11次印刷

184mm×260mm·13.25印张·272千字

标准书号：ISBN 978-7-111-59623-3

定价：45.00元

电话服务　　网络服务

客服电话：010-88361066　　机 工 官 网：www.cmpbook.com

010-88379833　　机 工 官 博：weibo.com/cmp1952

010-68326294　　金 书 网：www.golden-book.com

封底无防伪标均为盗版　　机工教育服务网：www.cmpedu.com

PREFACE 前言

随着计算机的普及，人们对它的数据存储依赖程度越来越高。如同人们对手机通讯录的依赖一样，当手机丢失或坏了的时候，就会有一种与世隔绝的感觉。同样地，当计算机出现故障时，里面存储的数据被破坏造成的损失可想而知。

据有关数据统计，每年有70%以上的用户在使用U盘、移动硬盘等存储设备时因为误操作、病毒破坏、物理损坏、硬件故障等问题遭遇过数据丢失灾难。诸多事件说明人们在享受数据信息带来便利的同时，也不得不面对数据丢失带来的巨大损失，因此数据恢复技术应运而生。随着大数据时代的来临，数据恢复技术变得越来越重要，其发展前景会越来越好。

本书以项目—任务的形式进行编写，共设计了6个项目。每个项目包括“项目概述”“职业能力目标”“项目评价”“项目总结”和“课后练习”几部分，每个任务由“任务情景”“任务分析”“必备知识”“任务实施”和“知识拓展”几部分组成。为了便于读者理解，书中还穿插了许多“小疑问”“小提示”“小思考”和“小领悟”等活泼元素。

本书主要介绍了硬盘的基础知识及常见物理故障的处理方法，中盈创信数据恢复机及其底层数据编辑软件的使用方法，手工修复硬盘MBR和硬盘分区表的方法，FAT文件系统、NTFS和ExFAT文件系统的数据修复方法，以及其他的恢复数据技术等内容。与此职业能力最相关的职业岗位是数据恢复工程师，如果再具备一些网络技术的专业技能，还可以从事系统运维、网络管理等工作。

教学学时分配如下：

项　　目	实 操 学 时	理 论 学 时
排除硬盘常见的物理故障	4	4
使用数据恢复机恢复数据	8	4
修复FAT文件系统下的数据	8	4
修复NTFS下的数据	8	4
修复ExFAT文件系统下的数据	8	4
使用其他技术恢复数据	4	4
合　　计	40	24

本书由教学一线老师和企业人员联合编写，由乔英霞、孙昕炜任主编，刘学、王宁宁、孙学耕和王岳任副主编，参加编写的人员有王太岗、朱玉超、孙斌、叶建辉、黄世瑜、权建军、赵正道、陈少云、宋义飞和董瑞。

本书绪论由孙昕炜和孙学耕编写，项目1由叶建辉、董瑞和王岳编写，项目2由朱玉超和黄世瑜编写，项目3由王太岗和权建军编写，项目4由孙斌和赵正道编写，项目5由乔英霞和王宁宁编写，项目6由乔英霞和刘学编写，附录由乔英霞、陈少云和宋义飞编写。

本书在编写过程中，得到了山东电子职业技术学院、福建经济学校、济南电子机械工程学校、山东临朐职教中心、淄博工业学校以及中盈创信（北京）科技有限公司的大力支持，在此表示衷心感谢！

由于编者水平有限，书中不足之处在所难免，恳请广大读者批评指正。

编　者

CONTENTS 目录

绪　　论

1. 数据恢复技术概述

数据恢复技术是通过各种手段把丢失和遭到破坏的数据还原为正常数据的技术。数据恢复过程主要是将保存在存储介质上的数据通过数据恢复技术完好无损地恢复出来的过程。

当存储介质（包括硬盘、移动硬盘、U盘、软盘、闪存、磁带等）由于软件问题（如误操作、病毒、系统故障等）或硬件原因（如振荡、撞击、电路板或磁头损坏、机械故障等）导致数据丢失时，便可通过数据恢复技术把数据全部或者部分还原。因此，数据恢复技术分为软件问题数据恢复技术和硬件问题数据恢复技术。

由于软件问题导致数据无法读取时，如在误操作或者病毒引起的资料损失的情况下，大部分数据通过数据恢复工具软件加上一些使用技巧和经验是可以恢复的。因为任何工具软件都不是百分之百可以恢复数据的，所以很多情况下还需要利用基础的编辑软件手工完成数据恢复，而这需要具备存储介质的数据存储结构及文件系统的数据管理等相关专业知识。

因为硬盘本身问题而无法读取数据时，如果是电路控制板的问题，则可以通过排除故障点或更换相同的控制板来解决，而其他问题则需要专业的数据恢复工程师配合专业数据恢复设备（开盘机、DCK硬盘复制机等），在无尘环境下维修。

2. 数据恢复的原则

（1）开始不要轻举妄动

要理清思路，掌握必要的知识和方法。

（2）具体实施过程要三思而后行

始终明确执行的每项操作可能带来的后果，强烈建议先对存储介质进行备份，以保护初始现场。

（3）最后需要耐心+细心

数据恢复过程有时需要很长的时间，且稍不小心就可能功亏一篑，所以必须耐心仔细地工作。

3. 数据恢复所必备的基础知识

- 二进制、十进制与十六进制之间的转换。
- 数据在存储器中的存储原理。
- ASCⅡ码表与常用的DOS命令。
- 元器件识别与焊接技术。

PROJECT 1

PROJECT 1 项目 1

排除硬盘常见的物理故障

项目概述

硬盘（Hard Disk Drive，HDD）是计算机的数据存储中心，主要用于存储计算机操作系统、应用软件、文件等数据。硬盘是目前使用最普遍的存储设备，具有容量大、价格低等优点。

本项目包括两个任务，主要介绍了硬盘的物理结构、逻辑结构、工作原理与性能指标等基础知识，以及硬盘常见的外部电路故障的检测与维修方法。

职业能力目标

- 掌握硬盘的基础知识、硬盘的工作原理。
- 理解硬盘的物理结构。
- 理解硬盘的逻辑结构。
- 掌握硬盘的性能指标。
- 掌握存储设备的参数。
- 能够判断并排除计算机硬盘无法识别的故障。
- 能够查找并排除计算机硬盘异常响动的故障。

任务1 排除系统无法识别硬盘故障

任务情景

用户：你好，我的台式机开机后进不了操作系统了。

工作人员：不要着急，让我帮你看一下，请您耐心等待!

任务分析

计算机进不了操作系统的原因有很多，需要先观察故障现象，然后确定可能的原因。

通过与客户的沟通，得知客户在对计算机进行卫生清洁时，把计算机内的硬件都拆了下来，清洁完，把所有部件都装好。开机后，出现找不到硬盘的故障提示。

工作人员连接好计算机的电源和外设，开机后出现计算机没有操作系统的错误。重启计算机后进入BIOS设置，发现没有找到硬盘。

计算机无法识别硬盘的原因有很多，有可能是硬件连接错误、供电线路故障或者硬盘本身的故障，需要逐一检测，最终找到原因，排除故障。

小疑问 这么复杂呀！硬盘到底是怎么工作的呢？

必备知识

一、硬盘的结构与工作原理

硬盘是一种外部存储器，主要用于存储计算机操作系统、应用软件、文件等数据。根据硬盘的位置，可分为内置硬盘和外置硬盘。内置硬盘根据其数据接口类型可分为并口硬盘（IDE）和串口硬盘（SATA），外置硬盘根据其数据接口类型可分为USB接口和eSATA接口。根据硬盘的工作原理分类，可将其分为固态硬盘（SSD）和机械硬盘（HDD）。

1. 硬盘的物理结构

硬盘的外部由固定面板、控制电路板、接口三部分组成，如图1−1和图1−2所示。硬盘内部主要有传动臂、读/写磁头、主轴（下方是轴承和电动机）、永久磁铁、盘片、空气过滤片等组成，如图1−3所示。组件中的每一个组成部分都是由高度精密的机械零件组装而成的。前置读/写控制电路由一组复杂的电路组成，负责调制硬盘与中央处理器之间交换的信号类型并将其放大。硬盘需要用一条数据线连接主板（或外部数据接口），并且由电源供电，才可以正常使用。

图 1-1　硬盘的正面结构

图 1-2　硬盘的背面结构

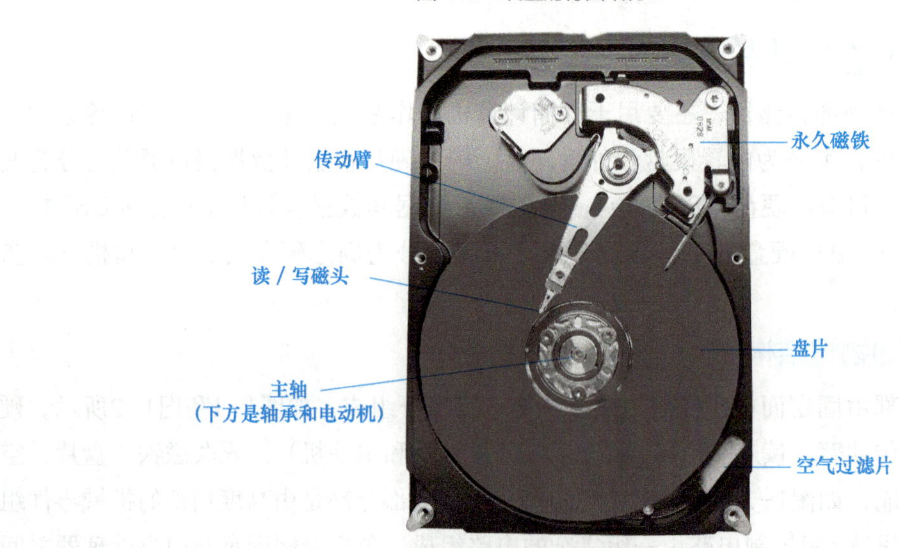

图 1-3　硬盘的内部结构

小思考　了解了硬盘的物理结构，那么硬盘是怎么存储数据的？

2. 硬盘的逻辑结构

硬盘的逻辑结构包括磁面、磁道、柱面与扇区。磁面也就是组成盘体各盘片的上下两个盘面，第一个盘片的第一面为0磁面，反面为1磁面；第二个盘片的第一面为2磁面，以此类推。由于每个磁面对应一个读/写磁头，因此在对磁面进行读/写操作时，也可称为磁头0、磁头1、磁头2等。

其中，磁头是硬盘最关键的部分，是硬盘进行读/写的“笔尖”，每一个盘面（若将磁头比喻为“笔”，则盘面就是“笔”下的“纸”）都有自己的一个磁头。磁道是指磁盘旋转时，由于磁头始终保持在一个位置上而在磁盘表面画出的圆形轨迹，如图1-4所示。这些磁道也有编号。扇区是指磁道被等分成的若干弧段，是磁盘驱动器向磁盘读/写数据的基本单位，如图1-5所示。每个扇区可以存放512B的信息，每个扇区也都有编号。顾名思义，柱面就是一个圆柱形面，由于磁盘是由一组重叠的盘片组成的，每个盘面都被划分为等量的磁道并由外到里依次编号，具有相同编号的磁道形成的便是柱面，因此磁盘的柱面数与其一个盘面的磁道数是相等的。

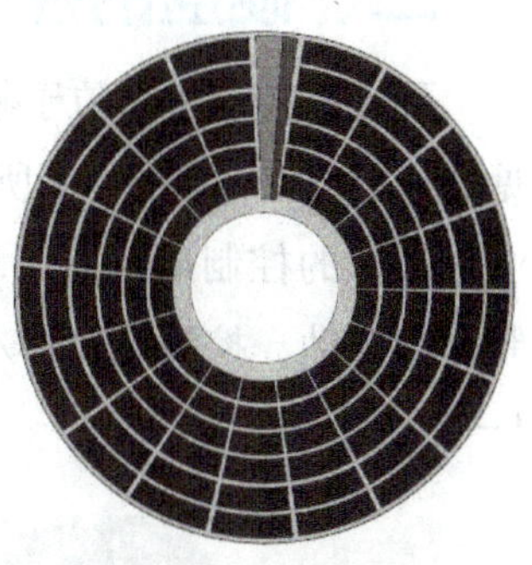

图1-4 硬盘磁道

小提示 执行低级格式化操作后，硬盘将会被划分出面、磁道和扇区。需要注意的是，这些只是虚拟的概念，并不是真的会在硬盘上划出一道道的痕迹。

小思考 硬盘高级格式化后会有什么变化呢？

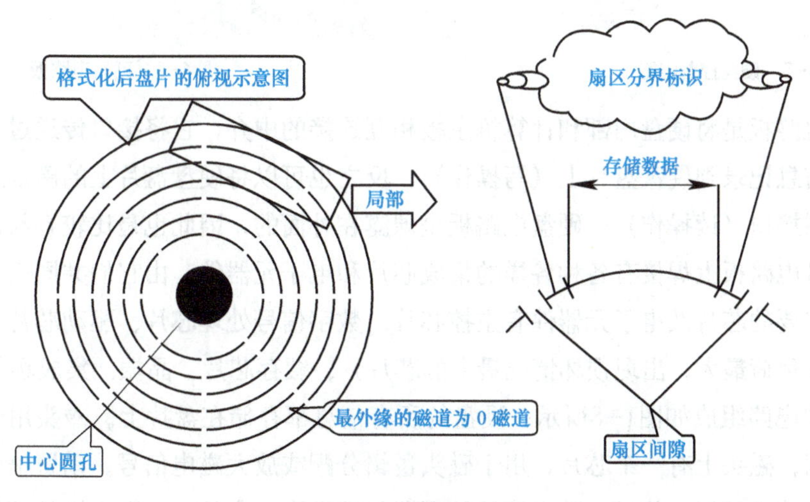

图1-5 硬盘扇区

3. 硬盘的工作原理

当硬盘读/写数据时，盘面在主轴的带动下高速旋转，而磁头在传动臂的带动下在盘片的上方沿其半径方向“飞行”做直线运动，并未与盘面接触。在这种状态下，磁头既不会与盘面发生磨损，又可以达到读/写盘片上任何位置数据的目的。由于盘体高速旋转，产生很明显的陀螺效应，因此硬盘在工作时最好不要搬动，否则会加重轴承的工作负荷；而硬盘磁头的寻道伺服电动机在伺服跟踪调节下可以精确地跟踪磁道。

小提示 在硬盘工作的过程中不要有冲击碰撞，搬动时要小心轻放。

二、硬盘的控制电路

硬盘的控制电路位于硬盘背面，将背面电路板的安装螺钉拧下，翻开控制电路板即可见到控制电路，如图1-6所示。

硬盘的控制电路是一块印制电路板，上面有很多的芯片和分立元器件。其功能是控制盘片转动、控制磁头读/写需要的数据并通过接口进行传输。拆下后的硬盘电路板如图1-7所示。

图 1-6 硬盘控制电路

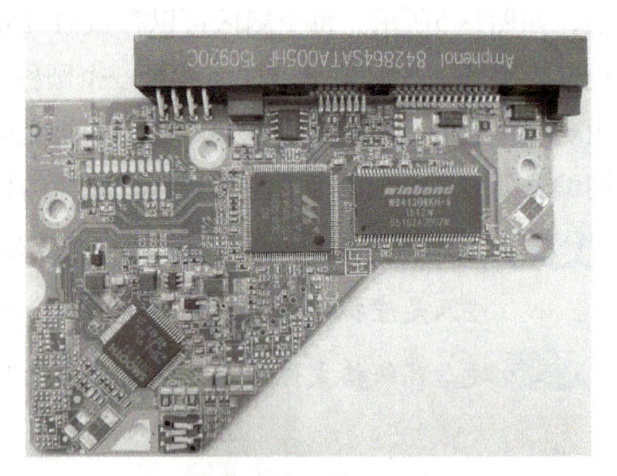

图 1-7 硬盘电路板

硬盘电路板是将硬盘内部和计算机主板相互连接的中介，它将接口传送过来的电信号转换成磁信息记录到硬盘盘片上（写操作），反之也可以将硬盘盘片上的磁信息转换成电信号传送到接口（读操作）。硬盘电路板是裸露在外面的，因此也是比较容易出现故障的地方。硬盘电路板上焊接有各种各样的集成芯片和电子元器件，由它们共同完成数据的交换操作。主要的芯片及电子元器件有主控芯片、数字信号处理芯片、驱动芯片（在硬盘电路板上工作负荷最大，出现损坏情况最多的芯片）、缓存芯片、晶振、集成场效应管等。

硬盘的电路组成如图1-8所示，硬盘的所有信息都存储在盘片上。磁头用于读取或写入硬盘数据，磁头上有一个芯片，用于磁头逻辑分配或放大磁电信号。前置信号处理器用于处理磁头芯片的输入信号，数字信号处理器将数据进一步处理，送入微处理器。微处理器是硬盘控制电路的核心，大多数硬盘的微处理器、数字信号处理和接口往往集成于同一芯片内。

在硬盘电路板中，有三个比较重要的芯片：硬盘主控芯片、硬盘驱动芯片及硬盘缓存芯片。

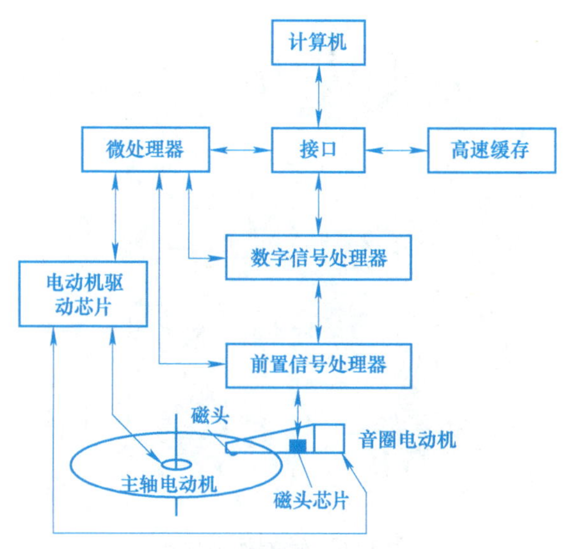

图 1-8　硬盘的电路组成框图

1. 硬盘主控芯片

硬盘主控芯片是整个硬盘电路板上引脚最多的复杂芯片，负责数据交换和处理，可以说是硬盘的中央处理器。图1–9所示为某硬盘的主控芯片。目前除了机械硬盘之外，固态硬盘（SSD）也是硬盘发展的一大趋势。在固态硬盘中也有主控芯片，它是影响固态硬盘性能的主要因素。

图 1-9　硬盘主控芯片图

2. 硬盘驱动芯片

驱动芯片主要负责主轴电动机和音圈电动机的驱动。早期的硬盘主轴电动机驱动和音圈电动机驱动是由两个芯片完成的，现在大都已集成到了一个芯片中。硬盘电动机驱动芯片是硬盘电路部分最易损坏的芯片，70%左右的硬盘电路故障是由该芯片损坏引起的。电动机驱动芯片是否损坏，可通过测量芯片周围引脚对地电阻值来大致判断，随着硬盘小型化，许多硬盘驱动芯片采用BGA封装，不便于使用数字万用表直接测量，这种情况下可以测量与其相连的其他元器件的引脚。图1–10所示为硬盘驱动芯片图。

图 1-10　硬盘驱动芯片图

3. 硬盘缓存芯片

硬盘缓存芯片大多采用计算机内存条上使用的芯片，少数硬盘厂商采用专用定制芯片。缓存芯片具有极快的存取速度，在硬盘内部盘片和外部读取之间起到了缓冲的作用。硬盘进行读取操作时，硬盘控制器会先读取需要的数据和与其相关的数据，同时把后者存放在硬盘的缓存芯片中。由于缓存的速度远远高于硬盘的读/写速度，因此有效地利用硬盘缓存能够明显地提高读取性能。硬盘写入数据时，并不会马上将数据真正地写入磁盘中，而是先把数据存放于缓存中，等到缓存内的数据到达一定容量或者硬盘处于空闲状态时，再将其写入磁盘中，从而优化和提高硬盘写入数据的性能。

缓存芯片还可以避免硬盘重复读取，起到保护硬盘的作用。硬盘缓存可以临时存储最近访问过的数据。因为有时候，某些数据需要被重复使用，所以可以将读取频繁的那些数据存放到缓存中，当系统需要时，直接从硬盘缓存中调用就可以了。图1-11所示的硬盘缓存芯片与内存条上使用的RAM一样。

图 1-11　硬盘缓存芯片

三、硬盘的物理故障判断步骤

第一步：首先检查CMOS SETUP是否检测到硬盘信息。

第二步：若屏幕显示错误信息“Hard Disk Error”，则说明硬盘确实有故障。

第三步：检查信号电缆线的插头是否插好，有无插反或损坏。检查电源线是否接好或损坏。

第四步：测量电源线5V、12V电源是否正常，电源风机是否转动，以此来判断外电路是否正常供电。

第五步：采用“替换法”来确定故障部件。找一块好硬盘替换该硬盘，判断是主板还是硬盘驱动器本身有问题。

第六步：若以上几个步骤都没有问题，则用户需要对硬盘本身进行仔细检查、测试、分析，找出故障原因，然后进行修理。

任务实施

第一步：将硬盘的电源、数据接口重新连接，然后开机测试，结果故障依旧。

第二步：进入CMOS SETUP，发现检测不到硬盘，看来是硬盘出现故障。

第三步：更换一个新硬盘测试没问题，将故障硬盘装到另一台计算机上，还是检测不到硬盘，判断硬盘自身有故障。

第四步：仔细检测硬盘，发现硬盘电路板的12V对地断路，保护二极管坏了，如图1-12方框所示。

图 1-12 保护二极管位置

第五步：通过硬盘电路板上的电路板号及主芯片型号购买相同型号的硬盘电路板。主芯片型号如图1-13所示，电路板号如图1-14所示。

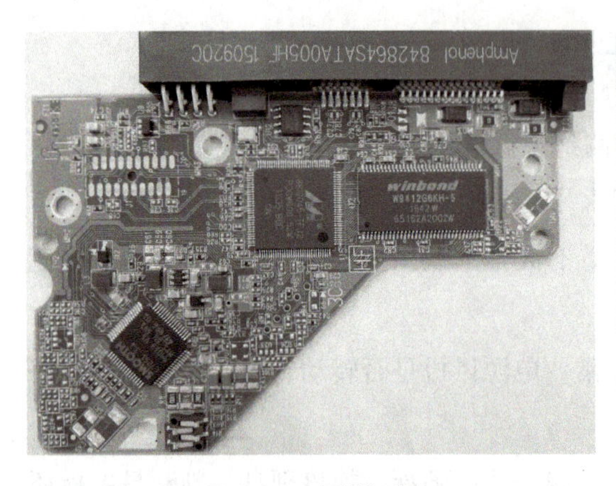

图 1-13　主芯片型号

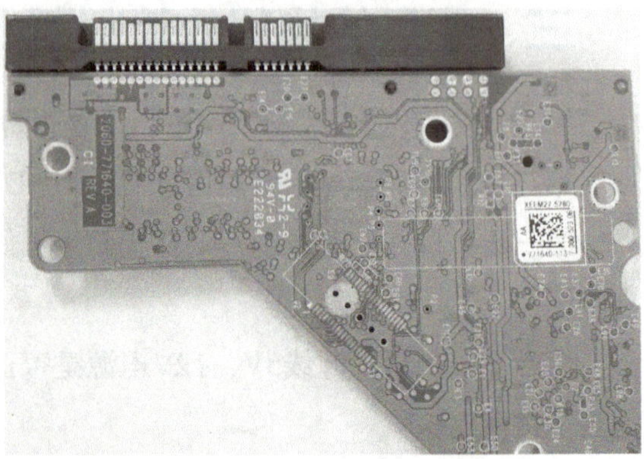

图 1-14　电路板号

小疑问　更换硬盘电路板时，一定要相同品牌、相同型号、相同主芯片型号吗？

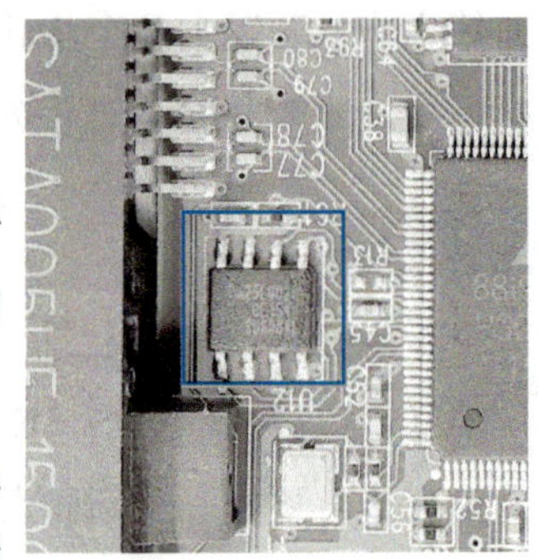

图 1-15　BIOS 芯片

第六步：购买回来的硬盘电路板不可以直使接用，要将原来硬盘电路板（故障板）上的BIOS芯片拆下，焊接到新购买的硬盘电路板上，如图1-15所示。

第七步：将BIOS芯片焊接好，连接好硬盘，结果主机能检测到硬盘（见图1-16），且硬盘读操作恢复正常，故障排除。

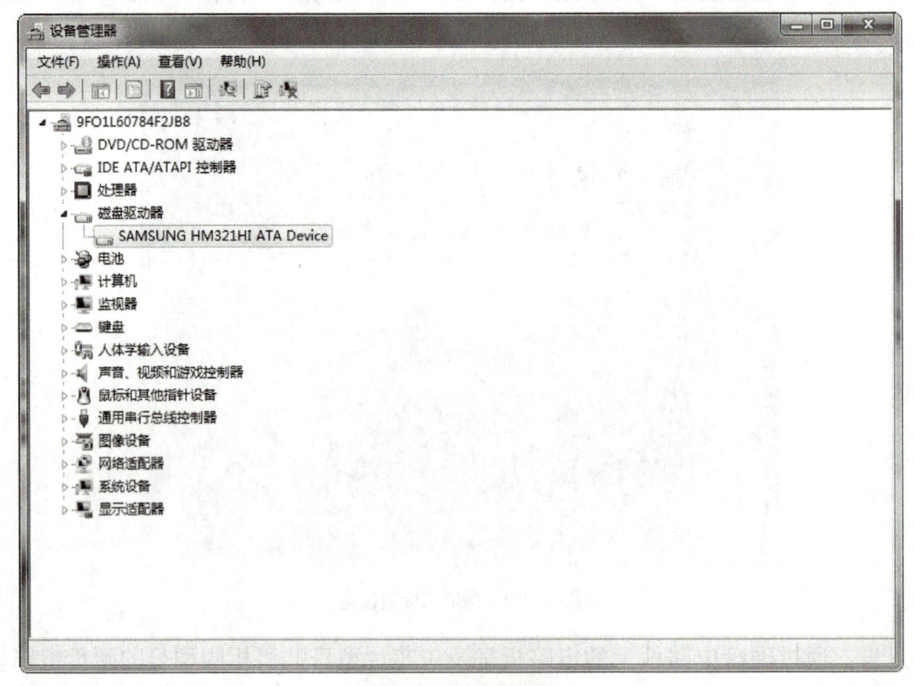

图 1-16　设备管理器

小提示 硬盘电路板替换不是简单地用一块好的电路板换下坏板就可以了。硬盘电路板的更换需要注意以下两点：①电路板兼容性判定，也就是说，只有在功能上相互兼容的电路板才能互换；②置换BIOS芯片。对于现在的硬盘来说，每颗外置的BIOS芯片内部都有一些独立的信息，这些信息跟该硬盘内的固件相匹配。如果脱离了芯片内的这些信息，硬盘将无法正常工作。所以，即使以能够兼容的电路板替换了故障板，也需要把故障板上原有的BIOS芯片焊接到新的电路板上，硬盘才能正常识别。

在本例中，保护二极管坏了，可以先将此二极管去掉，或者找一个相同型号的二极管更换，也可以达到维修的目的。

小疑问 如果控制板的其他器件坏了，会出现什么故障呢？

知识拓展

一、计算机硬盘硬件常见故障

1. 供电的故障

硬盘的供电来自主机的开关电源，并口硬盘的电源电压分别为：红色为5V，两根黑色为地线，黄色为12V，串口硬盘的电源电压分别为5V、12V和地线。通过线性电源变换电路，变换为硬盘正常工作的各种电压。硬盘的供电电路如果出现问题，会直接导致硬盘不能工作。图1–17所示为二极管测量。故障现象往往表现为不通电、硬盘检测不到、盘片不转、磁头不寻道等。供电电路常出问题的部位是：插座的接线柱、滤波电容、二极管、晶体管、场效应管、电感、保险电阻等。

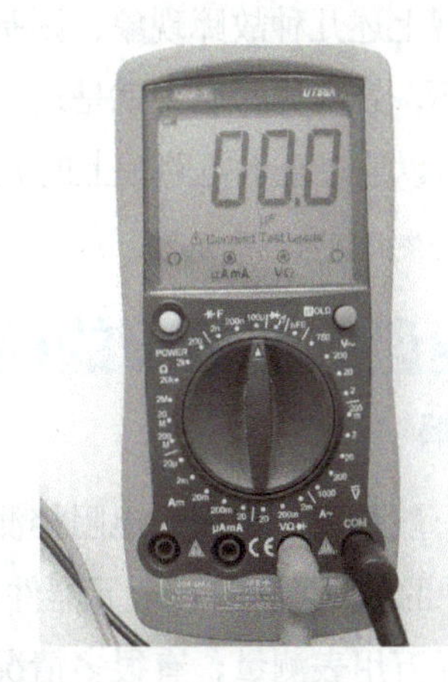

图 1–17　二极管测量

2. 接口故障

接口是硬盘与计算机之间传输数据的通路。接口电路若出现故障，则可能会导致硬盘检测不到、乱码、参数误认等现象。接口电路常出故障的部位是接口芯片或与之匹配的晶振、接口插针折断、接口虚焊、接口排阻损坏等。图1–18所示为西部数据硬盘电路主控芯片。

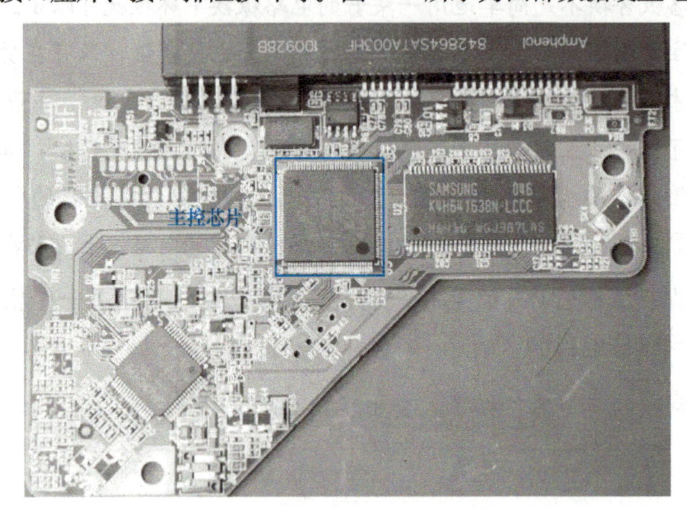

图 1-18　西部数据硬盘电路板主控芯片

3. 缓存故障

缓存用于加快硬盘数据传输的速度，若出现问题，则可能会出现硬盘不被识别、乱码、进入操作系统后异常死机等现象。

4. BIOS故障

BIOS用于保存如硬盘容量、接口信息等参数，硬盘所有的工作流程都与BIOS程序相关，通断电瞬间可能会导致BIOS程序丢失或紊乱。BIOS不正常会导致硬盘认错型号、不能识别等各种各样的故障现象。

若硬盘出现上述几种故障现象，则基本可以确定为外部控制电路的故障。此外，如果硬盘的电路板烧坏，最常见的表现就是通了电后没有任何反应，可以把硬盘拿在手上，感觉它是否转动，也可以通过查看电路板上的元器件是否有明显烧焦的痕迹来判断。

小疑问　如何检测这些故障呢？

二、硬盘外部故障的检测与排除

1. 测电阻法

测电阻法一般是用万用表的电阻档测量部件或元件的内阻，根据其阻值的大小或通断情况，分析电路中的故障原因。一般元器件或部件的输入引脚和输出引脚对地或对电源都有一定的内阻，用普通万用表测量，有很多情况都会出现正向电阻小、反向电阻大的情况。一般正向阻值在几十欧姆至100欧姆，而反向电阻多在数百欧姆以上。正向电阻决不会等于0Ω或接近0Ω，反向电阻也不会无穷大，否则就应怀疑引脚是否有短路或开路的情况。当断定硬盘故障是在某一板卡或几块芯片时，可以用电阻法进行查找。关机停电，然后测量器件或板卡的通断、开路短路、阻值大小等，以此来判断故障点。若测量硬盘的步进电动机绕组的直流电阻为

24Ω，则符合标称值为正常；10Ω左右为局部短路；0Ω或几欧为电组短路烧毁。硬盘驱动器的扁平电缆信号线常用通断法进行测量。硬盘的电源线既可拔下单独测量，也可在线并测其对地电阻；如果无穷大，则为断路；如果阻值小于10Ω，则应怀疑局部故障。

2. 测电压法

测电压法是在加电的情况下，用万用表测量部件或元件的各引脚之间对地的电压大小，并将其与逻辑图或其他参考点的正常电压值进行比较。若电压值与正常参考值之间相差较大，则该部件或元件有故障；若电压正常，则说明该部分完好，可转入对其他部件或元件的测试。硬盘驱动电动机的额定电压为12V。硬盘启动时电流大，当电源稳压不良时（电压从12V下降到10.5V），会造成转速不稳或启动困难。可以通过示波器测量逻辑电平的电压值，板上信号电压的高电平应大于2.5V，低电平应小于0.5V，硬盘驱动器插头、插座按照引脚的排列都有一份电压表，高电平在2.5～3.0V之间，若高电平输出小于3V，低电平输出大于0.6V，则为故障电平。

3. 测电流法

硬盘控制电路板上的芯片短路会导致系统负载电流加大，驱动电动机短路或驱动器短路会导致主机电源故障，会使硬盘启动时好时坏。测量时可以将万用表串联接入故障线路，核对电流是否超过正常值：如果有局部短路现象，则短路元件会升温发热并可能引起保险丝熔断，硬盘电源12V的工作电流应为1.1A左右。电流测量分为以下4种情况：

1）在大电流回路中可串联接入假负载进行测量。

2）有保险的线路，则可断开保险管一头将表串联接入进行测量。

3）测量印制电路板上芯片的电源线，可用刻刀割断铜箔引线串联接入万用表测量。

4）电动机插头、电源插头可从卡口里将电源线取出来串联接入表测量。

任务2　排除计算机硬盘异常响动故障

任务情景

用户：我家的计算机不知道怎么了，用一会儿就听到硬盘发出很响的声音。

工作人员：最近有没有不正常关机？

用户：上次突然断电后，就出现这个现象了。

工作人员：请稍等，我看一下。

任务分析

有时候硬盘正在使用，会忽然出现异常响声，然后就没法继续读/写数据，重新启动计算机，常常会蓝屏或死机，这通常与硬盘出现坏道有关。

若使用久了或使用不当，则可能产生坏道，有些是逻辑坏道，有些是物理坏道。逻辑坏道可以使用某些工具软件进行修复，但物理坏道如果不及时处理，随着时间的推移，坏道会越积越多，硬盘的性能会越来越差，最终会导致无法使用。根据硬盘的坏道数量，硬盘可能处在下列情况之一：

- 微量的坏道可能对硬盘没有很明显的影响，用户层面根本感觉不到。
- 少量的坏道可能只会影响硬盘的速度，就是通常所说的硬盘变慢了。
- 一定量的坏道会影响硬盘的正常工作，有时候计算机会莫名死机。
- 大量的坏道会导致硬盘无法工作甚至崩溃，这类硬盘已经无法使用。

通过一些测试软件，可以判断出硬盘是否存在磁盘坏道。如果有且不是最后一种情况，则可以利用一些工具软件来处理坏道的问题。

必备知识

硬盘坏道是指盘片上用于存储数据的磁道故障。硬盘盘片表面镀有特殊的磁性介质，通过磁头写入电流改变磁性介质的方向，实现数据的存储。磁道是磁头在盘面上划出的一圈圈轨迹，硬盘厂商通过专用工具软件将一圈圈的磁道划分成一个个的扇区，同时在每个扇区的起始区域都写入了扇区的位置及参数信息（伺服信息）。磁性介质本身的损坏和扇区伺服信息的损坏都可以导致存储扇区损坏，这也就是通常所讲的磁盘坏道。

伺服信息损坏所导致的坏道称为逻辑坏道，磁性介质损坏所形成的坏道称为物理坏道。逻辑坏道通过操作系统出自带的工具就可以修复；对于物理坏道的处理，就需要利用一些工具软件（如Victoria）通过屏蔽磁道的方法，如将坏道信息写入缺陷列表，使硬盘的控制程序在读取硬盘数据的时候不会再去读取这些区域，从而实现硬盘坏道的屏蔽。

小疑问 什么是缺陷列表？

每个硬盘内部都有一个系统保留区，一般位于硬盘0物理面的最前面几十个物理磁道，里面分成若干模块保存有许多参数和程序，写入的程序用于硬盘内部管理，如低级格式化程序、加密解密程序、自监控程序、自动修复程序等；写入的参数多达近百项：如型号、系列号、容量、口令、生产厂家与生产日期、配件类型、区域分配表、缺陷列表、出错记录、使用时间记录、S.M.A.R.T表等。

其中缺陷列表记录了硬盘上的缺陷扇区（坏扇区）信息，用以防止硬盘数据访问出错。硬盘缺陷表分为P表（原厂缺陷列表）和G表（增长缺陷列表）。P表是在硬盘出厂前由厂家低级格式化时做的一个列表，也叫“永久缺陷列表”，这些记录地址在硬盘运行时自动被跳过，所以P列表不影响硬盘的存取速度。G表是在硬盘使用中出现的列表，也叫作“增长缺陷列表”，这些记录地址随着用户使用硬盘，硬盘检测到某些区域可能存在缺陷（坏扇区），自动重新映射到出厂时预留的空间，用来保护用户数据的访问安全。

Victoria是一款硬盘坏道检测工具，具备硬盘表面检测、硬盘坏道检测修复、S.M.A.R.T信息查看保存、Cache缓存控制等多功能的工具，支持众多型号硬盘解密，支持全系列硬盘检测和修复。

任务实施

第一步：客户硬盘为希捷40GB并口硬盘，依照客户的描述，初步判断为硬盘坏道问题。将客户硬盘接入计算机，开机检测，硬盘能正常识别，分区可以打开，分区数据保存完好。将硬盘数据备份完成后，在Windows界面打开Victoria磁盘检测工具，如图1-19所示。

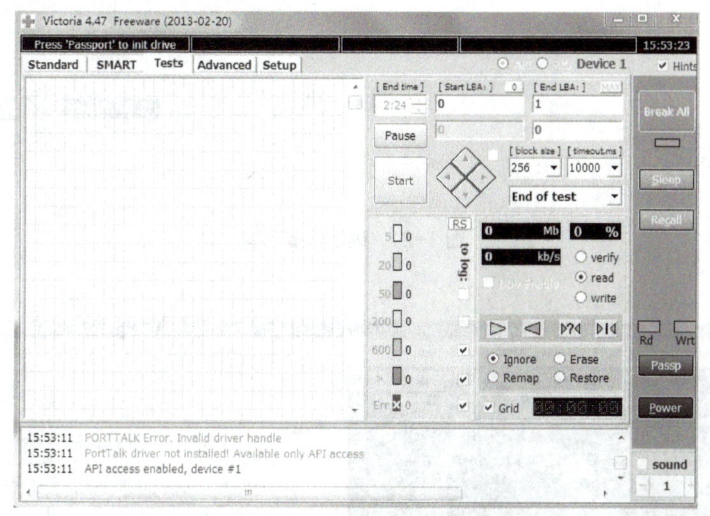

图 1-19 Victoria 磁盘扫描工具界面

第二步：在主界面中选择“Standard”选项卡，在弹出的窗口选择要检测的硬盘，如图1-20所示。

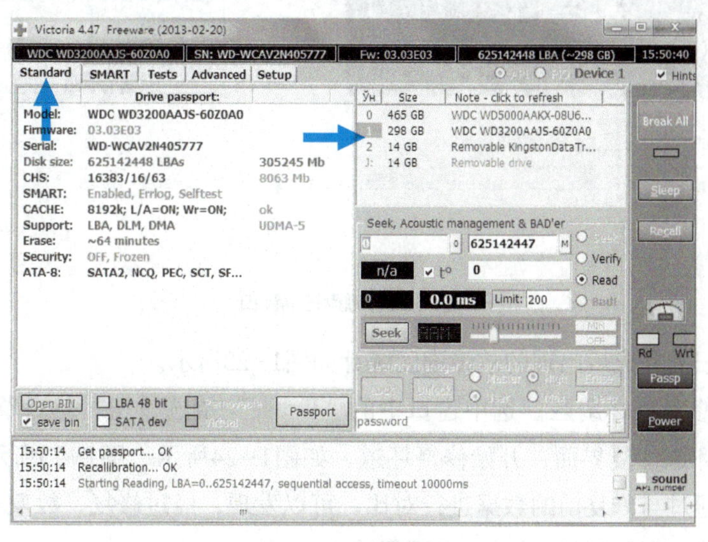

图 1-20 选择硬盘

第三步：选择“Tests”选项卡，在弹出的如图1−21所示的窗口中输入“起始扇区数”和“结束扇区数”，然后单击“Start”按钮，即可进入磁盘扫描窗口，如图1−22所示。

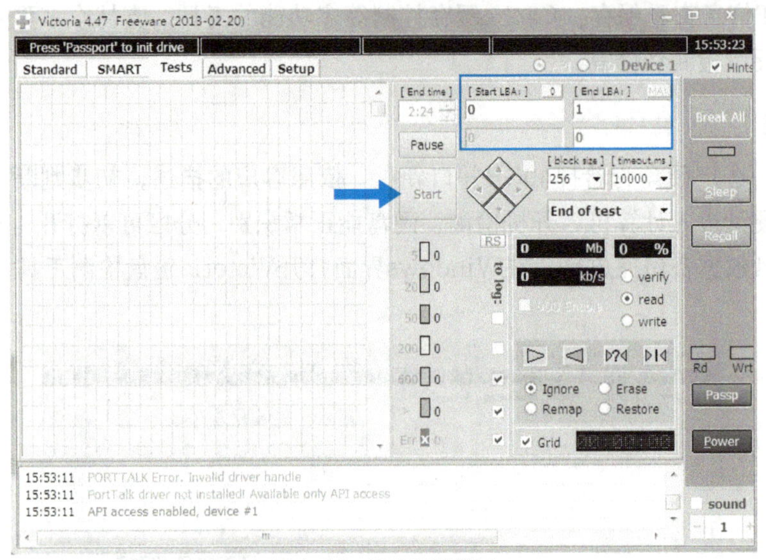

图 1−21　确定扫描范围

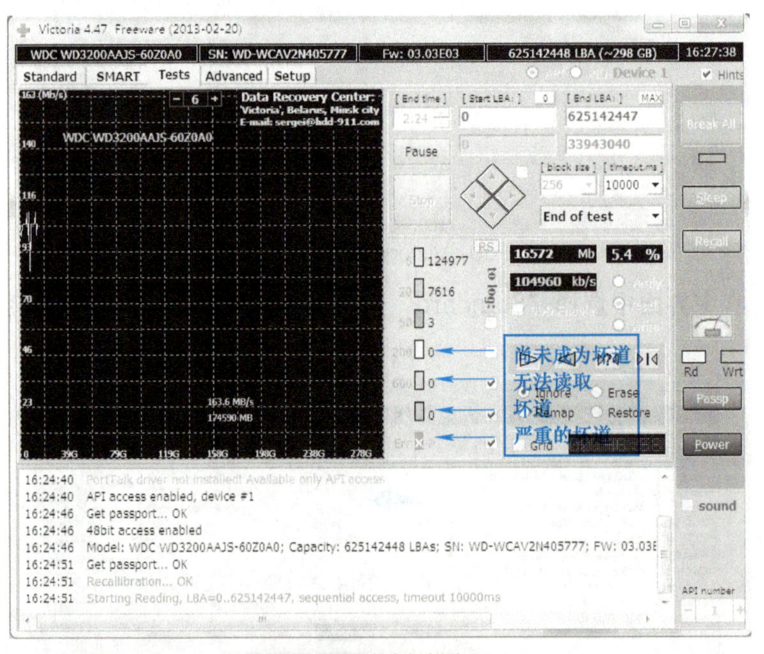

图 1−22　磁盘扫描窗口

第四步：扫描完成后出现的故障扇区统计如图1−23所示。

第五步：修复损坏扇区。选中窗口中的“Erase”单选按钮，然后单击“Start”按钮，即可进入坏道修复界面，开始修复坏道，如图1−24所示。图1−25所示为修复完成后的坏道数量。通过与修复前的数据进行对比，可以发现，经过修复，数量不多的严重坏道被全部修复，读/写异常的区块的数量明显减少。

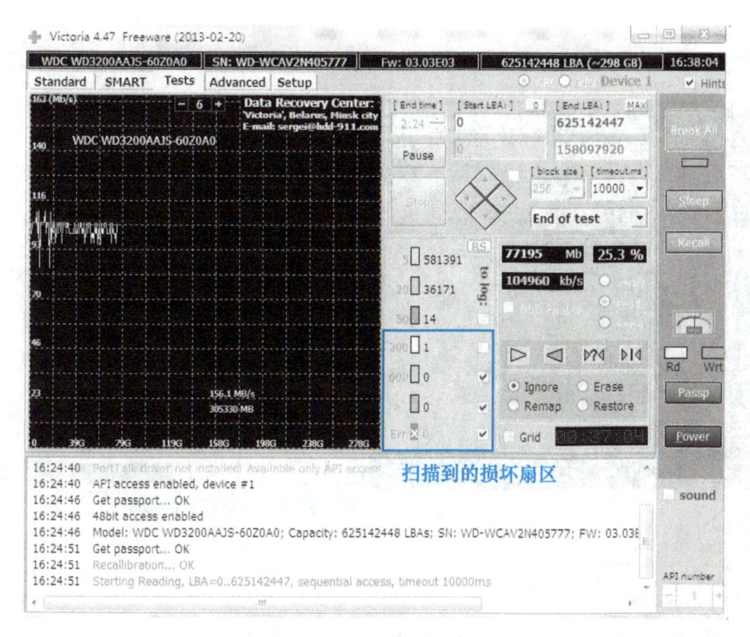

图 1-23 故障扇区统计

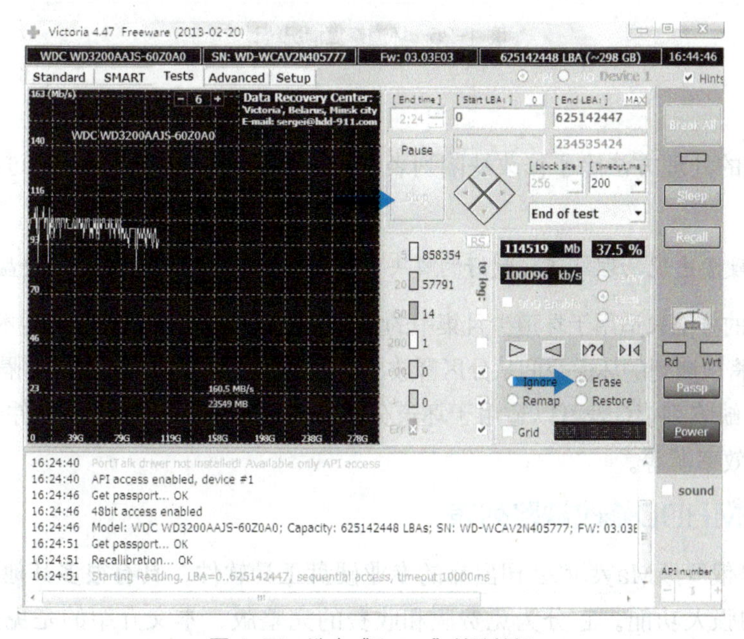

图 1-24 选中“Erase”单选按钮

第六步：将修复过的硬盘重新连接至用户的计算机中，发现硬盘基本无异常响声，且工作正常。

另外，选中窗口中的“Restore”单选按钮，可以将坏道情况添加到缺陷列表G表中。

小提示 切忌加电使用中磕碰硬盘。多次磕碰极有可能使硬盘盘片损坏，这对数据的破坏也是致命的，同时数据恢复工作将变得异常艰难甚至无法完成。

小疑问 修复本任务中受损的硬盘还有其他方法和工具软件吗？

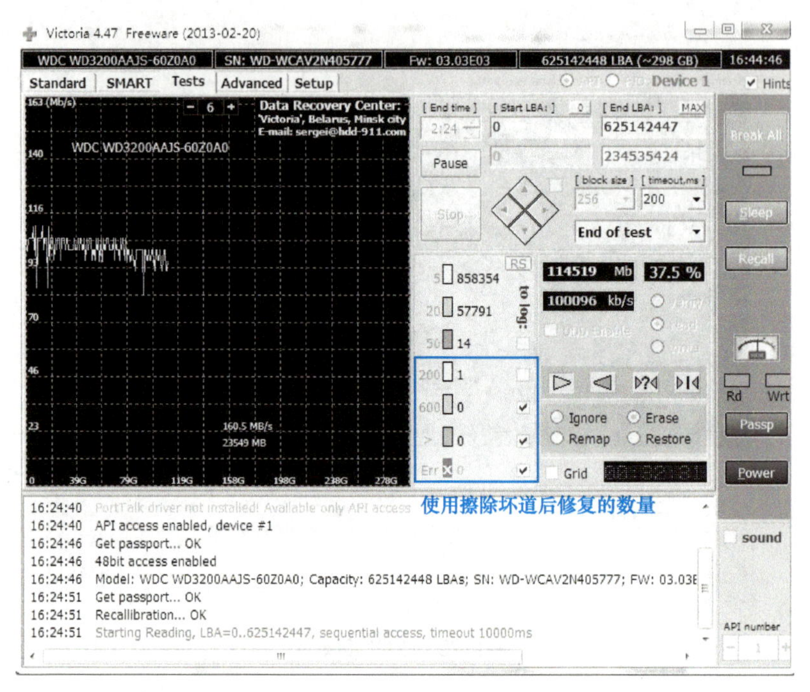

图 1-25 坏道修复情况统计

知识拓展

物理坏道的处理方法除了修改缺陷列表G表，屏蔽坏道外，还可以通过隔离坏道的方法进行处理。

小提示 对于硬盘出现物理坏道，最好的解决方法就是及时备份数据并更换硬盘。

隔离坏道的方法只适用于坏道少且集中的情况。隔离的工具可使用分区魔术师、分区助手等，方法就是将检测到的坏道空间从分区释放出来，不再分配使用，从而达到隔离的目的。

修改硬盘缺陷列表G表可以适用于坏道分散且少的情况，这类工具软件还有MHDD、HDDSpeed、效率源等。

1. 使用MHDD修改缺陷列表

MHDD是俄罗斯Maysoft公司出品的专业硬盘工具软件，具有很多其他硬盘工具软件所无法比拟的强大功能。它分为免费版和收费的完整版，本文介绍的是免费版的详细用法。这是一个G表级的软件，它将扫描到的坏道屏蔽到磁盘的缺陷列表G表中。

MHDD软件的特点：MHDD可以支持IDE/SATA/SCSI硬盘，可以访问128GB的超大容量硬盘（可访问的扇区范围从512～137438953472）。需要注意的是：热插拔硬盘时，先连接数据线，再连接电源线；拔的时候，先拔电源线，再拔数据线。

MHDD最好在纯DOS环境下运行，不要在被检测的硬盘中运行MHDD。

1）MHDD软件运行。在DOS下输入命令MHDD29或MHDD（有的启动U盘界面中就有此软件，直接选择即可），如图1-26所示。按<Enter>键，出现如图1-27所示的界面。

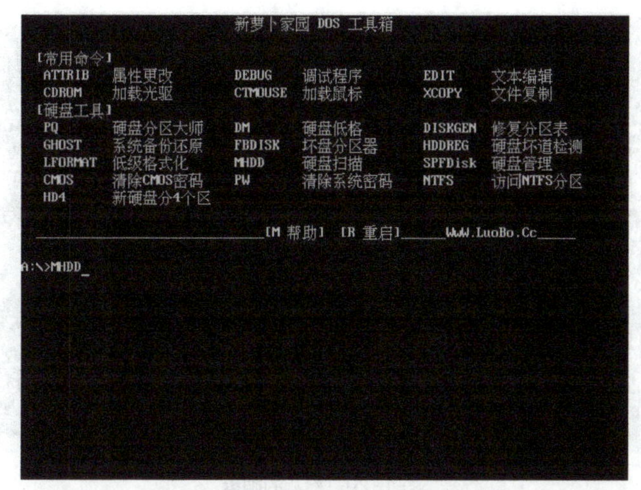

图 1-26　DOS 下 MHDD 启动命令

```
FF ERR INDX CORR DREQ DRSC WRFT DRDY BUSY          AMNF TONF ABRT IDNF UNCR BBK 00
 [ Drive parameters - PRESS F2 to DETECT ]  [          Current position         ]
 Online HELP
 Please use command MAN to get more details
  EXIT            Exit to DOS <ALT+X>
  QUIT            Exit to DOS <ALT+X>
  HELP            Online help <F1>
  BATCH           Run batch <F5>
  CLS             Clear console screen
  SCREENSHOT      Take a screenshot <F10>
  PORT            Select port and drive <SHIFT+F3>
  PCISCAN         Save PCI bus map
  WAIT            Wait until drive drops BUSY and beep
  SCSIINFO        Information about SCSI devices <F9>
  MAN             Detailed commands description
  ID              Get drive information
  SCAN            Scan or repair the surface <F4>
  SWITCHMBR       Switch MBR 55AA signature
  HPA             Cut the drive
  NHPA            Uncut (return factory size)
  Press any key to continue . . .
 | Help : <F1> and command MAN                                            | 13:36:17
```

图 1-27　MHDD 命令列表

2）主界面列出了MHDD的所有命令，首先输入命令port（也可以按<Shift+F3>组合键），如图1–28所示。按<Enter>键后，选择要检测的硬盘，如图1–29所示。

```
FF ERR INDX CORR DREQ DRSC WRFT DRDY BUSY          AMNF TONF ABRT IDNF UNCR BBK 00
 [ Drive parameters - PRESS F2 to DETECT ]  [          Current position         ]
  INIT            Reset and recalibrate
  FDISK           Make one full size partition
  SMART           SMART Attributes and controls <F8>
  STOP            Spindown <SHIFT+F4>
  I               Read drive parameters, full init <F2>
  ERASE           Erase sectors or whole drive
  TOF             Read sectors to file
  FASTERASE       Extrafast erase of entire drive
  CLRMBR          Back up and clear MBR

  CX              Seek&read test
  EID             Enhanced device information <SHIFT+F2>
  ATOF            Read sectors to several files
  MAKELOG         Scan the drive and build detailed log
  CONFIG          Configure a drive. View current config
  SETCDSPEED      Change current CD speed (IDE only)
  UNITSIZE        Change unit size (SCSI)
  SCSIFORMAT      Format unit
 ▪ Use command MAN to see detailed help
 ▪ Press <SHIFT+F3> to select controller
MHDD>port_
 PORT: Select port and drive <SHIFT+F3>                                   | 13:37:40
```

图 1-28　输入命令 port

```
 [ Drive parameters - PRESS F2 to DETECT ]   [          Current position          ]


To get help press <F1> or type "HELP"

MHDD>port
     PORT 1F0h (Primary controller)
   1.  [ VBOX HARDDISK  1.0  VB84fc1c2f-dc335644            52,428,800       ]

     PORT 170h (Secondary controller)
   3.  [                                                                      ]

     PORT 100h (PC-3000 board)
   5.  [                                                                      ]

 WARNING: SLAVE DEVICES NOT SUPPORTED
 Enter HDD number [3]: _


 PORT: Select port and drive <SHIFT+F3>                                  | 13:43:32
```

图 1-29　检测的硬盘

3）输入命令scan（也可以按<F4>键），如图1-30所示。按<Enter>键，出现如图1-31所示的界面。

```
FF ERR INDX CORR DREQ DRSC WRFT DRDY BUSY       AMNF T0NF ABRT IDNF UNCR BBK 00
 [ Drive parameters - PRESS F2 to DETECT ]   [       Current position       ]
*  INIT            Reset and recalibrate                  *
*  FDISK           Make one full size partition           *
*  SMART           SMART Attributes and controls <F8>     *
*  STOP            Spindown <SHIFT+F4>                    *
*  I               Read drive parameters, full init <F2>  *
*  ERASE           Erase sectors or whole drive           *
*  TOF             Read sectors to file                   *
*  FASTERASE       Extrafast erase of entire drive        *
*  CLRMBR          Back up and clear MBR                  *
*
*  CX              Seek&read test                         *
*  EID             Enhanced device information <SHIFT+F2> *
*  ATOF            Read sectors to several files          *
*  MAKELOG         Scan the drive and build detailed log  *
*  CONFIG          Configure a drive. View current config *
*  SETCDSPEED      Change current CD speed (IDE only)     *
*  UNITSIZE        Change unit size (SCSI)                *
*  SCSIFORMAT      Format unit                            *
**********************************************************
 ■ Use command MAN to see detailed help
 ■ Press <SHIFT+F3> to select controller
MHDD>scan_
 SCAN: Scan or repair the surface <F4>                                   | 13:38:38
```

图 1-30　输入命令 scan

```
50 ERR INDX CORR DREQ DRSC WRFT DRDY BUSY      AMNF T0NF ABRT IDNF UNCR BBK 00
 [VBOX HARDDISK          ] [   52,428,800] [                 ] [              ]
*  STOP            Spindown <SHIFT+F4>                    *
*  I               Read drive parameters, full init <F2>  *
*  ERASE           E  Spindown after scan :            OFF
*  TOF             R  Loop test/repair :               OFF
*  FASTERASE       E  Start LBA :                        0
*  CLRMBR          B  End LBA :                   52428799
*                     Remap :                          OFF
*  CX              S  Timeout (sec) :                  240
*  EID             E  Spindown after scan :            OFF
*  ATOF            R  Loop test/repair :               OFF
*  MAKELOG         S  Erase Delays *DESTRUCTIVE* :     OFF
*  CONFIG          Configure a drive. View current config *
*  SETCDSPEED      Change current CD speed (IDE only)     *
*  UNITSIZE        Change unit size (SCSI)                *
*  SCSIFORMAT      Format unit                            *
**********************************************************
 ■ Use command MAN to see detailed help
 ■ Press <SHIFT+F3> to select controller
MHDD>scan

Scan...

 | Detect a drive : <F2>                                                 | 22:53:38
```

图 1-31　设定扫描参数

在图1-31所示的界面中，通过上、下箭头键和空格键设置扫描硬盘的条件，如设定扫描开始LBA值、结束LBA值，坏道擦除方式等。设置后按<F4>键，执行scan命令，进入如图1-32所示的界面。

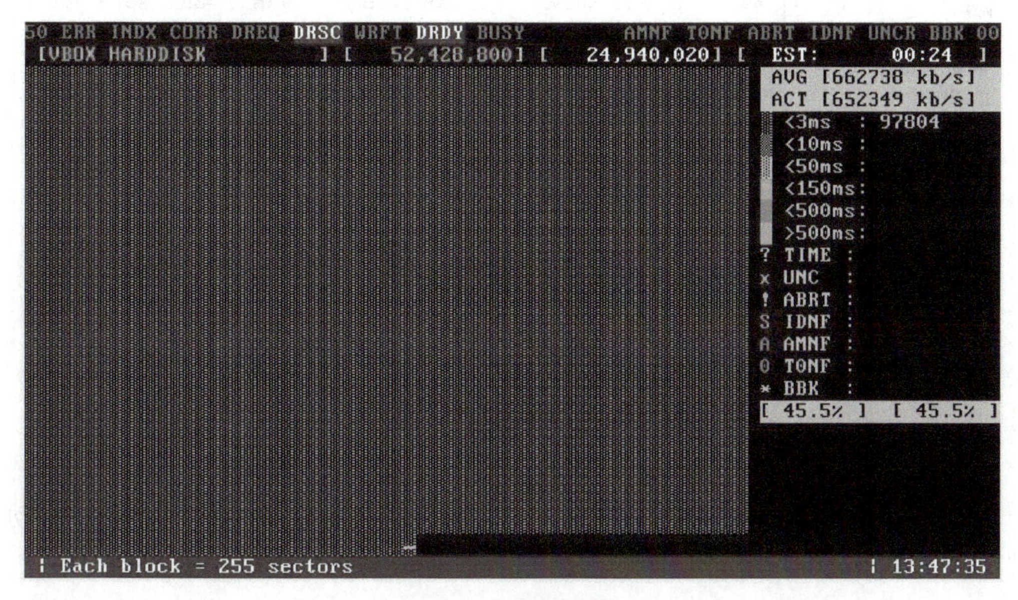

图 1-32 硬盘扫描界面

4）屏幕第二行的左半部分为当前硬盘的扫描状态，右半部分为当前扫描的硬盘信息。在扫描时，每个长方块代表255个扇区（在LBA模式下）。

扫描过程中可随时按<Esc>键终止；方块从上到下依次表示从正常到异常，读/写速度由快到慢。正常情况下，应该只出现第一个和第二个灰色方块，如果出现浅灰色方块，则代表该处读取耗时较多；如果出现绿色和褐色方块，则代表此处读取异常，但还未产生坏道；如果出现红色方块，则代表此处读取困难，马上就要产生坏道；如果出现问号，则表示此处读取错误，有严重的物理坏道。

扫描过程中可随时按<Esc>键终止。扫描完成后，G表的修改过程结束。

2. 使用分区助手隔离坏道

分区助手是一个简单易用且免费的磁盘分区管理软件，它可以无损数据地执行调整分区大小、移动分区位置、复制分区、复制磁盘、合并分区、切割分区、恢复分区、迁移操作系统等操作，是一个不可多得的分区工具。其主界面如图1-33所示。

小提示 调整分区时一定避免将分割线定位在数据区中，否则会导致磁盘数据丢失。

下面以硬盘提示00磁道坏为例，讲解利用该工具进行隔离坏道的处理过程。

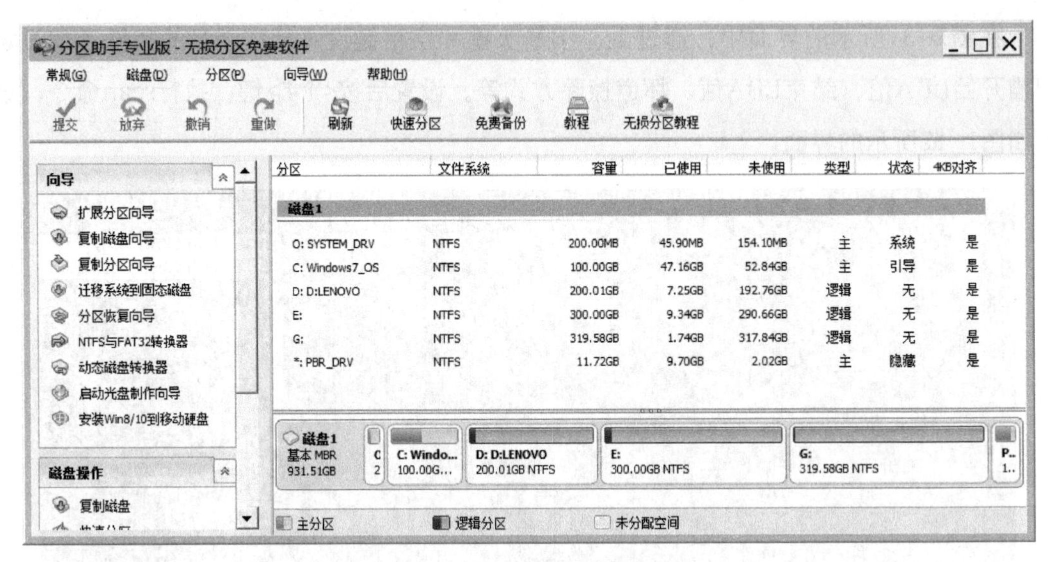

图 1-33　分区助手主界面

00磁道位于整个硬盘的起始位置，所以坏道位置应该在C盘的起始处。

在主界面中选中C盘，单击鼠标右键，在弹出的快捷菜单中选择“调整/移动分区”命令，如图1-34所示。

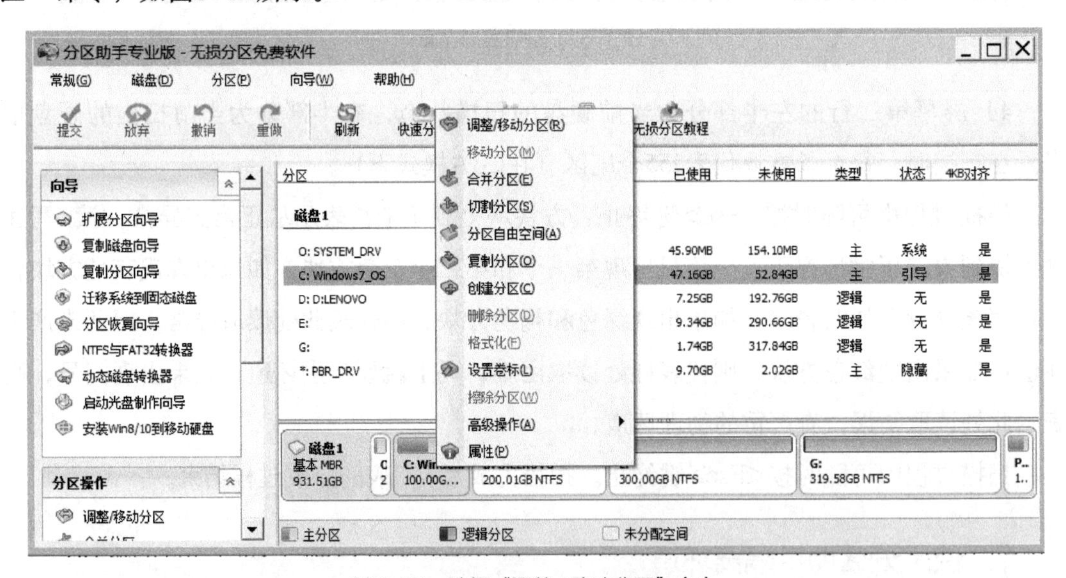

图 1-34　选择“调整 / 移动分区”命令

在弹出的对话框中，选中“我想移动这个分区”复选框，如图1-35所示。

将鼠标定位在左侧的圆点处，当鼠标的小箭头变为左右横向箭头时，按住鼠标左键往右拖动，使“分区前的未分配空间”数值为4～10GB即可，如图1-36所示。

单击“确定”按钮，C盘调整后的结果如图1-37所示。可以看出C盘前面有一个7GB的未分配空间，这样0磁道就被隔离不用了。

最后单击工具栏中的“提交”按钮，磁盘调整生效。

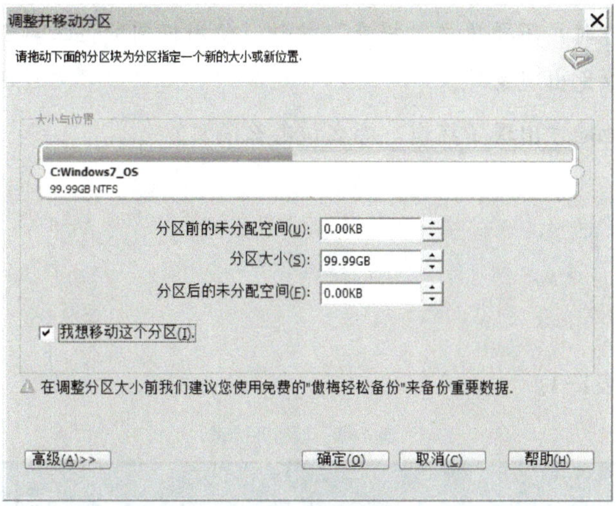

调整并移动分区
请拖动下面的分区块为分区指定一个新的大小或新位置.
大小与位置
C:Windows7_OS
99.99GB NTFS
分区前的未分配空间(U): 0.00KB
分区大小(S): 99.99GB
分区后的未分配空间(F): 0.00KB
我想移动这个分区(I).
在调整分区大小前我们建议您使用免费的"傲梅轻松备份"来备份重要数据.
高级(A)>>
确定(O)
取消(C)
帮助(H)

图 1-35 调整并移动分区

调整并移动分区
请拖动下面的分区块为分区指定一个新的大小或新位置.
大小与位置
C:Windows7_OS
92.79GB NTFS
分区前的未分配空间(U): 7.02GB
分区大小(S): 92.79GB
分区后的未分配空间(F): 195.47MB
我想移动这个分区(I).
在调整分区大小前我们建议您使用免费的"傲梅轻松备份"来备份重要数据.
高级(A)>>
确定(O)
取消(C)
帮助(H)

图 1-36 调整分区大小

分区助手专业版 - 无损分区免费软件
常规(G) 磁盘(D) 分区(P) 向导(W) 帮助(H)
提交 放弃 撤销 重做 刷新 快速分区 免费备份 教程 无损分区教程
向导
扩展分区向导
复制磁盘向导
复制分区向导
迁移系统到固态磁盘
分区恢复向导
NTFS与FAT32转换器
动态磁盘转换器
启动光盘制作向导
安装Win8/10到移动硬盘
分区操作
调整/移动分区
分区 文件系统 容量 已使用 未使用 类型 状态 4KB对齐
磁盘1
O: SYSTEM_DRV NTFS 200.00MB 45.90MB 154.10MB 主 系统 是
* 未分配空间 7.02GB 0.00KB 7.02GB 逻辑 无 是
C: Windows7_OS NTFS 92.98GB 47.16GB 45.82GB 主 引导
D: D:LENOVO NTFS 200.01GB 7.25GB 192.76GB 逻辑 无 是
E: NTFS 300.00GB 9.34GB 290.66GB 逻辑 无 是
G: NTFS 319.58GB 1.74GB 317.84GB 逻辑 无 是
*: PBR_DRV NTFS 11.72GB 9.70GB 2.02GB 主 隐藏 是
磁盘1
基本 MBR
931.51GB
C: Wind...
92.98G...
D: D:LENOVO
200.01GB NTFS
E:
300.00GB NTFS
G:
319.58GB NTFS
主分区 逻辑分区 未分配空间

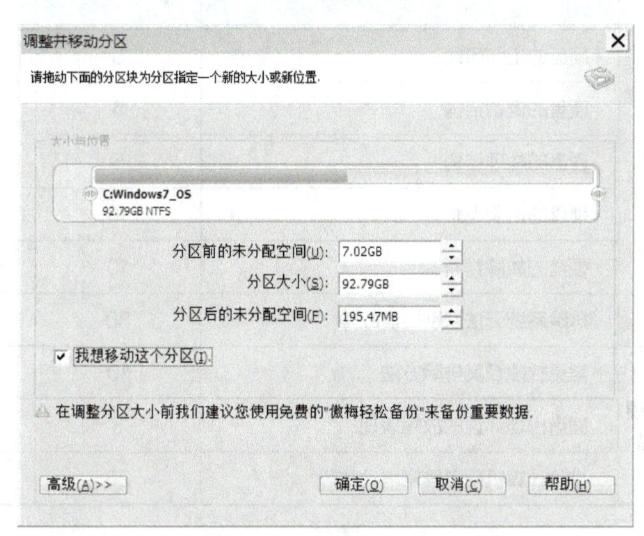

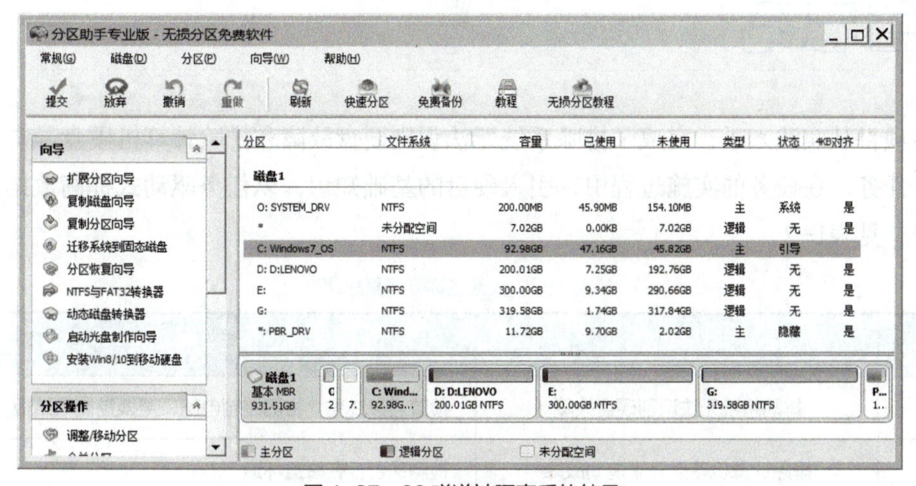

图 1-37 00 磁道被隔离后的结果

小提示 在练习操作时，不要单击“提交”按钮。使用任何分区工具前一定要先把重要数据备份，以免出现意外。

小思考 如果是其他地方出现了坏道，那么该怎么隔离？

项目评价 PROJECT EVALUATION

项目评价表见表1-1。

表 1-1　项目评价表

序号	任务名称	评价内容	评价分值	具体评分	
				教师	学生
1	排除系统无法识别硬盘故障	硬盘的工作原理	5		
		硬盘的逻辑结构	5		
		硬盘的物理结构	5		
		硬盘的控制电路	10		
		硬盘的故障判断	10		
		排除系统无法识别硬盘故障	30		
2	排除计算机硬盘异常响动故障	常见故障及其排除方法	10		
		硬盘出现坏道的故障表现	5		
		排除计算机硬盘异常响动故障	20		

项目总结 PROJECT SUMMARY

本项目从实践入手，完成了排除系统无法识别硬盘故障和排除计算机硬盘异常响动故障两个任务。在任务的实施过程中，引入硬盘的基础知识，以任务驱动式提高数据恢复技能水平，见表1-2。

表 1-2　任务名称与修复思路

序号	任务名称	修复思路
1	排除系统无法识别硬盘故障	检查连接线路，检测控制电路，更换控制电路板
2	排除计算机硬盘异常响动故障	检测是否存在磁盘坏道

每个任务由任务情景、任务分析、必备知识、任务实施及知识拓展几个部分组成，较为详细地讲解了硬盘的基础知识及硬件故障的维修技术，见表1–3。

表 1-3 修复思路与相关的数据恢复技术知识

序号	修复思路	相关的数据恢复技术知识
1	替换电路板	硬盘的结构、工作原理及控制电路
		检测控制电路
		更换控制电路板
2	检测是否存在磁盘坏道	硬盘硬件问题的检测思路
		坏道的检测方法
		坏道的处理方法

课后练习 EXERCISES

结合前面所学知识、任务分析及任务实施过程，设置如下故障。

1）把硬盘电路控制板中某个元器件击穿，然后利用更换控制板的方式修复故障。

2）分别使用Victoria磁盘检测工具和分区助手处理磁盘坏道故障。

PROJECT 2

PROJECT 2

项目 2

使用数据恢复机恢复数据

项目概述

硬盘或U盘等存储设备造成数据丢失主要有以下两个方面的原因，一方面是硬件故障，另一方面是逻辑故障。对于硬件故障的修复，在前面的项目中已经提及，而逻辑故障则是造成数据丢失更为常见的原因。本项目将带领读者学习中盈创信（北京）科技有限公司生产的SOL-DRFIX-802型数据恢复机的使用方法，掌握存储设备逻辑故障的修复技术。

中盈创信（北京）科技有限公司生产的SOL-DRFIX-802型数据恢复机功能强大，使用方便。

本项目首先讲述了数据恢复机的基本使用步骤和底层数据编辑软件的基本使用方法，接着重点阐述了利用数据恢复机修复硬盘MBR和分区表故障的技术。

职业能力目标

- 学会SOL-DRFIX-802型数据恢复机的操作步骤。
- 掌握中盈创信底层数据编辑软件的基本功能。
- 认识磁盘分区的基本结构，理解主分区、扩展分区、逻辑分区的概念。
- 理解MBR和分区表的结构与功能。
- 能够利用数据恢复机修复MBR和分区表故障。

任务1 认识中盈创信数据恢复机

任务情景

用户：单位办公用的计算机因为感染病毒造成故障，开机系统蓝屏死机，硬盘上存放有重要数据，需要立刻取出。

工作人员：您的硬盘有几个分区?

用户：共有4个分区，需要的数据放在了第3个分区。

工作人员：好的，我们来检测一下，看一看什么故障，请稍等。

任务分析

硬盘故障分为物理故障和逻辑故障两大类。逻辑故障主要包括MBR故障、分区表故障、误删除、误格式化、病毒破坏、RAID故障等。逻辑类故障是数据恢复中最常见的故障形式，利用中盈创信数据恢复机能解决绝大部分的逻辑故障和部分固件故障。

首先检查计算机CMOS SETUP是否丢失了硬盘配置信息，发现配置信息正确，主机能够识别到硬盘，初步判断硬盘没有物理故障，于是决定将硬盘放到数据恢复机上，进一步检测硬盘的逻辑故障，并根据逻辑故障确定数据提取方案。

小提示 将硬盘从原计算机中取下时，必须先关闭电源，不得带电操作。

必备知识

中盈创信SOL-DRFIX-802型数据恢复机是由中盈创信（北京）科技有限公司设计的专业数据恢复设备，适合金融保险、科研院所等单位内部建设数据恢复实验室，开展各类数据恢复工作。该设备可支持多种存储介质的数据恢复工作，如2.5in/3.5in的SATA接口硬盘、U盘、多媒体存储卡及移动存储介质。在文件系统类型上，该产品可以支持FAT、NTFS、ExFAT、UFS、HFS、Ext2、Ext3、Ext4等文件系统的磁盘或磁盘阵列的数据恢复工作和实训教学工作。该设备具有各种数据丢失故障（如误删除、误镜像、误分区等）恢复功能，支持存储数据的全盘或者分区的克隆功能，并可支持有坏道硬盘的底层克隆功能。

中盈数据恢复机如图2-1所示。

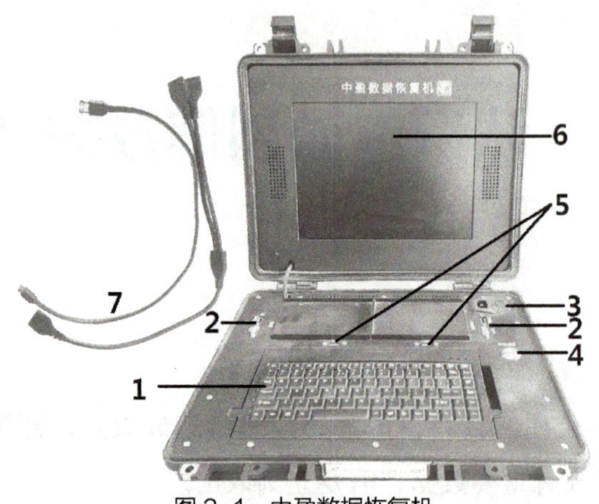

图 2-1　中盈数据恢复机

1. 键盘

中盈数据恢复机的键盘采用标准笔记本键盘，方便使用。

2. 硬盘数据和电源接口

硬盘接口采用SATA接口，支持热插拔模式，方便故障硬盘的维修，电源接口为12V供电方式。

小提示 虽然SATA接口支持热插拔，但最好还是断电后再插拔硬盘，以免出现不必要的故障。

3. 数据恢复机电源接口和开关

采用220V标准电源接口为数据恢复机供电，开关是整个机器供电系统的总开关。

4. 开机电源按钮

当电源线接通并打开电源开关后，按压该按钮可以开启数据恢复机。

5. USB接口

这里可以接USB鼠标、U盘、移动硬盘等设备。若U盘或者移动硬盘中的数据需要恢复处理，则可以连接在这里。另外，当需要将恢复出来的数据复制到正常的U盘或移动设备上时，这些设备也可以连接在这里。

6. 信息显示屏

信息显示屏是进行数据恢复操作的显示界面，如图2-2所示。

7. 硬盘数据线和电源线

图2-1中所示的硬盘数据线和电源线分别是连接SATA接口硬盘用的数据线和电源线。

图 2-2 数据恢复机显示界面

小提示 硬盘在连接到数据恢复机时，要先连接数据线，再连接电源线。

任务实施

第一步：将故障盘接到数据恢复机。取出随机附带的数据线和电源线，一端接入数据恢复机数据接口和电源接口，另一端接在故障硬盘的相应接口上。数据恢复机提供了两组数据和电源接口，任选一组即可，如图2–3所示。

图 2-3 连接故障硬盘

第二步：启动数据恢复机。将电源线连接好，按开机按钮，启动机器。

第三步：数据恢复机系统启动完毕后，初步查看硬盘的基本情况。用鼠标右键单击桌面上的“计算机”图标，在弹出的快捷菜单中选择“管理”命令，打开“计算机管理”窗口，在该窗口左侧选择“存储”下的“磁盘管理”命令，如图2–4所示。图2–4中显示正确检测到了硬盘，进一步说明了硬盘没有硬件故障。

小疑问 在该窗口中如何确认待修复的硬盘？

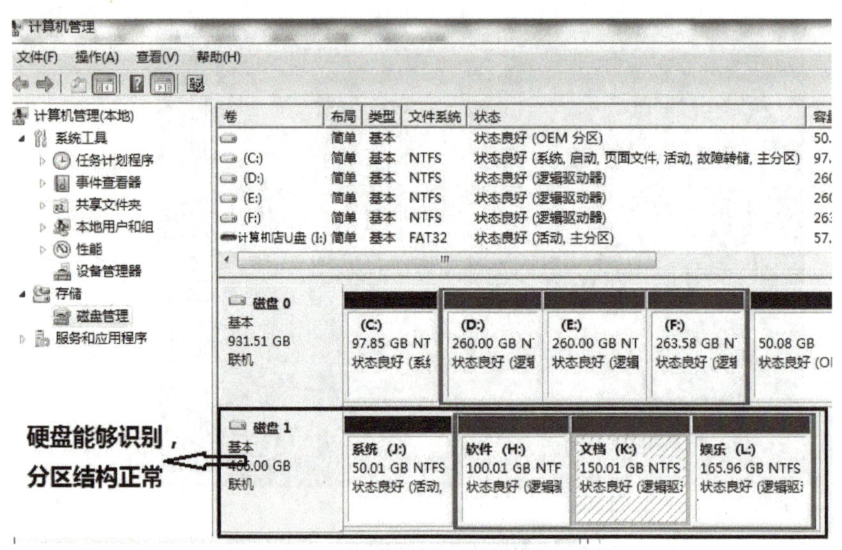

图 2-4　查看硬盘状态

第四步：检查分区情况。在“磁盘管理”中，可以看到磁盘分区结构正常。将鼠标定位在第三个分区（即K盘），单击鼠标右键，在弹出的快捷菜单中选择“打开”命令，发现分区可以正常打开，用户数据也能够正常读/写，如图2-5所示。基本可以确定，该硬盘的分区表及文件系统正常，可能是由于MBR或者Windows操作系统文件遭到破坏导致Windows操作系统无法启动。

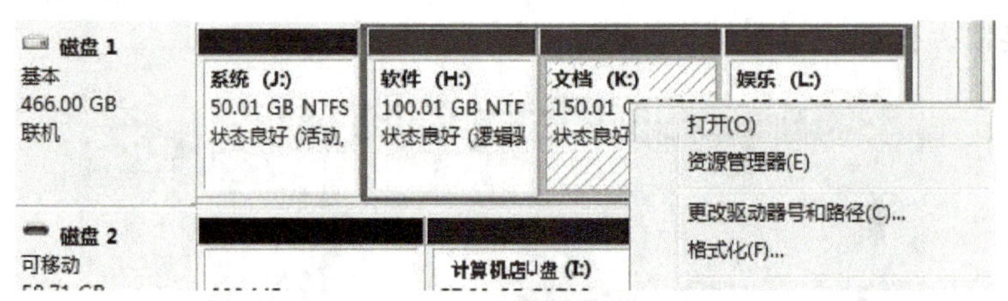

图 2-5　打开数据所在的分区

第五步：将用户数据备份出来。把事先准备好的U盘或移动硬盘等存储介质插入数据恢复机的USB接口，将故障盘中用户的数据复制出来。

如果在上述第四步检查中发现硬盘分区无法正常读取，如出现分区不正常、文件丢失等故障，则可以采用数据恢复机的底层编辑软件和中盈数据恢复软件等高级恢复工具进行故障修复并提取数据，这些知识将在后续的任务中逐步介绍。

知识拓展

中盈创信SOL-DRFIX-802型数据恢复机箱体整体防水、抗压、防振、防爆、防腐蚀、耐烟雾。内部的自动气体平衡阀可随时平衡箱内外气压，保证箱体容易被打开。设备内部框架为全金属、开放台式结构，内部部件都为工控机结构设计，可有效防止机器内部的破坏。设备在同一平面中集成电源开关及各种接口、硬盘放置区，集成度高，易识别。

数据恢复机的其他功能介绍如下。

1. 硬盘检测和修复功能

可以实现坏道扫描检测、坏道修复及坏道重映射功能；具有磁盘克隆、磁盘镜像备份功能，镜像制作时可进行压缩和分割；还可以实现Microsoft Office文件、JPG文件等已知文件类型的扫描功能。

2. 支持RAID下的数据恢复功能

可以实现RAID重组功能，支持虚拟重组RAID0和RAID5等类型；具备RAID参数自动识别功能，可识别RAID5和RAID6等类型的参数；还有RAID系统和动态磁盘的解释器。

3. 扇区数据编辑功能

支持以十六进制、ASCII码等方式进行磁盘和文件数据搜索和替换；可对数据进行256位AES加密，对数据进行校验值计算、MD5计算、SHA-1哈希值计算等；支持二进制、十六进制、ASCII码、Intel Hex、Motorola-S等数据之间的相互转换；支持ANSI ASCII、IBM、ASCII、EBCDIC、Unicode字符集。

任务2 使用中盈创信底层数据编辑软件

任务情景

用户：在处理文件时，突然停电。来电后、开机，系统不能启动了，请帮我处理一下。

工作人员：那给您重新装一下系统试试吧!

用户：系统中的软件是否也需要重装?

工作人员：是的。

用户：那就比较麻烦了，我的系统中有很多软件，装起来比较麻烦，时间也很长，而我着急用计算机。

工作人员：那先给您检测一下硬盘吧，如果只是引导扇区被破坏，修复起来就容易多了。请稍等。

任务分析

中盈创信底层数据编辑工具软件是存储设备数据编辑与恢复软件，它可以查看存储设备中每一个扇区的数据，而每一个扇区的数据都以十六进制的方式来展

示。这对分析存储设备文件系统的逻辑结构，协助其他数据恢复软件顺利恢复数据有着很重要的作用和意义。因此，灵活掌握底层数据编辑软件的使用方法是每一个数据恢复工程师必备的基本技能。

该案例中，借助于底层数据编辑工具软件查看用户硬盘的引导扇区，确定引导扇区是否破坏，若只是引导扇区遭到破坏，则利用该软件可对引导扇区尝试修复。如果顺利，那么用户的操作系统便可以“起死回生”。

必备知识

启动数据恢复机后，在桌面上双击图标即可启动该工具软件，如图2−6所示。

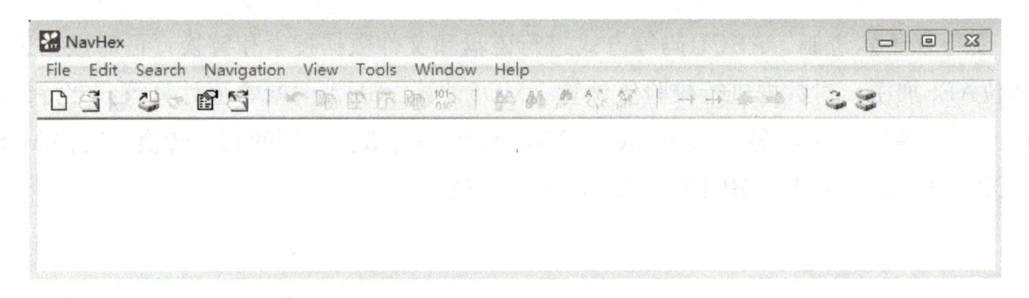

图 2−6 启动底层数据编辑软件

若要对硬盘进行编辑处理，则需要先选择目标磁盘。在菜单栏中单击“Tools”→“Open Disk”命令或单击工具栏中的按钮，弹出如图2−7所示的对话框。在弹出的对话框中可以清晰地看出，既可以以物理磁盘的形式打开，也可以以逻辑磁盘（硬盘单个分区）的形式打开。这里选择以物理磁盘的形式打开，选择要修复的物理硬盘，单击“OK”按钮即可。

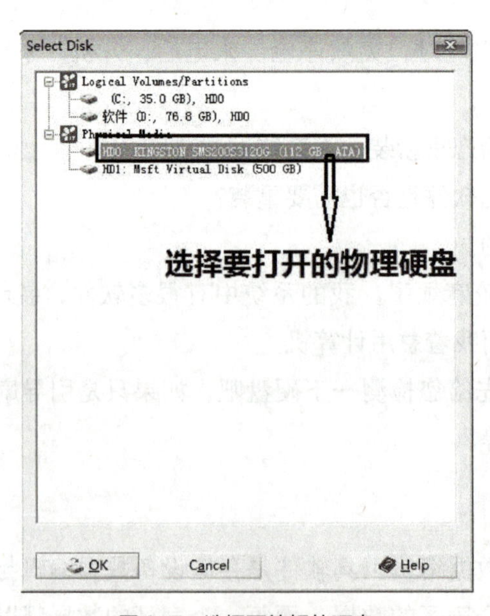

图 2−7 选择要编辑的硬盘

小提示 在打开硬盘时，一定要明确哪块是待修复的硬盘。

下面简要介绍该工具软件的界面，如图2-8所示。

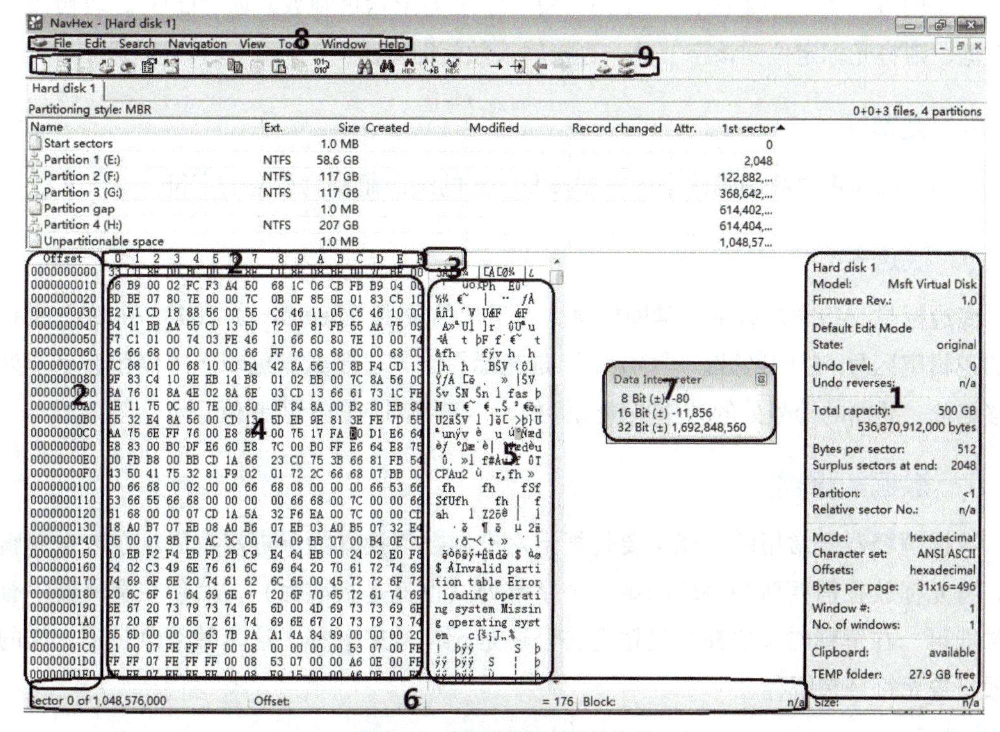

图2-8 底层数据恢复软件界面

1. 资源面板

在此显示被打开硬盘的基本信息情况，如硬盘参数、状态、容量等。硬盘的参数主要有硬盘的型号、序列号、固件版本号和接口类型等。

2. 偏移地址

偏移地址是指某个地址相对于一个指定的起始地址所发生的位移，也就是“距离”。如图2-8所示，偏移地址由横坐标和纵坐标构成，用来具体定位十六进制数据编辑区中的每个字节的地址。该地址以十六进制方式显示，单击地址区，可以转化成十进制方式显示。

3. “访问”功能菜单（偏移地址的横坐标旁边的下三角形）

“访问”功能菜单是恢复分区的最好工具，它把每一个分区按照顺序排成一串，如果分区表有问题，则这里也会有一定的反映。通过这个菜单可以直接查看分区文件系统类型、打开各个分区、直接转移到各个分区的分区表、开始扇区等。

4. 十六进制数据编辑区

十六进制数据编辑区是查看和编辑硬盘中数据的主要工作区，现在看到的是硬盘第一个扇区的内容，以十六进制方式显示。因为硬盘基本存储单位是扇区，所以为了方便查看和编辑，该软件将每个扇区之间用一条线隔开，向下拉动滚动条，可以看到一条灰色的横线，两条横线间为一个扇区，共512B，每个字节为十六进制数，如“C0”。若修改某字节数据，则将光标定位到该字节处，直接输入数值即可。

5. 文本区

文本区的作用是将编辑区中的数据按照一定的编码解释为相应的字符。

6. 底边栏

底边栏是一些非常有用的辅助信息。左下角的数字“Sector 0/1048576000”是指当前的逻辑扇区号/总扇区数。“Offset”是光标在十六进制数据编辑区中停留在字节处的偏移地址，后面的等号处的数值是该光标处十六进制对应的十进制值。

7. 数据解释器

数据解释器最常用的功能主要是把十六进制数值换算为十进制数值。在数据编辑区中，将光标放在需要解释字段的第一个字节处（也就是最前面），然后在解释器中查看结果即可。在解释时，要注意是按有符号还是无符号来解释，这两种数值是不一样的，一般是按无符号来解释。

小思考 什么是有符号数和无符号数，计算机中是如何表示它们的？

8. 菜单栏

菜单栏中汇集了该软件的所有功能，通过单击菜单栏中的相应菜单，可以启动或实现某一功能。

9. 工具栏

工具栏中的功能在菜单栏中都有，为了使用更方便，在工具栏中又将软件最常用的一些功能进行集中排列，这些功能也是软件使用的基础。

任务实施

第一步：启动数据恢复机。电源线连接好后，按开机按钮，启动机器。

第二步：将故障盘接到数据恢复机。

第三步：启动底层数据恢复软件并打开待修复的硬盘。

第四步：检查引导分区情况。病毒破坏造成系统不能启动最常见的原因是破坏了MBR扇区（后面会详细介绍，这里只要了解操作步骤即可）。对于这种问题，在分区和数据正常的情况下，先去检查一下MBR扇区，MBR位于物理硬盘的第一个扇区。打开物理硬盘后，编辑区中默认显示的就是该扇区，向下拖动滚动条，先检查扇区最后的2个字节，MBR扇区的最后2个字节必须是“55AA”。很明显，该硬盘这两个字节处已不是这个数值，如图2-9所示。

```
00000001B0  00 00 00 00 00 00 00 00  BF F9 76 37 00 00 80 01
00000001C0  01 00 07 FE FF FF 3F 00  00 00 41 39 40 06 00 FE
00000001D0  FF FF 0F FE FF FF 80 39  40 06 80 9E FF 33 00 00
00000001E0  00 00 00 00 00 00 00 00  00 00 00 00 00 00 00 00
00000001F0  00 00 00 00 00 00 00 00  00 00 00 00 00 00 00 00
```

图 2-9　检查 MBR 扇区

小提示　注意，利用扇区与扇区间的分界线来确定扇区的结束位置。

第五步：直接在数据编辑区中将该处内容改回“55AA”，然后单击工具栏中的按钮存盘即可。

将该硬盘装回计算机中，系统可以正常引导了。

小思考　“55AA”在MBR扇区中有什么作用？

知识拓展

中盈创信底层数据编辑软件在数据恢复中还有一些其他功能。

1. 制作磁盘镜像

给磁盘做镜像是每一个数据恢复工作者必备的技能。底层数据编辑软件具备做磁盘镜像的功能模块。如图2-10所示，选择“Tools”→“Disk Tools”→“Clone Disk”命令或直接单击工具栏中的按钮。

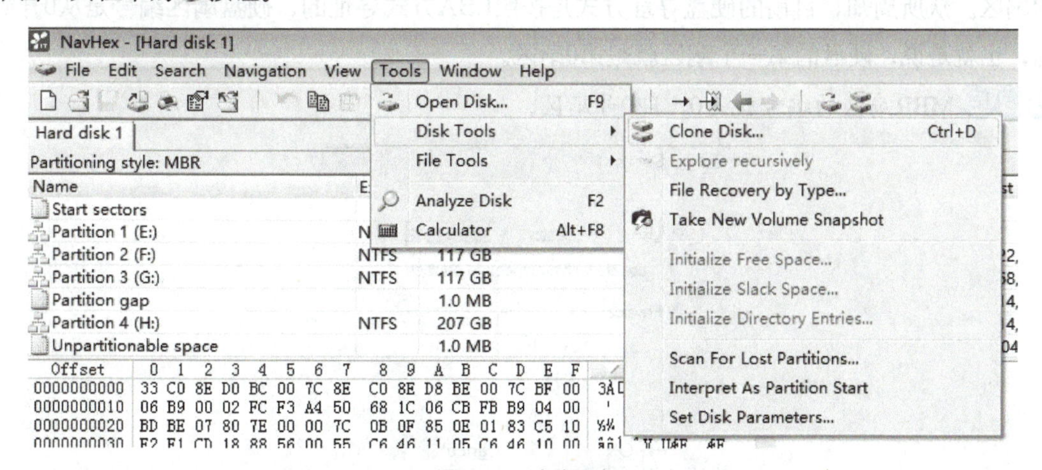

图 2-10　克隆硬盘

打开的“Clone Disk”对话框，如图2-11所示。源物理磁盘就是需要做镜像的磁盘，此项操作必须认真，千万不要颠倒顺序。如果顺序颠倒了，则会造成源盘数据彻底覆盖，酿成不必要的数据灾难。克隆磁盘有以下4种镜像方式：物理磁盘克隆到物理磁盘、物理磁盘克隆为镜像文件、镜像文件克隆到物理磁盘、镜像文件克隆为镜像文件。具体采用什么方式要根据实际情况来决定。

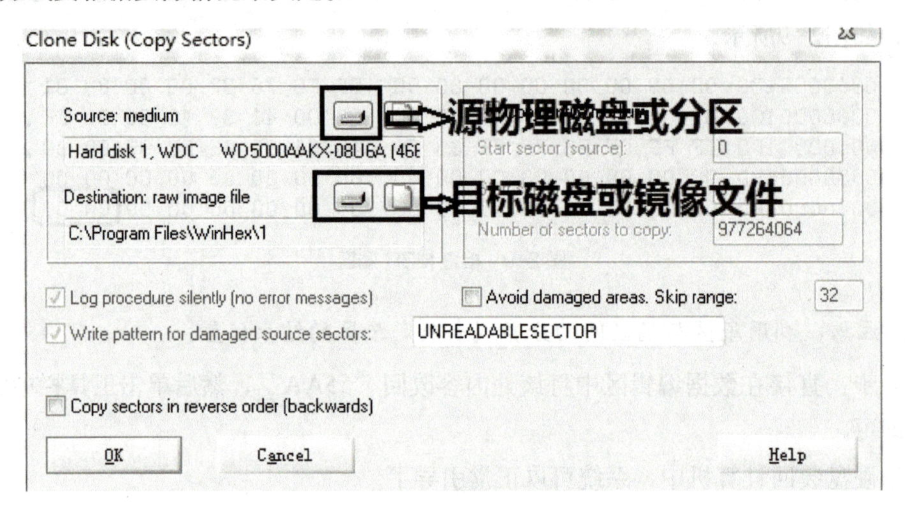

图 2-11　选择源和目标

小提示 为保证待修复故障盘数据的安全，避免因误操作而导致故障盘数据受到破坏，一般情况下，都要对待修复故障盘进行镜像，然后对镜像盘进行修复尝试，而不是直接修复原故障盘。

2. 快速定位硬盘中的某个位置

单击工具栏中的按钮，或选择“Navigation”→“Go To Sector”命令，弹出如图2-12所示的对话框，输入要跳转到的扇区号，单击“OK”按钮，就可以快速跳转到指定的扇区。众所周知，目前的硬盘寻址方式是按照LBA方式寻址的，硬盘扇区编号是从0开始的，也就是说，硬盘的第一个扇区就是第0扇区。

小领悟 MBR扇区的编号就是0，即0号扇区。

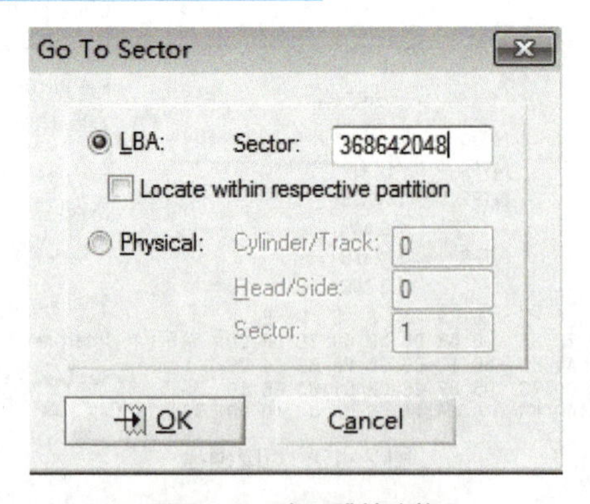

图 2-12　扇区跳转功能

该功能是以扇区为单位进行定位的，也就是说只能跳转到512字节（一个扇区的容量）的整数倍，如果不是512的整数倍，则只能选择软件的另一个类似功能模块“Go To Offset”（转到偏移）。单击工具栏中的→按钮，或选择“Navigation”→“Go To

Offset”命令，弹出如图2–13所示的对话框。跳转单位默认是B（字节），可以单击下拉列表框后的按钮进行单位切换。目前支持以下几种类型的单位：B（字节）、Words（字）、DWords（双字）、Sectors（扇区）。该对话框中还有4个相关联的单选按钮：beginning（相对于开始位置）、current position（相对于当前位置）、current position（back from）（相对于当前位置，方向向前）、end（back from）（相对于结束位置，方向向前）。选择好相对位置并输入相应的数字，就会按照选择的单位跳转。

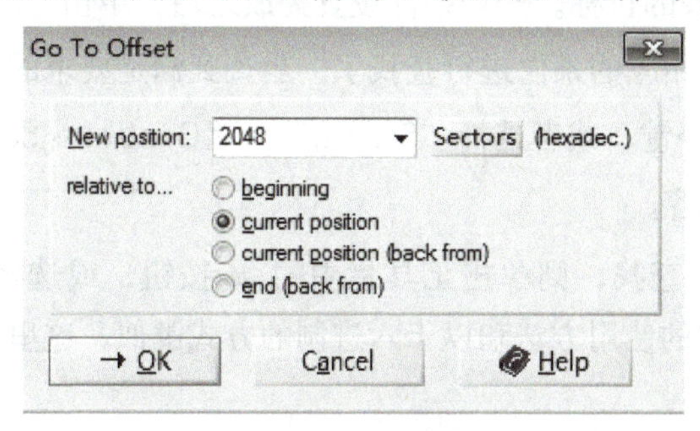

图2–13 偏移跳转

3. 在硬盘中查找需要的数据

查找具体某个数据，可以利用底层数据编辑软件提供的查找功能模块。此功能有以下2种查找方式：第一种以十六进制的形式进行查找，第二种以文本的形式进行查找。

若以十六进制的形式进行查找，则单击工具栏中的按钮，或选择“Search”→“Find Hex Values”命令，会弹出如图2–14所示的对话框。

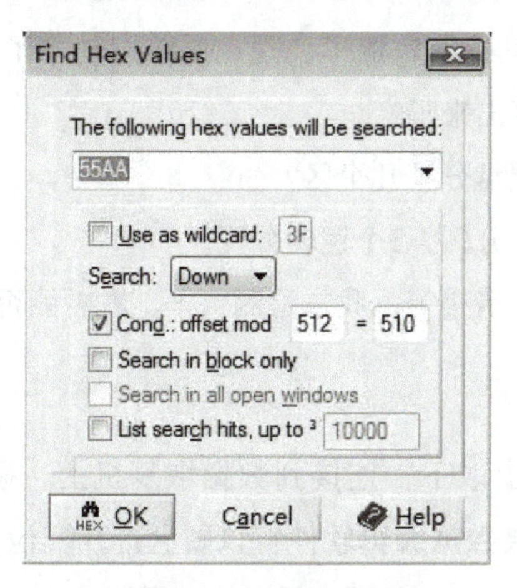

图2–14 查找功能

在文本框中输入要查找的十六进制数值，同时还可以定义查询条件。Search右边的下拉列表框有以下3项内容：

- All（全部，表示搜查所有范围）。
- Down（向下，搜查范围是当前位置的后面）。

● Up（向上，搜查范围是当前位置的前面）。

还可以限制位置，“Cond:offset mod”的意思是“条件：偏移位置模运算”，模运算的意思是求余数。举例说明一下此项功能的具体用法。例如，想查找位于扇区最后两个字节的“55AA”，最后两个字节相对于它所在的扇区而言，偏移位置是510，又知每个扇区是512个字节，因此只需设置“Cond：offset mod 512”=“510”即可，其他位置的“55AA”就不属于查找的目标。一切条件设置完成之后，单击“OK”按钮，就可以按照输入的十六进制数值和相应的条件进行查找了。当查到满足要求的内容时，鼠标就会停留在相应的位置，按<F3>键，或者选择“Search”→“Continue Search”命令，会继续搜查下一个满足要求的内容。

若以文本形式进行查找，则单击工具栏中的 按钮，或选择“Search”→“Find Text”命令即可，具体的使用方法和以十六进制的方式类似，这里就不再详细介绍了。

任务3　手工修复硬盘MBR和分区表

任务情景

用户：我的计算机感染病毒了，现在系统启动不了，硬盘中存放的很多重要文件能恢复出来吗？

工作人员：您的硬盘分了几个区？

用户：4个，1个主分区，3个逻辑分区。

工作人员：好的，请稍等，我来检测一下，看看能否修复。

任务分析

将硬盘从计算机上取下，连接到数据恢复机上，硬盘可以被识别，说明不存在物理故障。用底层数据编辑软件将该硬盘打开，检查硬盘的逻辑错误，发现MBR扇区清零了，如图2-15所示。很显然，根据目前的情况来看，引导程序、分区表等重要数据被破坏掉了。

现在先试着修复MBR。修复MBR主要是修复它的4个部分：引导程序、磁盘签名、分区表和MBR结束标志。

小疑问　MBR是什么？引导程序和分区表又是什么？

Offset	0	1	2	3	4	5	6	7	8	9	A	B	C	D	E	F
0000000000	00	00	00	00	00	00	00	00	00	00	00	00	00	00	00	00
0000000010	00	00	00	00	00	00	00	00	00	00	00	00	00	00	00	00
0000000020	00	00	00	00	00	00	00	00	00	00	00	00	00	00	00	00
0000000030	00	00	00	00	00	00	00	00	00	00	00	00	00	00	00	00
0000000040	00	00	00	00	00	00	00	00	00	00	00	00	00	00	00	00
0000000050	00	00	00	00	00	00	00	00	00	00	00	00	00	00	00	00
0000000060	00	00	00	00	00	00	00	00	00	00	00	00	00	00	00	00
0000000070	00	00	00	00	00	00	00	00	00	00	00	00	00	00	00	00
0000000080	00	00	00	00	00	00	00	00	00	00	00	00	00	00	00	00
0000000090	00	00	00	00	00	00	00	00	00	00	00	00	00	00	00	00
00000000A0	00	00	00	00	00	00	00	00	00	00	00	00	00	00	00	00
00000000B0	00	00	00	00	00	00	00	00	00	00	00	00	00	00	00	00
00000000C0	00	00	00	00	00	00	00	00	00	00	00	00	00	00	00	00
00000000D0	00	00	00	00	00	00	00	00	00	00	00	00	00	00	00	00
00000000E0	00	00	00	00	00	00	00	00	00	00	00	00	00	00	00	00
00000000F0	00	00	00	00	00	00	00	00	00	00	00	00	00	00	00	00
0000000100	00	00	00	00	00	00	00	00	00	00	00	00	00	00	00	00
0000000110	00	00	00	00	00	00	00	00	00	00	00	00	00	00	00	00
0000000120	00	00	00	00	00	00	00	00	00	00	00	00	00	00	00	00
0000000130	00	00	00	00	00	00	00	00	00	00	00	00	00	00	00	00
0000000140	00	00	00	00	00	00	00	00	00	00	00	00	00	00	00	00
0000000150	00	00	00	00	00	00	00	00	00	00	00	00	00	00	00	00
0000000160	00	00	00	00	00	00	00	00	00	00	00	00	00	00	00	00
0000000170	00	00	00	00	00	00	00	00	00	00	00	00	00	00	00	00
0000000180	00	00	00	00	00	00	00	00	00	00	00	00	00	00	00	00
0000000190	00	00	00	00	00	00	00	00	00	00	00	00	00	00	00	00
00000001A0	00	00	00	00	00	00	00	00	00	00	00	00	00	00	00	00
00000001B0	00	00	00	00	00	00	00	00	00	00	00	00	00	00	00	00
00000001C0	00	00	00	00	00	00	00	00	00	00	00	00	00	00	00	00
00000001D0	00	00	00	00	00	00	00	00	00	00	00	00	00	00	00	00
00000001E0	00	00	00	00	00	00	00	00	00	00	00	00	00	00	00	00
00000001F0	00	00	00	00	00	00	00	00	00	00	00	00	00	00	00	00

图 2-15 遭到破坏的 MBR 扇区

必备知识

1. 主引导记录MBR扇区

DOS分区磁盘有一个共同的特点，那就是磁盘的第一个扇区（也就是0号扇区）被称为主引导记录（MBR）扇区。当计算机启动并完成自检后，首先会寻找磁盘的MBR扇区并读取其中的引导记录，然后将系统控制权交给它。对磁盘上数据的总体管理是经由MBR得以实现的。由此可见，如果MBR损坏，则后续的所有工作都无法继续进行。

（1）MBR与计算机引导流程

磁盘的MBR不属于任何一个操作系统，它先于所有的操作系统而被调入内存，并发挥作用。启动计算机时，系统首先对硬件设备进行测试，测试成功后读取磁盘0号扇区的MBR内容到内存中，并执行如下MBR程序段：检查磁盘分区表是否完好，在分区表中寻找可引导的“活动”分区，然后将活动分区的第一逻辑扇区内容装入内存。在DOS分区中，此扇区内容称为DOS引导记录DBR（后面会介绍）。至此，计算机才将控制权交给主分区（活动分区）内的操作系统，并用主分区信息表来管理磁盘。

（2）MBR扇区的结构

整个MBR引导扇区主要由3部分组成：主引导记录（Master Boot Record或Main Boot Record，MBR）、硬盘分区表（Disk Partition Table，DPT）和结束标志字。

在512B的MBR扇区中，MBR的引导程序占了其中的前440字节，紧跟着是4字节的磁盘签名，在偏移1BEH～1FDH处是64字节的DPT，也就是磁盘分区表，最后的两个字节“55AA”（偏移1FEH～1FFH）是扇区有效结束标志，见表2-1。

表 2-1 MBR 扇区的结构

位置	内容
0000H～01B7H	引导程序，共440字节
01B8H～01BBH	Windows磁盘签名，共4字节
01BEH～01CDH	分区1结构信息，共16字节
01CEH～01DDH	分区2结构信息，共16字节
01DEH～01EDH	分区3结构信息，共16字节
01EEH～01FDH	分区4结构信息，共16字节
01FEH～01FFH	55AAH主引导记录有效结束标志

用中盈创信底层数据编辑软件打开物理硬盘，编辑区中默认显示的就是0号扇区（即MBR扇区），如图2-16所示。对照上表分析MBR的结构，首先就是440字节的引导程序，这对于操作系统启动很重要。如果该数据被破坏，系统将不能启动。另一大块就是分区表，这里保存的是硬盘分区结构数据，如果该数据被破坏，分区将不能正常被识别。在引导程序和分区表之间的数据是磁盘签名，磁盘签名是系统随机生成的。最后两个字节“55AA”是MBR扇区的一个重要标志，这里破坏后，系统将不承认这是一个MBR扇区，同样会导致分区不识别和系统无法启动。

Offset	0	1	2	3	4	5	6	7	8	9	A	B	C	D	E	F
0000000000	33	C0	8E	D0	BC	00	7C	FB	50	07	50	1F	FC	50	BE	00
0000000010	7C	BF	00	06	B9	00	02	F3	A4	BF	1E	06	57	CB	33	DB
0000000020	33	D2	BD	00	06	BE	BE	07	B1	04	F6	04	80	75	0E	83
0000000030	C6	10	E2	F6	BE	74	01	B9	17	00	E9	25	01	8B	D6	52
0000000040	BE	74	01	89	12	B8	00	42	BE	7B	01	03	F5	56	B1	10
0000000050	C6	04	00	46	E2	FA	5E	8B	FA	C6	04	10	FE	44	02	C6
0000000060	44	05	7C	8B	5D	08	89	5C	08	8B	5D	0A	89	5C	0A	B2
0000000070	80	CD	13	BE	FE	7D	[illegible]	[illegible]	[illegible]	[illegible]	[illegible]	[illegible]	[illegible]	8B	01	B9
0000000080	18	00	E9	DD	00	60	[illegible]	[illegible]	[illegible]	[illegible]	[illegible]	[illegible]	[illegible]	80	E1	3F
0000000090	8A	D1	FE	C6	33	DB	BE	03	7C	BF	A6	01	03	FD	B9	04
00000000A0	00	F3	A6	74	1C	BE	52	7C	BF	A3	01	03	FD	B1	03	F3
00000000B0	A6	74	0E	BE	36	7C	BF	A3	01	03	FD	B1	03	F3	A6	75
00000000C0	4F	BE	18	7C	3A	14	74	03	88	14	43	BE	1A	7C	3A	34
00000000D0	74	03	88	34	43	83	FB	00	74	36	BE	74	01	8B	12	B8
00000000E0	00	42	BE	7B	01	03	F5	56	B1	10	C6	04	00	46	E2	FA
00000000F0	5E	8B	FA	C6	04	10	FE	44	02	C7	44	05	7C	00	8B	5D
0000000100	08	89	5C	08	8B	5D	0A	89	5C	0A	FE	C4	B2	80	CD	13
0000000110	BE	AA	01	80	3A	00	74	41	8A	1A	B8	00	42	BE	7B	01
0000000120	03	F5	56	B1	10	88	04	46	E2	FB	5E	C6	04	10	FE	44
0000000130	02	C6	44	05	7E	88	5C	08	B2	80	CD	13	B8	00	42	56
0000000140	57	BE	B8	07	BF	B8	7F	B9	46	00	F3	A4	5F	5E	32	DB
0000000150	88	5C	08	FE	C4	B2	80	CD	13	61	33	C0	50	B8	00	7C
0000000160	50	CB	81	C6	00	06	AC	BB	07	00	B4	0E	CD	10	E2	F6
0000000170	B1	0F	E2	FC	49	6E	76	61	6C	69	64	20	50	61	72	74
0000000180	69	74	69	6F	6E	20	54	61	62	6C	65	4D	69	73	73	69
0000000190	6E	67	20	6F	70	65	72	61	74	69	6E	67	20	73	79	73
00000001A0	74	65	6D	46	41	54	4E	54	46	53	01	00	00	00	00	00
00000001B0	00	00	00	00	00	00	00	00	BF	F9	76	37	00	00	80	20
00000001C0	21	00	07	FE	FF	FF	00	08	00	00	00	08	80	0C	00	FE
00000001D0	FF	FF	0F	FE	FF	FF	00	10	80	0C	00	C8	BF	2D	00	00
00000001E0	00	00	00	[illegible]	[illegible]	[illegible]	00	00	00	00	00	00	00	00	00	00
00000001F0	00	00	00	[illegible]	[illegible]	[illegible]	00	00	00	00	00	00	00	00	55	AA

引导程序

分区表

图 2-16 MBR 扇区结构

小思考 MBR中的内容是在什么时候生成的？不同硬盘的MBR内容是否一样？

小领悟 “55AA”是用来判断一个扇区是不是MBR扇区的基本标志。

（3）分区表项的结构

操作系统为了便于用户对磁盘的管理，引入了磁盘分区的概念，即将一块磁盘逻辑划分为几个区域。如上所述，在64字节的MBR分区表（DPT）中，以16字节为一个分区表项来描述一个分区结构，共4个表项，并且MBR中的分区表项只用于描述主分区和扩展分区，这就是为什么硬盘只能分出4个主分区的原因。若要在硬盘中分出超过4个以上的分区，则必须采用扩展分区的概念（后面会介绍）。下面以某磁盘第一个分区的分区表项结构及相应数值为例，说明各个字节的含义。在底层数据编辑软件中打开磁盘，定位到MBR扇区，阴影选择部分即为该磁盘分区表的第一个表项，如图2-17所示。

```
00000001A0  74 65 6D 46 41 54 4E 54  46 53 01 00 00 00 00 00
00000001B0  00 00 00 00 00 00 00 00  BF F9 76 37 00 00 80 01
00000001C0  01 00 07 FE FF FF 3F 00  00 00 41 39 40 06 00 FE
00000001D0  FF FF 0F FE FF FF 80 39  40 06 80 9E FF 33 00 00
00000001E0  00 00 00 00 00 00 00 00  00 00 00 00 00 00 00 00
00000001F0  00 00 00 00 00 00 00 00  00 00 00 00 00 00 55 AA
```

图2-17 分区表结构

表2-2中是对分区表项中各位置数值含义的简要说明。

表2-2 分区表项结构

位置	长度/B字节	数值	含义
01BEH	1	80H	引导标志，80为可引导；00为不可引导
01BFH	1	01H	起始磁头号
01C0H	1	01H	低6位是分区起始的扇区号，高2位是分区起始柱面号的前两位
01C1H	1	00H	分区开始的起始柱面号的低8位
01C2H	1	07H	分区类型
01C3H	1	FEH	结束磁头号
01C4H	1	FFH	低6位是分区结束的扇区号，高2位是分区结束柱面号的前两位
01C5H	1	FFH	分区结束柱面号的低8位
01C6H	4	0000003FH	本分区之前使用的扇区数
01CAH	4	06403941H	分区的大小，即分区的总扇区数

下面对分区表项中的数值做进一步说明。

1）第1个字节：可引导标志。它只有两种可能值：0x80为可引导，0x00为不可引导，其他值为非法值。这个标志并不是必需的，只有在磁盘上有引导分区时，才会将该分区对应分区表项的这一字节置为0x80。

小提示 在4个分区表项中，最多只能有一个分区表项被标记为可引导，否则为非法。

小思考 引导分区的分区表项中，若该字节中的数值不是0x80，则操作系统能否启动？

2）第2～4个字节：分区的起始CHS地址。第2个字节用于记录分区起始磁头号，第3个字节的低6位用于记录分区起始扇区号，第3个字节的高2位作为起始柱面号的高2位，第4个字节的8位作为分区起始柱面号的低8位，也就是用10位二进制数记录分区起始柱面号。

小提示 只有Windows 98及Windows ME等早期的操作系统，才使用CHS方式，Windows 2000及以后的操作系统则忽略它们，而只使用LBA方式来定位分区的位置及大小，保留CHS参数只是为了兼容较早的操作系统。对于工具类软件，可能会因软件的不同而使用CHS参数或LBA参数。在分区表被破坏需要手工重写分区表时，可以不必关心CHS参数。实验发现，这3个参数全部为0并不会影响数据再现。

3）第5个字节：分区类型标志。分区类型标志表明其描述的分区的类型，如FAT、NTFS、FreeBSD等，不同的操作系统可能会使用不同的分区类型。表2-3是一些常见分区类型及其代号。

表 2-3　常见分区类型及其代号

代号	磁盘分区类型标志	代号	磁盘分区类型标志
00	不允许使用，视为非法	24	NEC DOS
01	FAT12	3C	Partition Magic
06（04）	FAT16（04表示分区小于32MB）	42	NTFS动态分区
07	HPFS/NTFS、ExFAT	64	Novell Netware
0A	OS/2 Boot Manage	65	Novell Netware
0B	Win95 FAT32	80	Old Minix
0C	Win95 FAT32	81	Minix/Old Linux
0E（05）	Win95 FAT16	82	Linux Swap
0F	Win95 Extended（大于8GB）	83	Linux
11	Hidden FAT12	85	Linux extended
12	Compaq diagnost	86	NTFS volume set
16	Hidden FAT16	87	NTFS volume set
14	Hidden FAT16（<32MB）	A0	IBM Thinkpad hidden
17	Hidden HPFS/NTFS	BE	Solaris boot partition
18	AST Windows swap	C0	DR-DOS/Novell DOS secured partition
1B	Hidden FAT32	E1	DOS access
1E	Hidden LBA VFAT partition	F2	DOS3.3+secondary partition

4）第6～8个字节：分区结束CHS地址，与分区起始CHS地址的结构相同。

小疑问 为什么分区时输入分区大小和最终分出来的大小会有一些差异，如分区时输入分区大小为7000MB，分出来的结果却是69997MB？

5）第9～12个字节：是本分区之前的扇区数，共4字节，即从磁盘开始到该分区开始之间的偏移量，也就是分区起始LBA地址（起始扇区位置），使用Little-Endian顺序。这是非常重要的参数，如果该参数遭到破坏，则操作系统将无法找到文件系统分区或扩展分区的起始位置。

小提示 Little-Endian是指大于1个字节的数以低字节在前的存储格式或称反字节顺序保存下来。低字节在前的格式是一种保存数的方法，这样最低位的字节最先出现在十六进制符号中。

例如，本案例第一个分区表项中，本分区之前扇区数的实际值为0x0000003F，即十进制的63，但在计算机内是按照反字节顺序保存的，即为3F000000。

6）第13～16个字节，保存的是分区大小扇区数，共4字节，使用Little-Endian Format顺序。

实践证明，在手工重建分区表时，在其他参数正确的情况下，分区大小扇区数稍有偏差对导出的数据不会产生什么影响，当然，不能偏差太多。注意，虽然输入的某个分区大小扇区数稍微大于原分区实际大小不会影响本分区内的数据，但如果该分区后还有分区，则可能会因为产生分区交错而导致系统无法正常加载这个分区，甚至造成死机。

2. 扩展分区与EBR

分区的方式有以下3种：主分区、扩展分区和逻辑分区，如图2-18所示。主分区是一个比较单纯的分区，磁盘的主分区在MBR的分区表里会有一个独立的分区表项描述。在主分区中，不允许再建立其他逻辑分区。由于MBR中分区表只有4个表项，如果采用主分区，则磁盘只能分成4个分区，因此为了突破这个限制，引入了扩展分区的概念。

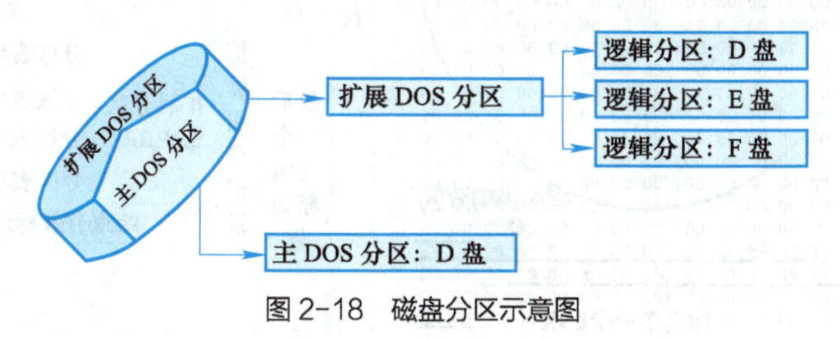

图2-18 磁盘分区示意图

（1）扩展分区的概念

严格地讲，扩展分区不是一个实际意义的分区，它仅是一个指向下一个分区的指针，这种指针结构将形成一个单向链表。这样，在MBR中除了主分区外，仅需要存储一个被称为扩展分区的分区数据，通过这个数据可以找到下一个分区（实际上也就是下一个逻辑分区）的起始位置，以此起始位置类推可以找到所有的分区。无论系统中建立了多少个逻辑分区，在MBR中通过一个扩展分区的参数就可以逐个找到每一个逻辑分区。

（2）EBR的概念和结构

扩展分区中的每个逻辑驱动器都存在1个类似于MBR的扩展引导记录（Extended Boot Record，EBR），也有人称之为虚拟MBR或扩展MBR。

EBR的数据结构与MBR很相像，由于EBR不再承担像MBR那样的磁盘加载功能，因此以前的440字节的引导代码已经被“00”所代替，但后边的分区表（DPT）和认证标志“55AA”还是存在的。在每个逻辑分区前都会有1个EBR。使用中盈创信底层数据编辑软件打开硬盘，定位其中1个EBR，如图2–19所示。EBR的DPT中第1个分区表项指向当前的逻辑分区，第2项指向下一个逻辑分区的EBR。如果不存在进一步的逻辑分区，则第2项就不会使用，而且被记录成零；第3、4个表项永远不会被使用，如此循环下去，直到没有新的逻辑分区。

扩展分区内的各个逻辑分区就是通过图2–20所示的这种单向链表的结构来实现链接和查找的，操作系统借助这种结构识别各个逻辑分区。因此，若单向链表发生问题，则会导致逻辑磁盘分区丢失。

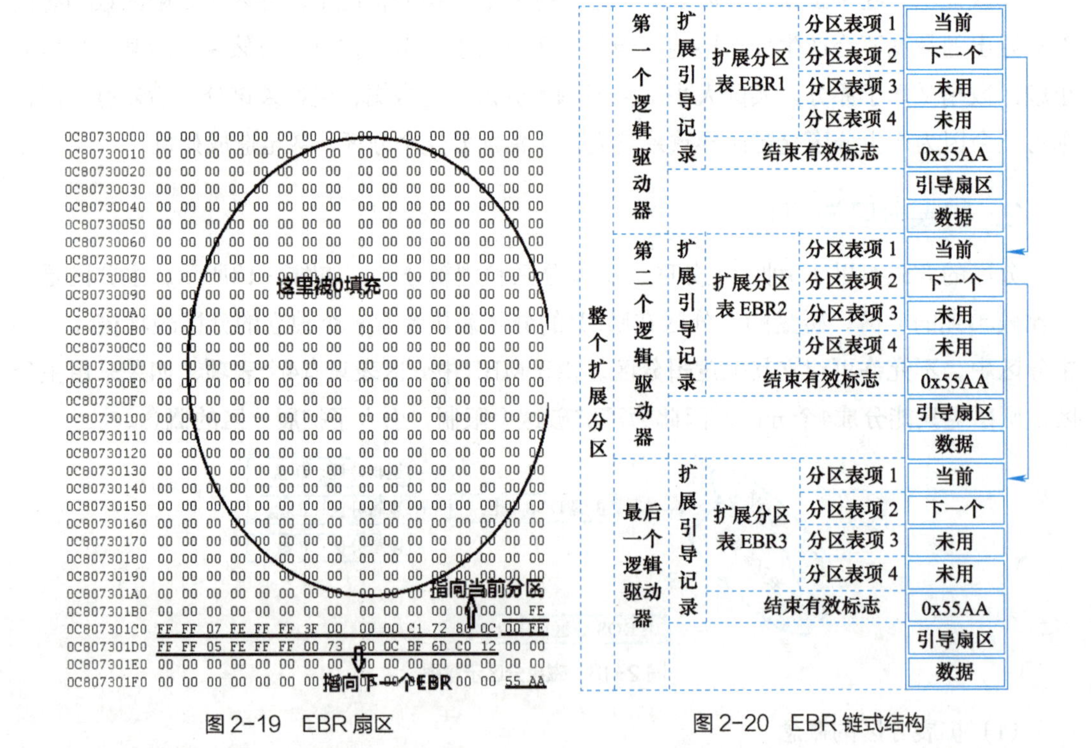

图2–19　EBR扇区　　　　图2–20　EBR链式结构

下面通过一个实际例子来分析MBR和EBR的结构。首先看图2–21所示的磁盘的分区情况，这块硬盘分了4个分区：1个主分区、1个扩展分区，扩展分区中分出了3个逻辑分区。用底层数据编辑软件查看该盘的MBR扇区，如图2–22所示。

磁盘 1 基本 466.00 GB 联机	系统 (L:) 50.00 GB NTFS 状态良好 (活动,	软件 (K:) 100.00 GB NTF 状态良好 (逻辑	文档 (H:) 150.00 GB NTFS 状态良好 (逻辑驱	娱乐 (J:) 165.99 GB NTFS 状态良好 (逻辑驱

图 2-21　分区结构

```
0000000180  69 74 69 6F 6E 20 54 61  62 6C 65 4D 69 73 73 69
0000000190  6E 67 20 6F 70 65 72 61  74 69 6E 67 20 73 79 73
00000001A0  74 65 6D 46 41 54 4E 00  00 53 01 00 00 00 00 00
00000001B0  00 00 00 00 00 00 00 00  BF F9 76 37 00 00 80 01
00000001C0  01 00 07 FE FF FF 3F 00  00 00 41 39 40 06 00 FE
00000001D0  FF FF 0F FE FF FF 80 39  40 06 80 9E FF 33 00 00
00000001E0  00 00 00 00 00 00 00 00  00 00 00 00 00 00 00 00
00000001F0  00 00 00 00 00 00 00 00  00 00 00 00 00 00 55 AA
```

主分区表项

扩展分区表项

图 2-22　MBR 扇区中 DPT

可以看到，MBR的DPT中有2个表项有数据，其余2个表项没有使用。这是由于该硬盘只有1个主分区和1个扩展分区，逻辑分区的分区结构描述不放在MBR中，而是放在EBR中。首先分析第1个分区表项，即主分区的分区表项，如图2–23所示。其中第2～4字节和第6～8字节是主分区的起始CHS和结束CHS，这些参数没有实际意义。第1个字节值是0x80，表明主分区是引导分区，装有操作系统；第5个字节值是0x07，表明主分区为NTFS格式；第9～12共4字节，存放的是主分区的起始扇区号，值为3F000000。前面说过，这里采用的格式是Little–Endian，实际值为0x0000003F，对应的十进制值为63，也是说，主分区起始于63号扇区。第13～16共4字节存放的是主分区的扇区总数（即分区大小），其数值为是0x06403941，十进制为104872257，即该分区大小为104 872 257个扇区。

80	01 01 00	07	FE FF FF	3F 00 00 00	41 39 40 06
1	2 3 4	5	6 7 8	9 10 11 12	13 14 15 16

图 2-23　主分区的分区表项结构

中盈创信底层编辑软件提供了一个数据解释器，可以快速地将十六进制数值转化为等值的十进制。例如，第9～12共4B中存放的十六进制数0x0000003F，将鼠标定位到第9个字节前，然后查看数据解释器是63，即主分区开始于63号扇区，如图2–24所示。

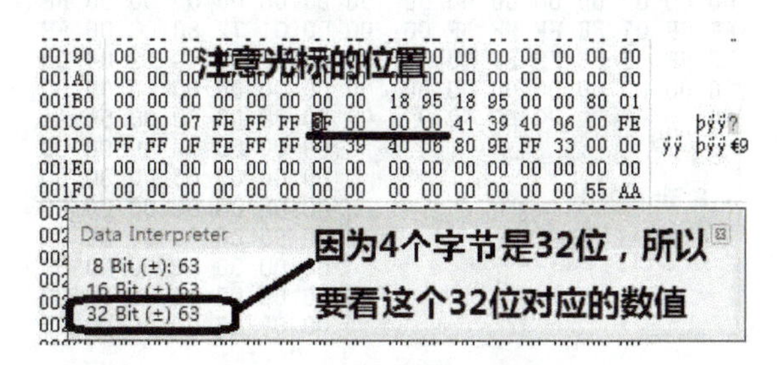

图 2-24　数据解释器的使用

从第一个分区表项可以看到，主分区为NTFS格式，分区开始于63号扇区，大小是104 872 257个扇区。第2个分区表项描述的是1个扩展分区，同样借助于数据解释器，得知扩展分区开始于104 872 320号扇区，大小为872 390 272个扇区。该扩展分区并不是一个可用的分区，而是对一段空间的描述，在其内部进一步划分为3个逻辑分区。单击工具栏中的按钮跳转到扩展分区的开始扇区104 872 320，结果如图2-25所示。该扇区引导程序和磁盘签名部分全是0，只有分区表和认证标志部分有数据。根据这些特征，可以判断这是一个EBR扇区。也就是说，主扩展分区的开始扇区其实就是EBR，而且是该硬盘的第一个EBR，一般称其为EBR1，有意义的是其DPT部分和认证标志“55AA”。

```
0C80730180  00 00 00 00 00 00 00 00  00 00 00 00 00 00 00 00
0C80730190  00 00 00 00 00 00 00 00  00 00 00 00 00 00 00 00
0C807301A0  00 00 00 00 00 00 00 00  00 00 00 00 00 00 00 00
0C807301B0  00 00 00 00 00 00 00 00  00 00 00 00 00 00 00 FE
0C807301C0  FF FF 07 FE FF FF 3F 00  00 00 C1 72 80 0C 00 FE
0C807301D0  FF FF 05 FE FF FF 00 73  80 0C BF 6D C0 12 00 00
0C807301E0  00 00 00 00 00 00 00 00  00 00 00 00 00 00 00 00
0C807301F0  00 00 00 00 00 00 00 00  00 00 00 00 00 00 55 AA
```

图2-25　EBR1扇区

小疑问 这么多分区表，怎么区分？

MBR中的分区表叫作主分区表，EBR中的分区表叫作子分区表。

该EBR1中第1个分区表项用来描述第1个逻辑分区。根据分区表的结构特点分析，该逻辑分区的分区类型为NTFS，利用数据解释器可以得知，起始扇区号是63，大小为209 744 577个扇区；第2个分区表项所描述的分区其类型为05H，说明它是1个扩展分区。

小疑问 为什么扩展分区中还有扩展分区？

因为扩展分区是用一种链式结构来管理的，EBR扇区中第1个分区表项总是描述当前的逻辑分区，第2个分区表项则存放下一个EBR的信息，从而引出下一个逻辑分区。根据分区表的结构特点，利用数据解释器可以读出EBR2起始位置在209 744 640号扇区，如图2-26所示。需要注意的是，这个扇区号是个相对位置，是以EBR1所在扇区的位置为起点来定位的。前面已经得到EBR1所在扇区位置为104 872 320，因此EBR2的实际扇区位置是104 872 320+209 744 640=314 616 960。

```
00 00 00 00 00 00 00 00  00 00 00 00 00 00 00 FE
FF FF 07 FE FF FF 3F 00  00 00 C1 72 80 0C 00 FE
FF FF 05 FE FF FF 00 73  80 0C BF 6D C0 12 00 00
00 00 00 00 00 00 00 00  00 00 00 00 00 00 00 00
00 00 00 00 00 00 00 00  00 00 00 00 00 00 55 AA

Data Interpreter
 8 Bit (±): 0
16 Bit (±) 29,440
32 Bit (±) 209,744,640
```

图2-26　EBR2的相对起始扇区号

用扇区跳转功能跳转到314 616 960号扇区，其结构如图2-27所示。很明显，该扇区又是一个EBR扇区，称为EBR2。

```
2581590180  00 00 00 00 00 00 00 00  00 00 00 00 00 00 00 00
2581590190  00 00 00 00 00 00 00 00  00 00 00 00 00 00 00 00
25815901A0  00 00 00 00 00 00 00 00  00 00 00 00 00 00 00 00
25815901B0  00 00 00 00 00 00 00 00  00 00 00 00 00 00 00 FE
25815901C0  FF FF 07 FE FF FF 3F 00  00 00 80 6D C0 12 00 FE
25815901D0  FF FF 05 FE FF FF BF E0  40 1F C1 BD BE 14 00 00
25815901E0  00 00 00 00 00 00 00 00  00 00 00 00 00 00 00 00
25815901F0  00 00 00 00 00 00 00 00  00 00 00 00 00 00 55 AA
```

图 2-27　EBR2 扇区

EBR2的第1个分区表项是用来存放第2个逻辑分区相关信息的，根据结构特点分析可知，第2个逻辑分区是NTFS格式的，起始于63号扇区，大小为314 600 832个扇区。第2个分区表项类型为05H，说明它又是一个扩展分区表项。它的作用也是链接到下一个EBR扇区（即EBR3），以引出下一个逻辑分区。利用数据解释器换算出EBR3的相对起始位置是524 345 535，这个位置也是相对于EBR1的，需要计算出其绝对位置，也就是用524 345 535加上EBR1所在的扇区号104 872 320，结果为629 217 855。

用扇区跳转功能跳转到扇区629 217 855，其结构如图2–28所示。很明显，该扇区是一个EBR扇区，即EBR3。

```
4B02347F90  00 00 00 00 00 00 00 00  00 00 00 00 00 00 00 00
4B02347FA0  00 00 00 00 00 00 00 00  00 00 00 00 00 00 00 00
4B02347FB0  00 00 00 00 00 00 00 00  00 00 00 00 00 00 00 FE
4B02347FC0  FF FF 07 FE FF FF 3F 00  00 00 82 BD BE 14 00 00
4B02347FD0  00 00 00 00 00 00 00 00  00 00 00 00 00 00 00 00
4B02347FE0  00 00 00 00 00 00 00 00  00 00 00 00 00 00 00 00
4B02347FF0  00 00 00 00 00 00 00 00  00 00 00 00 00 00 55 AA
```

图 2-28　EBR3 扇区

分析一下EBR3扇区的分区表项，第1个分区表项是用来存放第3个逻辑分区信息的，该分区起始于63号扇区，大小为348 044 647；第二个分区表项没有数据了，说明这是扩展分区中的最后一个EBR扇区。因为是最后一个，所以就没有下一个EBR了，第2个分区表项自然就不再使用。

小领悟 EBR的起始位置都是相对于EBR1的一个数值。

小思考 EBR1、EBR2、EBR3中描述的3个逻辑分区的起始位置为什么都是63号扇区？是不是意味着3个逻辑分区重合了？不重合的话这3个分区真正的起始位置是多少？

以上就是一块硬盘最常见的分区结构，即一个主分区和一个扩展分区，扩展分区内又划分多个逻辑分区。但也有几种特殊情况：

- 一块硬盘划分了2～3个主分区和一个扩展分区，扩展分区内又划分多个逻辑分区。
- 一块硬盘划分了4个主分区，而没有扩展分区，即4个分区表项全被主分区占有。
- 一块硬盘没有主分区，整块硬盘被分为一个扩展分区，然后在扩展分区内划分为多个逻辑分区。

不管是哪种分区情况，其分区管理的思想是一致的，只要掌握了前面最常见的分区管理方式，任何特殊情况只需灵活应用即可。

小思考 若硬盘被分成了3个主分区，则该硬盘中还有EBR扇区吗？此时MBR扇区中的分区表项会有几个被使用？

小提示 注意在什么地方采用绝对扇区号表示起始位置，什么地方采用相对扇区号表示起始位置。

小领悟 因为一般情况下不同硬盘的大小和分区都不相同，所以不同硬盘的MBR中分区表数据一般来说肯定是不一样的。

任务实施

第一步：填充MBR扇区的结束标志“55AA”。位置在MBR扇区的最后2个字节处，其作用是判断MBR扇区是否合法，如果是“55AA”，则执行引导程序，否则报错。因此，如果该标志字节遭到破坏，则同样会导致计算机无法进入系统。定位到MBR扇区最后2个字节，先将MBR扇区的标志“55AA”填回去。

第二步：重建引导程序和磁盘签名。这一操作也比较简单，在中盈创信底层数据编辑软件中打开一块正常的硬盘，将其MBR中的引导程序和磁盘签名部分直接复制到故障盘的MBR扇区相应位置即可，如图2-29所示。

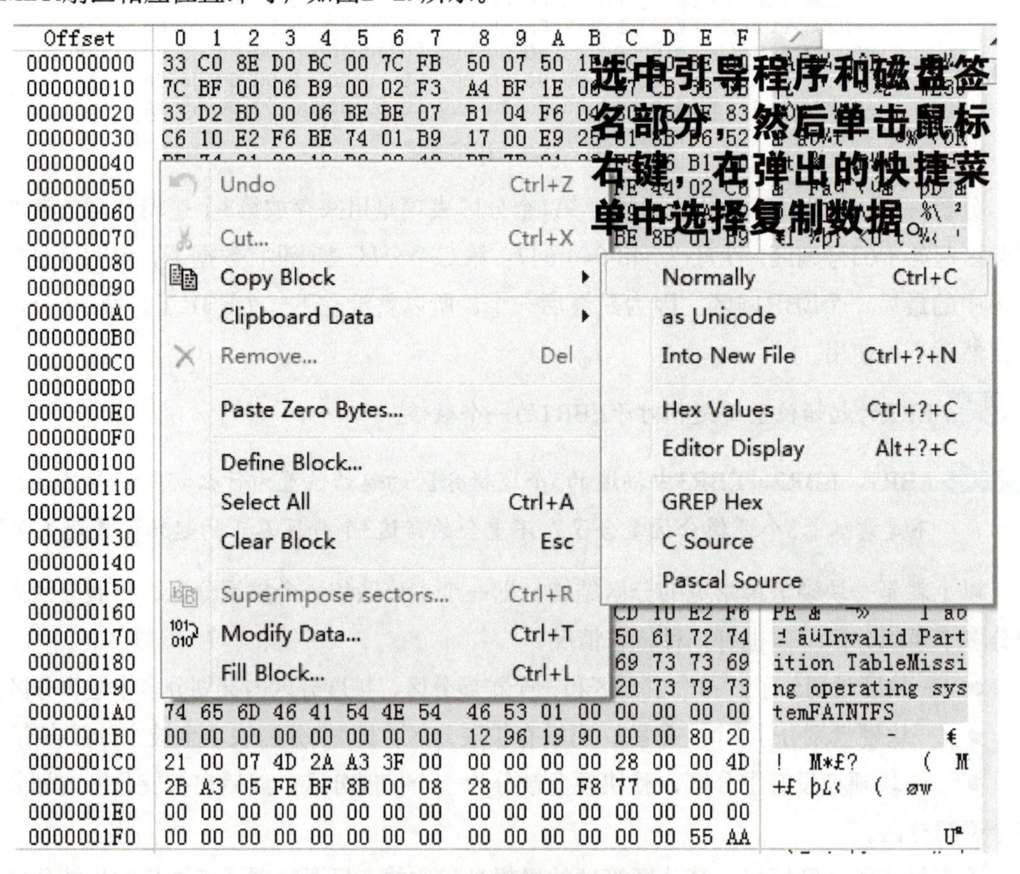

图 2-29 复制正常硬盘的 MBR

小领悟 一般情况下，所有硬盘MBR的引导程序部分都是一样的。

小疑问 磁盘签名不是随机生成的吗，每个硬盘MBR磁盘签名部分肯定是不一样的呀，这样复制磁盘签名能行吗？

第三步：修复MBR中的分区表项。根据用户的描述，硬盘中有4个分区：1个主分区和3个逻辑分区。因此，MBR的分区表中，第1个表项是主分区的描述，第2个表项是扩展分区的描述。现在需要重建这2个表项，实际上就是要填入分区表项中的4个重要数值：活动标志、分区类型、起始扇区和分区的扇区总数。

1）先来修复第一个分区表项（也就是主分区的表项），首先要明确该主分区的起始位置和文件系统类型。

可以借助于主分区DBR扇区中的一些信息（后面的项目会详细讲述，这里先比照着做即可），找到主分区的DBR扇区并跳转过去。因为DBR扇区最后2个字节的数值也是“55AA”，因此通过搜索最后2个字节是“55AA”的扇区即可快速找到DBR扇区。单击工具栏中的 HEX 按钮，打开如图2-30所示的窗口。在窗口中输入图中的数字，开始搜索。搜索过程中在63号扇区找到了一个分区的DBR扇区，如图2-31所示。DBR位于63号扇区，说明该主分区的起始扇区就是63，跳转到这个DBR扇区，发现其前3个字节的特征值为“EB5290”，说明该主分区是NTFS格式。

小提示 每个分区的第一个扇区就是该分区的DBR扇区。也就是说，DBR扇区位置就是其所在分区的实际起始位置。

这样，主分区的起始位置和格式就确定了，还需要知道它的大小。主分区结束的位置正好是扩展分区开始的位置，也就是第一个EBR（即EBR1）所在的位置。因此只要找到EBR1扇区的位置，用这个扇区位置减去主分区开始的位置就是主分区的大小。

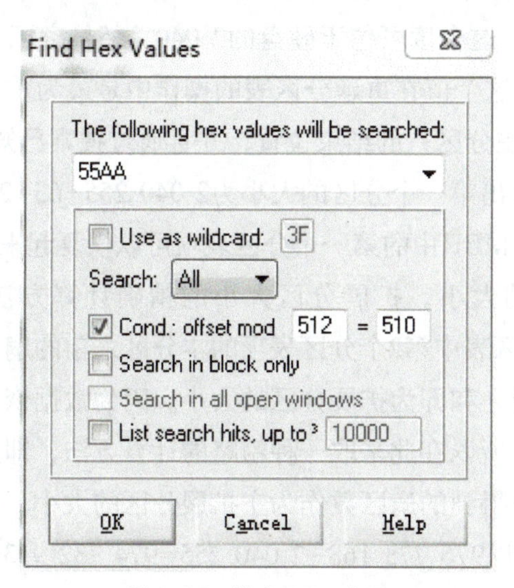

图2-30 搜索DBR扇区

```
0000007E00  EB 52 90 [illegible] [illegible] 46 53 20  20 20 20 00 02 08 00 00
0000007E10  00 00 00 00 00 F8 [illegible] [illegible]  3F [illegible] [illegible] [illegible] [illegible] [illegible] [illegible] 00
0000007E20  00 00 00 00 80 00 80 00  26 79 1A 06 00 00 00 00
0000007E30  00 00 0C 00 00 0[illegible] [illegible] [illegible]  9[illegible] [illegible] [illegible] [illegible] [illegible] [illegible] 00 00
0000007E40  F6 00 00 00 01 00 00 00  9A 98 CD 68 AF CD 68 CC
0000007E50  00 00 00 00 FA 3[illegible] [illegible] [illegible]  [illegible] [illegible] [illegible] 7C FB B8 C0 07
0000007E60  8E D8 E8 16 00 B8 00 0D  8E C0 33 DB C6 06 0E 00
0000007E70  10 E8 53 00 68 00 0D 68  6A 02 CB 8A 16 24 00 B4
0000007E80  08 CD 13 73 05 B9 FF FF  8A F1 66 0F B6 C6 40 66
0000007E90  0F B6 D1 80 E2 3F F7 E2  86 CD C0 ED 06 41 66 0F
0000007EA0  B7 C9 66 F7 E1 66 A3 20  00 C3 B4 41 BB AA 55 8A
0000007EB0  16 24 00 CD 13 72 0F 81  FB 55 AA 75 09 F6 C1 01
0000007EC0  74 04 FE 06 14 00 C3 66  60 1E 06 66 A1 10 00 66
0000007ED0  03 06 1C 00 66 3B 06 20  00 0F 82 3A 00 1E 66 6A
0000007EE0  00 66 50 06 53 66 68 10  00 01 00 80 3E 14 00 00
0000007EF0  0F 85 0C 00 E8 B3 FF 80  3E 14 00 00 0F 84 61 00
0000007F00  B4 42 8A 16 24 00 16 1F  8B F4 CD 13 66 58 5B 07
0000007F10  66 58 66 58 1F EB 2D 66  33 D2 66 0F B7 0E 18 00
0000007F20  66 F7 F1 FE C2 8A CA 66  8B D0 66 C1 EA 10 F7 36
0000007F30  1A 00 86 D6 8A 16 24 00  8A E8 C0 E4 06 0A CC B8
0000007F40  01 02 CD 13 0F 82 19 00  8C C0 05 20 00 8E C0 66
0000007F50  FF 06 10 00 FF 0E 0E 00  0F 85 6F FF 07 1F 66 61
0000007F60  C3 A0 F8 01 E8 09 00 A0  FB 01 E8 03 00 FB EB FE
0000007F70  B4 01 8B F0 AC 3C 00 74  09 B4 0E BB 07 00 CD 10
0000007F80  EB F2 C3 0D 0A 41 20 64  69 73 6B 20 72 65 61 64
0000007F90  20 65 72 72 6F 72 20 6F  63 63 75 72 72 65 64 00
0000007FA0  0D 0A 4E 54 4C 44 52 20  69 73 20 6D 69 73 73 69
0000007FB0  6E 67 00 0D 0A 4E 54 4C  44 52 20 69 73 20 63 6F
0000007FC0  6D 70 72 65 73 73 65 64  00 0D 0A 50 72 65 73 73
0000007FD0  20 43 74 72 6C 2B 41 6C  74 2B 44 65 6C 20 74 6F
0000007FE0  20 72 65 73 74 61 72 74  0D 0A 00 00 00 00 00 00
0000007FF0  00 00 00 00 00 00 00 00  83 A0 B3 C9 00 00 55 AA
```

DBR头3个字节的这个特征值表明，该DBR所在的分区是NTFS格式的。

图 2-31　DBR 扇区

接下来开始查找EBR1，从刚才的63号扇区开始往后，同样搜索最后2个字节是“55AA”的扇区，每当找到1个合乎条件的“55AA”，搜索就会停下来，这时根据EBR的前2个特征（引导程序部分全为0，有相应的DPT）进行判断。如果不是要找的EBR扇区，就按<F3>键继续搜索，直到找到EBR1扇区为止，如图2-32所示。

由图2-32可以看到，这个扇区位于硬盘的2 040 255号扇区。由此可以知道扩展分区的开始扇区为2 040 255，这个值在重建分区表的操作中是最为重要的。由于扩展分区的开始位置即为第1个分区（主分区）的结束位置，并且通过搜索已知第1个分区的开始位置为63号扇区，因此可以计算出第一个分区的大小为2 040 255−63=2 040 192个扇区，这样主分区的大小也就确定了，MBR中的第一个分区表项可以恢复起来了。

2）计算扩展分区的大小。扩展分区大小的精确计算方法是搜索第2个EBR（即EBR2），然后根据其分区表中第2个分区表项的本分区之前的扇区总数和本分区的扇区总数进行计算，也就是两者之和即为扩展分区的大小。因为数据恢复的最终目标是恢复分区且分区数据不丢失即可，所以在此采取一种粗略的计算方法，即用整个硬盘的扇区总数减去主扩展分区的开始位置得到的扇区数作为主扩展分区的大小。在本例中，整个硬盘的扇区总数为976 773 168，所以976 773 168−2 040 255=974 732 913即可作为主扩展分区的大小。以此方法计算出的主扩展分区的大小只会比原始的主扩展分区大，所以分区数据不会丢失。通过本次分析及运算后得到以下参数：

- 主分区之前的扇区数（即起始扇区）：63。
- 主分区的扇区总数：2 040 192。
- 主分区类型：NTFS，代码07。
- 扩展分区之前的扇区数（即起始扇区）：2 040 255。
- 扩展分区的扇区总数：974 732 913。
- 扩展分区类型：代码0F。

Offset	0	1	2	3	4	5	6	7	8	9	A	B	C	D	E	F
003E437E00	00	00	00	00	00	00	00	00	00	00	00	00	00	00	00	00
003E437E10	00	00	00	00	00	00	00	00	00	00	00	00	00	00	00	00
003E437E20	00	00	00	00	00	00	00	00	00	00	00	00	00	00	00	00
003E437E30	00	00	00	00	00	00	00	00	00	00	00	00	00	00	00	00
003E437E40	00	00	00	00	00	00	00	00	00	00	00	00	00	00	00	00
003E437E50	00	00	00	00	00	00	00	00	00	00	00	00	00	00	00	00
003E437E60	00	00	00	00	00	00	00	00	00	00	00	00	00	00	00	00
003E437E70	00	00	00	00	00	00	00	00	00	00	00	00	00	00	00	00
003E437E80	00	00	00	00	00	00	00	00	00	00	00	00	00	00	00	00
003E437E90	00	00	00	00	00	00	00	00	00	00	00	00	00	00	00	00
003E437EA0	00	00	00	00	00	00	00	00	00	00	00	00	00	00	00	00
003E437EB0	00	00	00	00	00	00	00	00	00	00	00	00	00	00	00	00
003E437EC0	00	00	00	00	00	00	00	00	00	00	00	00	00	00	00	00
003E437ED0	00	00	00	00	00	00	00	00	00	00	00	00	00	00	00	00
003E437EE0	00	00	00	00	00	00	00	00	00	00	00	00	00	00	00	00
003E437EF0	00	00	00	00	00	00	00	00	00	00	00	00	00	00	00	00
003E437F00	00	00	00	00	00	00	00	00	00	00	00	00	00	00	00	00
003E437F10	00	00	00	00	00	00	00	00	00	00	00	00	00	00	00	00
003E437F20	00	00	00	00	00	00	00	00	00	00	00	00	00	00	00	00
003E437F30	00	00	00	00	00	00	00	00	00	00	00	00	00	00	00	00
003E437F40	00	00	00	00	00	00	00	00	00	00	00	00	00	00	00	00
003E437F50	00	00	00	00	00	00	00	00	00	00	00	00	00	00	00	00
003E437F60	00	00	00	00	00	00	00	00	00	00	00	00	00	00	00	00
003E437F70	00	00	00	00	00	00	00	00	00	00	00	00	00	00	00	00
003E437F80	00	00	00	00	00	00	00	00	00	00	00	00	00	00	00	00
003E437F90	00	00	00	00	00	00	00	00	00	00	00	00	00	00	00	00
003E437FA0	00	00	00	00	00	00	00	00	00	00	00	00	00	00	00	00
003E437FB0	00	00	00	00	00	00	00	00	00	00	00	00	00	00	00	01
003E437FC0	01	7F	07	FE	3F	FD	3F	00	00	00	80	21	1F	00	00	00
003E437FD0	01	FE	05	FD	7F	7C	BF	21	1F	00	BF	21	1F	00	00	00
003E437FE0	00	00	00	00	00	00	00	00	00	00	00	00	00	00	00	00
003E437FF0	00	00	00	00	00	00	00	00	00	00	00	00	00	00	55	AA

Sector 2040255 of 976773168 Offset: 3E437FF0

图 2-32 EBR1 扇区

3）返回到故障盘的0号扇区（即MBR扇区），填写它的2个分区表项。先填写主分区表项，将光标定位在第1个表项（主分区表项）的第1个字节上，直接修改其值为80，表明主分区是1个引导分区；然后定位到第5个字节上，将其值修改为07，表明主分区为NTFS格式，如图2-33所示。

00000001B0	65	6D	00	00	00	63	7B	9A	A1	4A	84	89	00	00	80	00
00000001C0	00	00	07	00	00	00	00	00	00	00	00	00	00	00	00	00
00000001D0	00	00	00	00	00	00	00	00	00	00	00	00	00	00	00	00
00000001E0	00	00	00	00	00	00	00	00	00	00	00	00	00	00	00	00
00000001F0	00	00	00	00	00	00	00	00	00	00	00	00	00	00	55	AA

图 2-33 填写主分区表

最后修改第9～12字节和第13～16字节的值，即分区起始位置和大小。如果直接填写，则需要将起始位置63和大小2 040 192转化为十六进制，然后逐字节填写，不过借助于数据解释器，填写起来非常简单。将光标定位到第9个字节前，然后在数据解释器的32Bit后直接输入“63”，按<Enter>键即可，系统会自动换算出十六进制并填写在相应的位置，如图2-34所示。同理，将光标定位在第13个字节前，并在数据解释器中的32Bit后直接输入“2040192”，按<Enter>键即可，系统换算后自动填写在相应的位置，如图2-35所示。

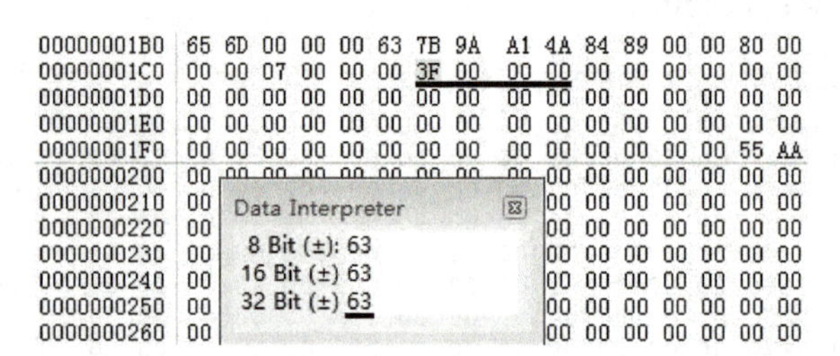

图2-34　填写起始扇区号

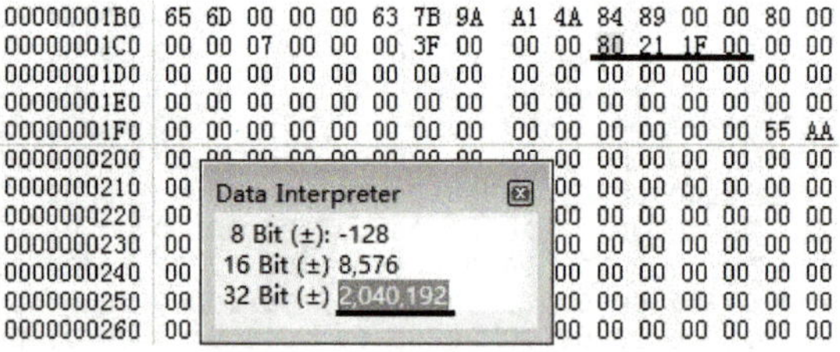

```
00000001B0 65 6D 00 00 00 63 7B 9A A1 4A 84 89 00 00 80 00
00000001C0 00 00 07 00 00 00 3F 00 00 00 80 21 1F 00 00 00
00000001D0 00 00 00 00 00 00 00 00 00 00 00 00 00 00 00 00
00000001E0 00 00 00 00 00 00 00 00 00 00 00 00 00 00 00 00
00000001F0 00 00 00 00 00 00 00 00 00 00 00 00 00 00 55 AA
Data Interpreter
8 Bit (±): -128
16 Bit (±) 8,576
32 Bit (±) 2,040,192
```

图2-35　填写分区大小

4）分区表重建完成后，保存所做的修改。重新加载该硬盘，可以看到“磁盘1”的4个分区都恢复出来了，分区打开后，数据正常，如图2-36所示。这也同时说明该故障盘的EBR部分没有遭到破坏。将硬盘重新装回计算机，系统也可以正常引导了。

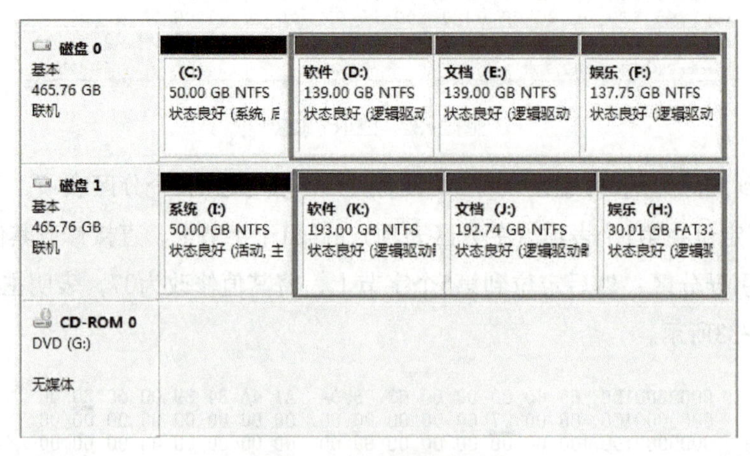

图2-36　分区恢复完成

小思考　EBR中的分区表遭到破坏怎么办？

知识拓展

图2–37所示的“磁盘1”中的第3个分区被误删除了，下面对其进行恢复。

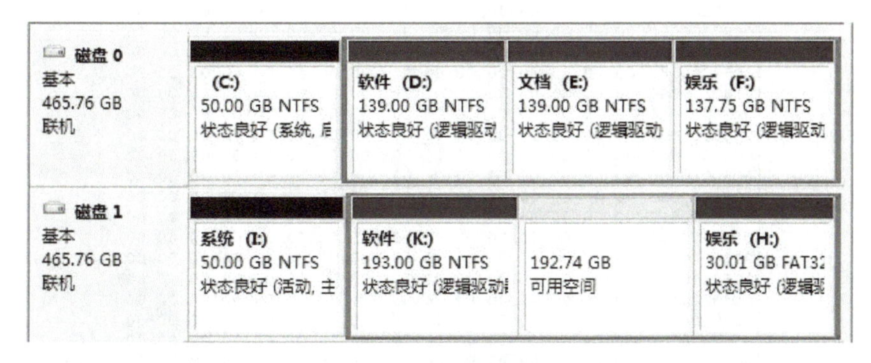

图 2–37　分区被误删除

第一步：分区误删除后结构分析。用底层数据编辑软件打开硬盘，根据MBR中的第2个分区（即主扩展分区）表项找到扩展分区的开始扇区号为104 861 696，如图2–38所示。

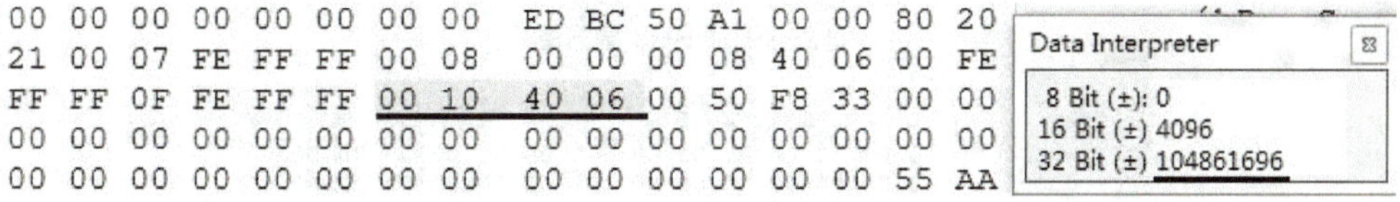

```
00 00 00 00 00 00 00 00   ED BC 50 A1 00 00 80 20
21 00 07 FE FF FF 00 08   00 00 00 08 40 06 00 FE
FF FF 0F FE FF FF 00 10   40 06 00 50 F8 33 00 00
00 00 00 00 00 00 00 00   00 00 00 00 00 00 00 00
00 00 00 00 00 00 00 00   00 00 00 00 00 00 55 AA
```

```
Data Interpreter
8 Bit (±): 0
16 Bit (±) 4096
32 Bit (±) 104861696
```

图 2–38　MBR 分区表

扩展分区的开始扇区即为EBR1扇区，其内容如图2–39所示。EBR1中第2个分区表项描述下一个EBR的相关信息，其中下一个EBR的起始扇区号808 964 096（画线位置）是相对起始扇区号，是相对于EBR1的。因此，下一个EBR的绝对位置就是该相对扇区号加上EBR1所在扇区号，即808 964 096+104 861 696=913 825 792，跳转到此扇区，内容如图2–40所示。

可以看到，这个EBR的分区表中只有1个分区表项了，说明这是该硬盘的最后1个EBR，其实就是EBR3。而EBR2被跳过去了，EBR1直接指向了EBR3，这就是第2个逻辑分区不可见的原因。要恢复该分区，只需找到EBR2的位置，然后让EBR1指向EBR2就能把删除的第2个逻辑分区恢复出来。

第二步：找到EBR2的位置。EBR2的位置可以根据上个案例中介绍的搜索EBR扇区的方法在EBR1之后搜索EBR来定位，也可以直接利用EBR1中分区表的相关信息计算出来。EBR2的计算方法是用EBR1的第一个分区表项中分区起始扇区号2048（见图2–39）加上分区大小404 752 384，再加上EBR1所在的扇区号104 861 696，得到的结果为509 616 128（即为EBR2的扇区号），跳转到509 616 128扇区（即EBR2扇区），其内容如图2–41所示。

Offset	0	1	2	3	4	5	6	7	8	9	A	B	C	D	E	F
0C80200000	00	00	00	00	00	00	00	00	00	00	00	00	00	00	00	00
0C80200010	00	00	00	00	00	00	00	00	00	00	00	00	00	00	00	00
0C80200020	00	00	00	00	00	00	00	00	00	00	00	00	00	00	00	00
0C80200030	00	00	00	00	00	00	00	00	00	00	00	00	00	00	00	00
0C80200040	00	00	00	00	00	00	00	00	00	00	00	00	00	00	00	00
0C80200050	00	00	00	00	00	00	00	00	00	00	00	00	00	00	00	00
0C80200060	00	00	00	00	00	00	00	00	00	00	00	00	00	00	00	00
0C80200070	00	00	00	00	00	00	00	00	00	00	00	00	00	00	00	00
0C80200080	00	00	00	00	00	00	00	00	00	00	00	00	00	00	00	00
0C80200090	00	00	00	00	00	00	00	00	00	00	00	00	00	00	00	00
0C802000A0	00	00	00	00	00	00	00	00	00	00	00	00	00	00	00	00
0C802000B0	00	00	00	00	00	00	00	00	00	00	00	00	00	00	00	00
0C802000C0	00	00	00	00	00	00	00	00	00	00	00	00	00	00	00	00
0C802000D0	00	00	00	00	00	00	00	00	00	00	00	00	00	00	00	00
0C802000E0	00	00	00	00	00	00	00	00	00	00	00	00	00	00	00	00
0C802000F0	00	00	00	00	00	00	00	00	00	00	00	00	00	00	00	00
0C80200100	00	00	00	00	00	00	00	00	00	00	00	00	00	00	00	00
0C80200110	00	00	00	00	00	00	00	00	00	00	00	00	00	00	00	00
0C80200120	00	00	00	00	00	00	00	00	00	00	00	00	00	00	00	00
0C80200130	00	00	00	00	00	00	00	00	00	00	00	00	00	00	00	00
0C80200140	00	00	00	00	00	00	00	00	00	00	00	00	00	00	00	00
0C80200150	00	00	00	00	00	00	00	00	00	00	00	00	00	00	00	00
0C80200160	00	00	00	00	00	00	00	00	00	00	00	00	00	00	00	00
0C80200170	00	00	00	00	00	00	00	00	00	00	00	00	00	00	00	00
0C80200180	00	00	00	00	00	00	00	00	00	00	00	00	00	00	00	00
0C80200190	00	00	00	00	00	00	00	00	00	00	00	00	00	00	00	00
0C802001A0	00	00	00	00	00	00	00	00	00	00	00	00	00	00	00	00
0C802001B0	00	00	00	00	00	00	00	00	00	00	00	00	00	00	00	FE
0C802001C0	FF	FF	07	FE	FF	FF	00	08	00	00	00	08	20	18	00	FE
0C802001D0	FF	FF	05	FE	FF	FF	00	D0	37	30	00	80	C0	03	00	00
0C802001E0	00	00	00	00	00	00	00	00	00	00	00	00	00	00	00	00
0C802001F0	00	00	00	00	00	00	00	00	00	00	00	00	00	00	55	AA

Sector 104861696 of 976773168 | Offset: | C80200030

图 2-39　EBR1 扇区图

Offset	0	1	2	3	4	5	6	7	8	9	A	B	C	D	E	F
6CEFC00000	00	00	00	00	00	00	00	00	00	00	00	00	00	00	00	00
6CEFC00010	00	00	00	00	00	00	00	00	00	00	00	00	00	00	00	00
6CEFC00020	00	00	00	00	00	00	00	00	00	00	00	00	00	00	00	00
6CEFC00030	00	00	00	00	00	00	00	00	00	00	00	00	00	00	00	00
6CEFC00040	00	00	00	00	00	00	00	00	00	00	00	00	00	00	00	00
6CEFC00050	00	00	00	00	00	00	00	00	00	00	00	00	00	00	00	00
6CEFC00060	00	00	00	00	00	00	00	00	00	00	00	00	00	00	00	00
6CEFC00070	00	00	00	00	00	00	00	00	00	00	00	00	00	00	00	00
6CEFC00080	00	00	00	00	00	00	00	00	00	00	00	00	00	00	00	00
6CEFC00090	00	00	00	00	00	00	00	00	00	00	00	00	00	00	00	00
6CEFC000A0	00	00	00	00	00	00	00	00	00	00	00	00	00	00	00	00
6CEFC000B0	00	00	00	00	00	00	00	00	00	00	00	00	00	00	00	00
6CEFC000C0	00	00	00	00	00	00	00	00	00	00	00	00	00	00	00	00
6CEFC000D0	00	00	00	00	00	00	00	00	00	00	00	00	00	00	00	00
6CEFC000E0	00	00	00	00	00	00	00	00	00	00	00	00	00	00	00	00
6CEFC000F0	00	00	00	00	00	00	00	00	00	00	00	00	00	00	00	00
6CEFC00100	00	00	00	00	00	00	00	00	00	00	00	00	00	00	00	00
6CEFC00110	00	00	00	00	00	00	00	00	00	00	00	00	00	00	00	00
6CEFC00120	00	00	00	00	00	00	00	00	00	00	00	00	00	00	00	00
6CEFC00130	00	00	00	00	00	00	00	00	00	00	00	00	00	00	00	00
6CEFC00140	00	00	00	00	00	00	00	00	00	00	00	00	00	00	00	00
6CEFC00150	00	00	00	00	00	00	00	00	00	00	00	00	00	00	00	00
6CEFC00160	00	00	00	00	00	00	00	00	00	00	00	00	00	00	00	00
6CEFC00170	00	00	00	00	00	00	00	00	00	00	00	00	00	00	00	00
6CEFC00180	00	00	00	00	00	00	00	00	00	00	00	00	00	00	00	00
6CEFC00190	00	00	00	00	00	00	00	00	00	00	00	00	00	00	00	00
6CEFC001A0	00	00	00	00	00	00	00	00	00	00	00	00	00	00	00	00
6CEFC001B0	00	00	00	00	00	00	00	00	00	00	00	00	00	00	00	FE
6CEFC001C0	FF	FF	0B	FE	FF	FF	00	08	00	00	00	78	C0	03	00	00
6CEFC001D0	00	00	00	00	00	00	00	00	00	00	00	00	00	00	00	00
6CEFC001E0	00	00	00	00	00	00	00	00	00	00	00	00	00	00	00	00
6CEFC001F0	00	00	00	00	00	00	00	00	00	00	00	00	00	00	55	AA

Sector 913825792 of 976773168 | Offset: | 6CEFC00000

图 2-40　913825792 号扇区内容

由此可以看出，虽然硬盘的第2个逻辑分区被删除了，但描述该分区及后续扩展分区EBR3

的分区表项数据在EBR2内并没有被删除，还完好地保留着，也就是EBR2仍然指向EBR3。

Offset	0	1	2	3	4	5	6	7	8	9	A	B	C	D	E	F
3CC0400000	00	00	00	00	00	00	00	00	00	00	00	00	00	00	00	00
3CC0400010	00	00	00	00	00	00	00	00	00	00	00	00	00	00	00	00
3CC0400020	00	00	00	00	00	00	00	00	00	00	00	00	00	00	00	00
3CC0400030	00	00	00	00	00	00	00	00	00	00	00	00	00	00	00	00
3CC0400040	00	00	00	00	00	00	00	00	00	00	00	00	00	00	00	00
3CC0400050	00	00	00	00	00	00	00	00	00	00	00	00	00	00	00	00
3CC0400060	00	00	00	00	00	00	00	00	00	00	00	00	00	00	00	00
3CC0400070	00	00	00	00	00	00	00	00	00	00	00	00	00	00	00	00
3CC0400080	00	00	00	00	00	00	00	00	00	00	00	00	00	00	00	00
3CC0400090	00	00	00	00	00	00	00	00	00	00	00	00	00	00	00	00
3CC04000A0	00	00	00	00	00	00	00	00	00	00	00	00	00	00	00	00
3CC04000B0	00	00	00	00	00	00	00	00	00	00	00	00	00	00	00	00
3CC04000C0	00	00	00	00	00	00	00	00	00	00	00	00	00	00	00	00
3CC04000D0	00	00	00	00	00	00	00	00	00	00	00	00	00	00	00	00
3CC04000E0	00	00	00	00	00	00	00	00	00	00	00	00	00	00	00	00
3CC04000F0	00	00	00	00	00	00	00	00	00	00	00	00	00	00	00	00
3CC0400100	00	00	00	00	00	00	00	00	00	00	00	00	00	00	00	00
3CC0400110	00	00	00	00	00	00	00	00	00	00	00	00	00	00	00	00
3CC0400120	00	00	00	00	00	00	00	00	00	00	00	00	00	00	00	00
3CC0400130	00	00	00	00	00	00	00	00	00	00	00	00	00	00	00	00
3CC0400140	00	00	00	00	00	00	00	00	00	00	00	00	00	00	00	00
3CC0400150	00	00	00	00	00	00	00	00	00	00	00	00	00	00	00	00
3CC0400160	00	00	00	00	00	00	00	00	00	00	00	00	00	00	00	00
3CC0400170	00	00	00	00	00	00	00	00	00	00	00	00	00	00	00	00
3CC0400180	00	00	00	00	00	00	00	00	00	00	00	00	00	00	00	00
3CC0400190	00	00	00	00	00	00	00	00	00	00	00	00	00	00	00	00
3CC04001A0	00	00	00	00	00	00	00	00	00	00	00	00	00	00	00	00
3CC04001B0	00	00	00	00	00	00	00	00	00	00	00	00	00	00	00	FE
3CC04001C0	FF	FF	07	FE	FF	FF	00	08	00	00	00	B8	17	18	00	FE
3CC04001D0	FF	FF	05	FE	FF	FF	00	D0	37	30	00	80	C0	03	00	00
3CC04001E0	00	00	00	00	00	00	00	00	00	00	00	00	00	00	00	00
3CC04001F0	00	00	00	00	00	00	00	00	00	00	00	00	00	00	55	AA

Sector 509616128 of 976773168 | Offset: 3CC0400000

图2-41　EBR2扇区内容

第三步：修改EBR1的分区表。想要恢复被删除的第2个逻辑分区，只需修改EBR1第2个分区表项第9～12字节（即起始扇区号），让它指向EBR2即可，也就是填写上EBR2的起始扇区号。只不过这里要存放的是EBR2的相对起始扇区号，是相对于EBR1的起始扇区。因此，该值应该是从EBR1到EBR2之间的扇区数，即用509 616 128减去104 861 696，结果是404 754 432；或者也可以用EBR1中分区表第一项描述逻辑驱动器的开始位置（2048）加上逻辑驱动器的大小（404 752 384），结果是一样的。将光标定位在EBR1的第2个分区表项的第9个字节前，在数据解释器中32Bit后直接输入“404754432”即可，如图2-42所示。

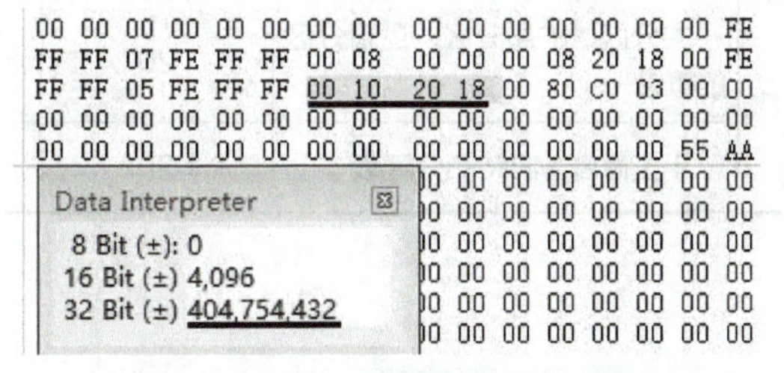

图2-42　修改EBR1的第2个DPT

小提示　因为第2个分区表项主要起到一个指向和链接作用，其扇区总数不影响后续分区与大小，所以并不需要改写第13～16字节。

保存修改结果并重新加载硬盘，可以看到“硬盘1”误删除的分区已被恢复出来了，如图2-43所示。

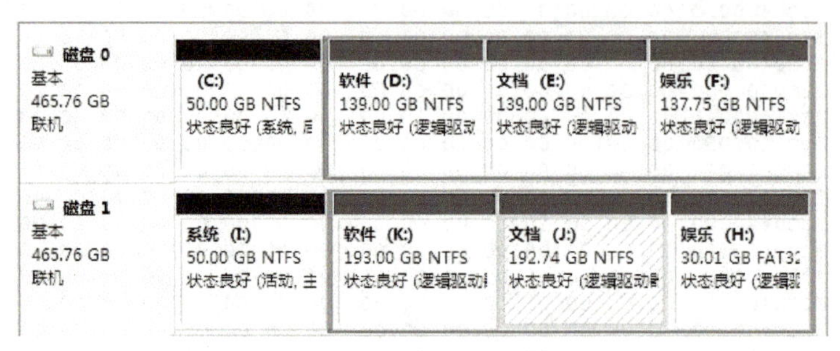

图 2-43　误删除的分区被恢复出来

项目评价 PROJECT EVALUATION

项目评价表见表2-4。

表 2-4　项目评价表

序号	任务名称	评价内容	评价分值	具体评分	
				教师	学生
1	认识中盈创信数据恢复机	设备各部分的名称	5		
		设备操作	5		
2	使用中盈创信底层数据编辑软件	软件的常见功能和基本操作	5		
		软件的其他功能的使用	5		
3	手工修复硬盘 MBR 和分区表	MBR 结构分析	20		
		分区表结构分析	20		
		主分区、扩展分区、逻辑分区的概念	20		
		手工修复 MBR 和分区表	20		

项目总结 PROJECT SUMMARY

本项目从实践入手，介绍了中盈创信数据恢复机的结构和功能特点，并使用该设备完成了MBR和分区表的修复工作，介绍了MBR和分区表有故障时造成数据丢失的情况，见表2–5。

表 2-5 任务描述与相关技能

序号	任务描述	相关的技能
1	认识中盈创信数据恢复机	认识数据恢复机各部分的名称、熟悉其基本操作过程
2	使用中盈创信底层数据编辑软件	掌握该软件的常见功能及其基本操作方法
3	手工修复硬盘 MBR 和分区表	掌握 MBR 结束标志的作用
		掌握 MBR 的构成及重建 MBR 的方法
		掌握分区结构分析及重建分区表的方法

每个任务由任务情景、任务分析、必备知识、任务实施及知识拓展几部分组成，在讲解数据恢复机使用的基础上，重点分析了MBR、EBR、分区表等相关概念和结构，完成了MBR和分区表的修复工作，为后续项目的学习打下了基础。

结合前面所学知识、任务分析及任务实施过程，设置如下故障。

1）先将一块硬盘分成4个主分区，然后将MBR清零，试着重建分区表，恢复4个分区。

2）先将一块硬盘分成2个主分区，一个扩展分区，在扩展分区中创建3个逻辑分区，将MBR和所有的EBR清零，试着重建分区表，恢复所有的分区。

PROJECT 3

PROJECT 3 项目 3

修复FAT文件系统下的数据

项目概述

硬盘是用来存储数据的，为了使用和管理的方便，这些数据以文件的形式存储在硬盘上。任何操作系统都有自己的文件管理系统，不同的文件系统又有各自不同的逻辑组织方式。要对硬盘进行高效的管理并对数据进行有效恢复，就要求用户必须深入了解文件在硬盘上是如何存储的。

FAT文件系统有FAT12、FAT16、FAT32三种类型。FAT文件系统所包含的这3种类型是由FAT中每个FAT项所占的长度来分类的，也就是说，FAT12的FAT中每个FAT占用12位，FAT16的FAT中每个FAT占用16位，FAT32的FAT表中每个FAT占用32位。FAT12文件系统主要用于特别小的分区和软盘中，目前已经非常少见；FAT16因为不支持大容量磁盘，目前只有一些存储卡会使用。本项目重点介绍FAT32文件系统。

本项目介绍了FAT文件系统下常用的数据恢复技术。

职业能力目标

- 理解FAT文件系统的数据分布结构与DBR的结构分析。
- 理解FAT文件系统的FAT、数据区、根目录与子目录分析。
- 掌握DBR的修复方法。
- 掌握文件数据的恢复方法。

任务1 利用备份恢复FAT文件系统的DBR

任务情景

用户：我的U盘在使用时系统提示需要格式化。

工作人员：您的U盘的这个分区是什么文件系统？

用户：是FAT32的。

工作人员：请稍等，我看一下。

任务分析

FAT文件系统下，当打开某个盘符提示需要格式化时，通常与文件系统的DBR破坏有关。因此，需要使用中盈创信底层编辑软件先查看DBR的破坏情况，然后根据具体破坏的情况确定DBR修复的方法，当DBR修复后，分区中的数据即可恢复。

将该硬盘连接至中盈创信数据恢复机上，双击该盘符，弹出如图3-1所示的提示对话框，单击“否”按钮。

利用中盈创信底层编辑软件打开该硬盘，弹出如图3-2所示的提示对话框，单击“OK”按钮，选择“FAT”文件系统打开该盘。发现其第一个扇区（即DBR部分）全部为0，显然DBR被破坏了。当查看该分区的DBR备份时，发现是完好的，所以只需将DBR的备份复制过来即可修复DBR。

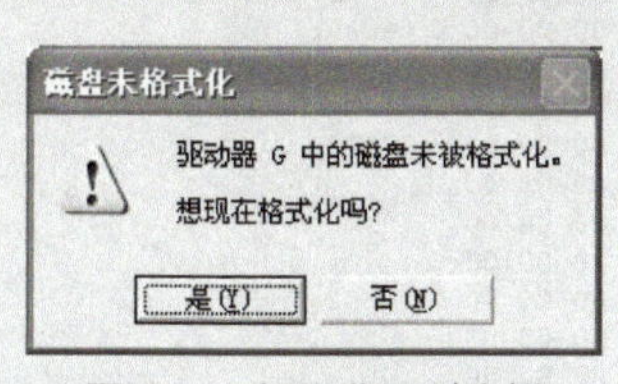

图3-1 打开分区时出错

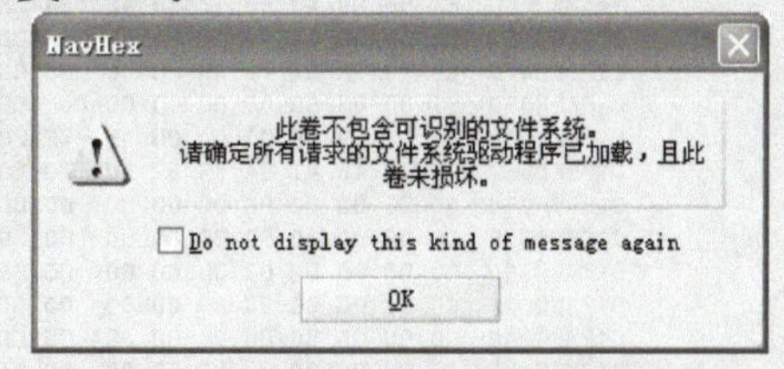

图3-2 使用NavHex打开分区时出错

小疑问 DBR备份在哪里？

必备知识

要找到FAT32文件系统的DBR及DBR备份位置，需要先了解FAT文件系统的数据分布结构。

1. FAT32文件系统的数据分布结构

FAT32文件系统由DBR、FAT1、FAT2、FDT和数据区组成，其结构如图3-3所示。

DBR及其保留扇区	FAT1	FAT2	DATA（包含FDT）

图 3-3 FAT 文件系统结构图

这些结构是在格式化分区时创建出来的，它们的含义如下。

1）DBR及其保留扇区。DBR（DOS Boot Record，DOS引导记录）也称为操作系统的引导记录区。FAT32文件系统的DBR位于逻辑分区的第一个扇区位置即0扇区，大小为512B。在DBR之后往往有一些保留扇区，其中6号扇区为DBR的备份。

2）FAT。FAT（File Allocation Table）就是文件分配表。FAT32一般有2个FAT。FAT1是主FAT，FAT2紧跟在FAT1之后，是FAT1的备份，称为备份FAT。

3）DATA。DATA也就是数据区，是FAT32文件系统的主要数据区域。其中包含着FDT（File Directory Table，文件目录表），位于数据区的起始位置。FDT由若干个32B的表项组成，登记着分区上的目录、子目录和文件信息。这些信息包括目录和文件的名称、创建时间和日期、属性、大小和存放首地址（首簇号）等。

2. FAT32文件系统的DBR备份位置

由FAT32文件系统的数据分布结构可以知道，DBR的备份在DBR及其保留扇区中的第6扇区。

小领悟 DBR备份在6号扇区。

任务实施

第一步：跳转到6号扇区，发现DBR的备份是完整的，如图3-4所示。

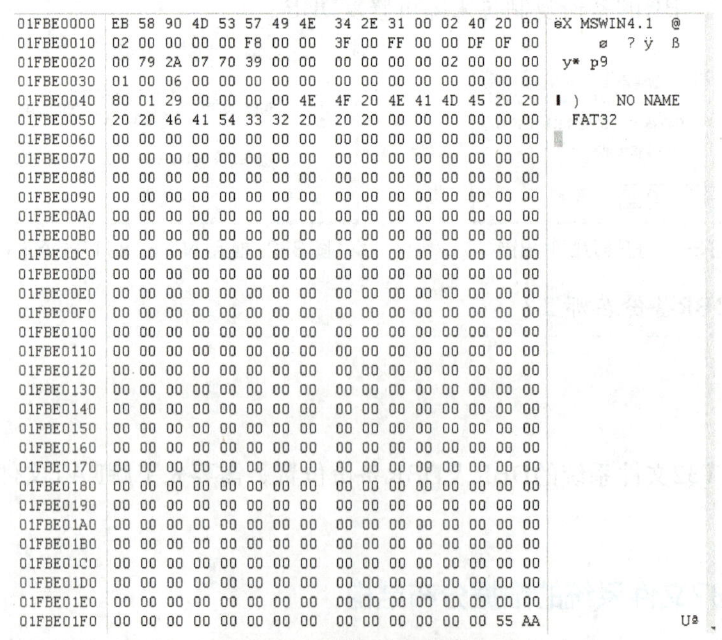

```
01FBE0000  EB 58 90 4D 53 57 49 4E  34 2E 31 00 02 40 20 00  ëX MSWIN4.1  @
01FBE0010  02 00 00 00 00 F8 00 00  3F 00 FF 00 00 DF 0F 00       ø  ? ÿ  ß
01FBE0020  00 79 2A 07 70 39 00 00  00 00 00 00 02 00 00 00   y* p9
01FBE0030  01 00 06 00 00 00 00 00  00 00 00 00 00 00 00 00
01FBE0040  80 01 29 00 00 00 00 4E  4F 20 4E 41 4D 45 20 20  ▌ )    NO NAME
01FBE0050  20 20 46 41 54 33 32 20  20 20 00 00 00 00 00 00    FAT32
01FBE0060  00 00 00 00 00 00 00 00  00 00 00 00 00 00 00 00
01FBE0070  00 00 00 00 00 00 00 00  00 00 00 00 00 00 00 00
01FBE0080  00 00 00 00 00 00 00 00  00 00 00 00 00 00 00 00
01FBE0090  00 00 00 00 00 00 00 00  00 00 00 00 00 00 00 00
01FBE00A0  00 00 00 00 00 00 00 00  00 00 00 00 00 00 00 00
01FBE00B0  00 00 00 00 00 00 00 00  00 00 00 00 00 00 00 00
01FBE00C0  00 00 00 00 00 00 00 00  00 00 00 00 00 00 00 00
01FBE00D0  00 00 00 00 00 00 00 00  00 00 00 00 00 00 00 00
01FBE00E0  00 00 00 00 00 00 00 00  00 00 00 00 00 00 00 00
01FBE00F0  00 00 00 00 00 00 00 00  00 00 00 00 00 00 00 00
01FBE0100  00 00 00 00 00 00 00 00  00 00 00 00 00 00 00 00
01FBE0110  00 00 00 00 00 00 00 00  00 00 00 00 00 00 00 00
01FBE0120  00 00 00 00 00 00 00 00  00 00 00 00 00 00 00 00
01FBE0130  00 00 00 00 00 00 00 00  00 00 00 00 00 00 00 00
01FBE0140  00 00 00 00 00 00 00 00  00 00 00 00 00 00 00 00
01FBE0150  00 00 00 00 00 00 00 00  00 00 00 00 00 00 00 00
01FBE0160  00 00 00 00 00 00 00 00  00 00 00 00 00 00 00 00
01FBE0170  00 00 00 00 00 00 00 00  00 00 00 00 00 00 00 00
01FBE0180  00 00 00 00 00 00 00 00  00 00 00 00 00 00 00 00
01FBE0190  00 00 00 00 00 00 00 00  00 00 00 00 00 00 00 00
01FBE01A0  00 00 00 00 00 00 00 00  00 00 00 00 00 00 00 00
01FBE01B0  00 00 00 00 00 00 00 00  00 00 00 00 00 00 00 00
01FBE01C0  00 00 00 00 00 00 00 00  00 00 00 00 00 00 00 00
01FBE01D0  00 00 00 00 00 00 00 00  00 00 00 00 00 00 00 00
01FBE01E0  00 00 00 00 00 00 00 00  00 00 00 00 00 00 00 00
01FBE01F0  00 00 00 00 00 00 00 00  00 00 00 00 00 00 55 AA                Uª
```

图 3-4 G 盘的 DBR 备份扇区

第二步：将整个备份扇区选中复制下来，然后将光标定位到0扇区的起始位置，将备份扇区的数据填充到0扇区，然后保存。

第三步：再次打开G盘，其恢复正常并能显示里面的内容，如图3-5所示。

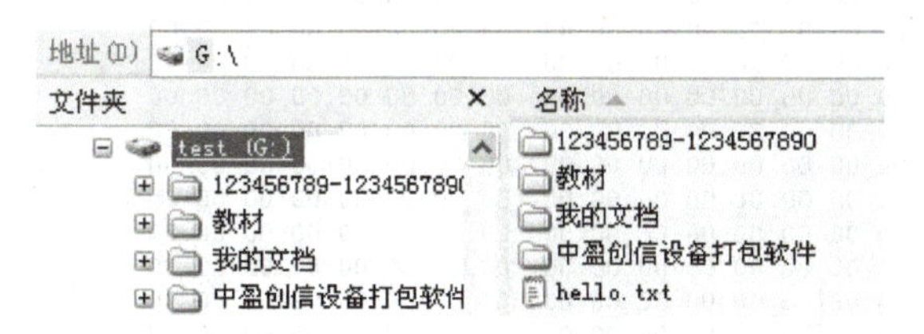

图3-5 G盘目录

小疑问 如何确认DBR备份是完整的？

知识拓展

1. FAT的DBR结构

FAT32文件系统的DBR始于各分区的第一个扇区，其作用是引导系统和保存文件系统参数（即BPB参数）。

FAT文件系统的DBR由5部分组成，见表3-1。图3-6是一个完整的FAT文件系统的DBR。

表3-1 DBR的组成

偏移量	长度/字节	组成部分
00H	3	跳转指令
03H	8	OEM代号
0BH	79	BPB参数
5AH	420	引导程序
1FEH	2	结束标志55AA

（1）跳转指令

跳转指令本身占用2字节，它将程序执行流程跳转到引导程序处，紧接着是一条空指令NOP（90H）。其值固定是“EB5890”。

（2）OEM代号

OEM代号由创建该文件系统的OEM厂商具体安排。当前DBR中的OEM代号为“MSDOS5.0”，说明这个FAT32分区是由微软的Windows 2000以上的操作系统格式化创建的，共占8字节。

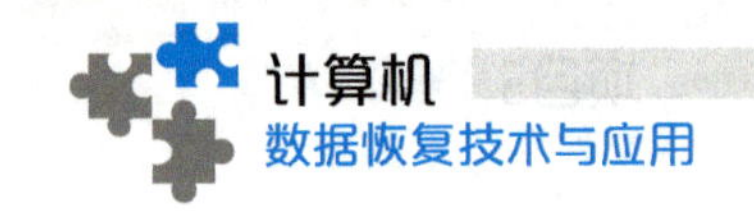


```
01FBE0000  EB 58 90 4D 53 57 49 4E  34 2E 31 00 02 40 20 00  ëX MSWIN4.1  @
01FBE0010  02 00 00 00 00 F8 00 00  3F 00 FF 00 00 DF 0F 00       ø  ? ÿ  ß
01FBE0020  00 79 2A 07 70 39 00 00  00 00 00 00 02 00 00 00   y* p9
01FBE0030  01 00 06 00 00 00 00 00  00 00 00 00 00 00 00 00
01FBE0040  80 01 29 00 00 00 00 4E  4F 20 4E 41 4D 45 20 20  ▮ )    NO NAME
01FBE0050  20 20 46 41 54 33 32 20  20 20 00 00 00 00 00 00    FAT32
01FBE0060  00 00 00 00 00 00 00 00  00 00 00 00 00 00 00 00
01FBE0070  00 00 00 00 00 00 00 00  00 00 00 00 00 00 00 00
01FBE0080  00 00 00 00 00 00 00 00  00 00 00 00 00 00 00 00
01FBE0090  00 00 00 00 00 00 00 00  00 00 00 00 00 00 00 00
01FBE00A0  00 00 00 00 00 00 00 00  00 00 00 00 00 00 00 00
01FBE00B0  00 00 00 00 00 00 00 00  00 00 00 00 00 00 00 00
01FBE00C0  00 00 00 00 00 00 00 00  00 00 00 00 00 00 00 00
01FBE00D0  00 00 00 00 00 00 00 00  00 00 00 00 00 00 00 00
01FBE00E0  00 00 00 00 00 00 00 00  00 00 00 00 00 00 00 00
01FBE00F0  00 00 00 00 00 00 00 00  00 00 00 00 00 00 00 00
01FBE0100  00 00 00 00 00 00 00 00  00 00 00 00 00 00 00 00
01FBE0110  00 00 00 00 00 00 00 00  00 00 00 00 00 00 00 00
01FBE0120  00 00 00 00 00 00 00 00  00 00 00 00 00 00 00 00
01FBE0130  00 00 00 00 00 00 00 00  00 00 00 00 00 00 00 00
01FBE0140  00 00 00 00 00 00 00 00  00 00 00 00 00 00 00 00
01FBE0150  00 00 00 00 00 00 00 00  00 00 00 00 00 00 00 00
01FBE0160  00 00 00 00 00 00 00 00  00 00 00 00 00 00 00 00
01FBE0170  00 00 00 00 00 00 00 00  00 00 00 00 00 00 00 00
01FBE0180  00 00 00 00 00 00 00 00  00 00 00 00 00 00 00 00
01FBE0190  00 00 00 00 00 00 00 00  00 00 00 00 00 00 00 00
01FBE01A0  00 00 00 00 00 00 00 00  00 00 00 00 00 00 00 00
01FBE01B0  00 00 00 00 00 00 00 00  00 00 00 00 00 00 00 00
01FBE01C0  00 00 00 00 00 00 00 00  00 00 00 00 00 00 00 00
01FBE01D0  00 00 00 00 00 00 00 00  00 00 00 00 00 00 00 00
01FBE01E0  00 00 00 00 00 00 00 00  00 00 00 00 00 00 00 00
01FBE01F0  00 00 00 00 00 00 00 00  00 00 00 00 00 00 55 AA                Uª
```

图 3-6　FAT32 文件系统的 DBR

（3）BPB参数

FAT32的BPB从DBR的第12（OBH偏移处）个字节开始，占用79字节，记录了有关该文件系统的重要信息。

（4）引导程序

FAT32的DBR引导程序占用420字节（5AH～1FDH），在Windows 98之前的操作系统中，这段代码负责完成DOS三个系统文件的装入；在Windows 2000之后的系统中，其负责完成装入系统文件NTLDR。对于一个没有安装操作系统的分区来讲，这段程序没有用处。

（5）结束标志

DBR的结束标志与MBR、EBR的结束标志相同，为“55 AA”2个字节。

以上5个部分共占用512字节，正好是一个扇区，因此称它为DOS引导扇区。该部分的内容中除了第5部分结束标志是固定不变的之外，其余4个部分都是不完全确定的，都因操作系统版本的不同而不同，也随着硬盘的逻辑盘参数的变化而变化。

2. BPB参数分析

FAT文件系统的BPB参数从0BH偏移处开始，其中各个参数的含义见表3-2。下面对这些参数进行详细分析。

表 3-2 BPB 参数含义

偏移量	长度/字节	含义	偏移量	长度/字节	含义
0BH	2	每扇区字节数	28H	2	标记
0DH	1	每簇扇区数	2AH	2	版本
0EH	2	DBR保留扇区数	2CH	4	根目录簇号
10H	1	FAT个数	30H	2	文件系统信息扇区号
11H	2	未用	32H	2	DBR备份扇区号
13H	2	未用	34H	12	保留
15H	1	介质描述符	40H	1	BIOS驱动器号
16H	2	未用	41H	1	未用
18H	2	每磁道扇区数	42H	1	扩展引导标记
1AH	2	磁头数	43H	4	序列号
1CH	4	隐藏扇区数	47H	11	卷标
20H	4	该分区的扇区总数	52H	8	文件系统类型
24H	4	每FAT扇区数			

（1）0BH～0CH：每扇区字节数

每扇区字节数记录每个逻辑扇区的大小，其常见值为512字节，但512字节并不是固定值。该值可以由程序定义，合法值包括512字节、1024字节、2048字节和4096字节。

（2）0DH：每簇扇区数

“簇”是FAT12、FAT16及FAT32文件系统下数据的最小存储单元，1个“簇”由1组连续的扇区组成。簇所包含的扇区数必须是2的整数次幂，如1、2、4、8、16、32、64或128。在Windows 2000操作系统之前，簇的最大值为64扇区；从Windows 2000操作系统开始，簇的最大取值可以达到128扇区。在FAT文件系统中，所有的簇从2开始进行编号，每个簇都有一个自己的编号，且所有的簇都位于数据区内，数据区之前没有簇。

（3）0EH～0FH：DBR保留扇区数

DBR保留扇区数是指DBR本身占用的扇区以及其后保留扇区的总和，也就是DBR到FAT1之间扇区的总数，或者说是FAT1的开始扇区号。

小提示 DBR保留扇区数是FAT1的起始扇区号，这对FAT1的定位很重要。

（4）10H：FAT个数

FAT个数描述了该文件系统有几个FAT，一般在FAT文件系统中都有2个FAT：FAT1和FAT2。依照微软的规定，一些存储容量小的存储介质可以只有一个FAT。

（5）11H～12H：未用

这个参数在FAT16中用来表示FDT中最大能容纳的目录项数，FAT32没有固定的FDT，所以不用这个参数。

（6）13H～14H：扇区总数

这2个字节在FAT16中用来表示小于32MB的分区的扇区总数，FAT32的总是大于32MB，所以不用这个参数。

（7）15H：介质描述符

介质描述符是描述磁盘介质的参数，根据磁盘性质的不同取值不同，如硬盘为F8。

（8）16H～17H：未用

这两个字节在FAT16中用来表示每个FAT包含的扇区数，FAT32未用。

（9）18H～19H：每磁道扇区数

这是逻辑C/H/S中的一个参数，其值一般为63。

（10）1AH～1BH：磁头数

这也是逻辑C/H/S中的一个参数，其值一般为255。

（11）1CH～1FH：隐藏扇区数

隐藏扇区数是指本分区之前使用的扇区数，该值与分区表中所描述的该分区的起始扇区号一致。对于主磁盘分区来说，是MBR到该分区DBR之间的扇区数；对于扩展分区中的逻辑分区来说，是其EBR到该分区DBR之间的扇区数。

小提示 这个参数对分区表的理解很重要。

（12）20H～23H：扇区总数

扇区总数是指分区的总扇区数，也就是FAT32分区的大小。

小提示 这个参数对分区表的重建很重要。

（13）24H～27H：每个FAT扇区数

这4个字节用来记录FAT32分区中每个FAT占用的扇区数。

（14）28H～29H：标志

这2个字节用于表示FAT32是否可用，当其二进制最高位为1时，表示只有FAT1可用，否则FAT2也可用。

（15）2AH～2BH：版本

版本通常为0。

（16）2CH～2FH：根目录首簇号

分区在格式化为FAT32文件系统时，格式化程序会在数据区中指派一个簇作为FAT32的根目录区的开始，并把该簇号记录在BPB中。通常是把数据区的第一个簇分配给根目录使用，也就是2号簇。

小思考 为什么数据区的第一个簇是2号簇？

（17）30H～31H：文件系统信息扇区号

FAT32文件系统在DBR的保留扇区中安排了一个文件系统信息扇区，用以记录数据区中空闲簇的数量及下一个空闲簇的簇号。该扇区一般在分区的1号扇区，也就是紧跟在

DBR后的一个扇区，其内容如图3−7所示。

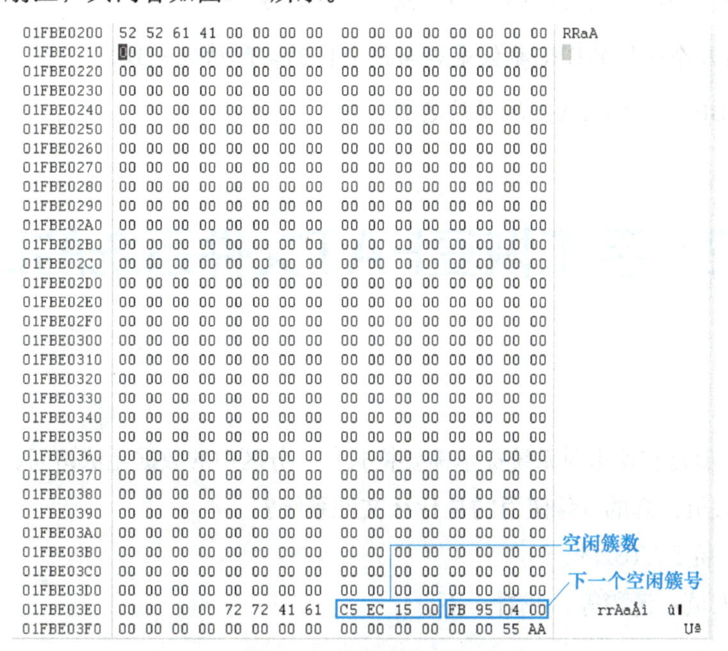

图3-7 文件系统信息扇区

(18) 32H：DBR备份扇区号

FAT32文件系统在DBR的保留扇区中安排了一个DBR的备份，一般在6号扇区，也就是分区的第7个扇区。该备份扇区与原DBR扇区的内容完全一样，如果原DBR遭到破坏，则可以用备份扇区修复。

(19) 34H～3FH：未用

这12个字节保留不用。

(20) 40H：BIOS驱动器号

这是BIOS的INT 13H所描述的设备号码，一般从80H开始编号。

(21) 41H：未用

这2个字节不使用，为0。

(22) 42H：扩展引导标记

扩展引导标记用来确认后面的3个参数是否有效，一般值为29H。

(23) 43H～46H：卷列序号

卷列序号是格式化程序在创建文件系统时生成的一组4B的随机数值。

(24) 47H～51H：卷标

卷标是由用户在创建文件系统时指定的一个卷的名称，现在的系统已经不再使用这个地址记录卷标，而是由一个目录项来管理卷标。

(25) 52H～59H：文件系统类型

BPB最后一个参数，直接用ASCII码记录当前分区的文件系统类型。

小领悟 备份扇区的结构满足DBR的组成结构就可以了。

小提示 还要看几个关键的BPB参数是否与该分区的实际情况一致。

小疑问 如果DBR的备份也被破坏了该怎么处理？

任务2 手工恢复FAT文件系统的DBR

任务情景

用户：U盘在使用时系统提示需要格式化，分区中的数据无法访问。

工作人员：您的U盘使用的是什么文件系统？

用户：是FAT32的。

工作人员：请稍等，我看一下。

任务分析

这个U盘没有物理故障，显然是文件系统遭到破坏，用NavHex打开分区发现DBR和DBR备份扇区全部为0，这时要想恢复DBR就只能通过手工恢复，也就是需要重建一个DBR。

小提示 DBR与其备份扇区很容易被同时破坏，所以手工恢复更重要。

通过对比两个相同版本不同FAT32分区的DBR，可以发现二者以下4个关键参数存在不同：

- 每簇扇区数。
- 保留扇区数。
- 分区扇区总数（分区大小）。
- FAT大小。

重建DBR的步骤如下：

1）复制一个相同版本的FAT文件系统的DBR。

2）计算并修改上面所说的4个重要的BPB参数。

小疑问 这几个参数如何计算呢？

必备知识

手工恢复比较麻烦，涉及的知识点也较多，下面一一介绍。4个关键的BPB参数每个参数的含义参见本项目任务1“知识拓展”部分。

对于FAT文件系统来说，FAT文件分配表是至关重要的一个组成部分，其主要作用及结构特点如下。

1）FAT文件系统一般有2个FAT,它们是在对分区进行格式化时创建的，FAT1是主FAT，FAT2是备份FAT。

2）FAT1跟在DBR之后，其具体地址由DBR的BPB参数中偏移量为0EH～0FH的两字节描述；FAT2跟在FAT1之后，其地址可以用FAT1的所在扇区号加上每个FAT所占的扇区数获得。

3）FAT是由FAT表项构成的，每个FAT项的大小有12bit（相当于1.5字节）、16bit（相当于2字节）和32bit（相当于4字节）三种情况，对应的分别是FAT12、FAT16和FAT32三种文件系统。

4）每个FAT项都有1个固定的编号，这个编号从0开始。也就是说，第1个FAT项是0号FAT项，第2个FAT项是1号FAT项，以此类推。

FAT的前2个FAT项有专门的用途：0号FAT项通常用来存放分区所在的介质类型，如硬盘的介质类型为F8，那么硬盘上分区的FAT的第1个FAT项就以F8开始；1号FAT项则用来存储文件系统的“肮脏”标志，表明文件系统被非法卸载或者磁盘表面存在错误。FAT32文件系统的FAT是以“F8FFFF0F”开始的。

5）分区的数据区中每一个簇都会映射到FAT中的唯一一个FAT项。因为0号FAT项和1号FAT项有特殊用途，无法与数据区中的簇形成映射，所以从2号FAT项开始跟数据区中的第1个簇映射。正因为如此，数据区中的第1个簇的编号为2号簇，这也是没有0号簇和1号簇的原因。3号簇与3号FAT项映射，4号簇与4号FAT项映射，以此类推，直到数据区中的最后一个簇。

分区格式化后，用户文件以簇为单位存放在数据区中，一个文件至少占用一个簇。当一个文件占用多个簇时，这些簇的簇号不一定是连续的，但这些簇号在存储该文件时就确定了顺序，即每个文件都有其特定的“簇号链”。分区上每一个可用的簇在FAT中有且只有1个映射FAT项，通过在对应簇号的FAT项内填入“FAT项值”来表明数据区中的该簇是已占用、空闲或是坏簇3种状态之一，这3种状态的表项取值范围及其含义见表3-3。

表3-3 FAT中每个FAT项可取的表项值及其含义

FAT项值（12位）	FAT项值（16位）	FAT项值（32位）	含义
000H	0000H	00000000H	未使用的簇
002H～FEFH	0002H～FFEFH	00000002H～0FFFFEFH	1个已分配的簇号
FF0H～FF6H	FFF0H～FFF6H	0FFFFFF0H～FFFF0FF6H	保留
FF7H	FFF7H	0FFFFFF7H	坏簇
FF8H～FFFH	FFF8H～FFFFH	0FFFFFF8H～0FFFFFFFH	文件结束簇

其中损坏的簇可以在格式化过程中，由格式化程序发现并记录在相应的FAT项中。在

1个簇中，只要有1个扇区有问题，该簇就不能使用。

综上所述可以看出，FAT的功能主要有以下3点：

① 说明分区的介质类型。FAT的0号FAT项用来表明分区的介质类型。

② 表明一个文件所占用的各簇的簇链分配情况。每个簇在FAT中映射1个FAT项，FAT项以指针的方式记录文件的簇链。

③ 标明坏簇和可用簇。如果分区格式化时发现坏分区，即在相应簇的表项中写入0FFFFFF7H，则表明该簇不能使用，系统就不会将它分配给用户文件。分区上未用但可用的“空簇”的FAT项值为00000000H，当需要存放新文件时，系统按一定的顺序将它们分配给新文件。

小疑问 仍然不知道该怎么计算相关参数？

小提示 先记住这些标志和特征值。继续往下看。

任务实施

第一步：复制同版本的FAT32文件系统DBR到故障分区的第0扇区。

第二步：计算以下4个参数，并填入到DBR的相应位置。

(1) 保留扇区数

保留扇区数也就是分区的DBR到FAT1之间的扇区数。用NavHex搜索十六进制数“EB5890”，找到DBR所在的扇区为0号扇区，如图3-8所示。搜索十六进制数“F8FFFF0F”，找到FAT1所在扇区为36号扇区，如图3-9所示。因此保留扇区数为36。

```
Offset     0  1  2  3  4  5  6  7   8  9  A  B  C  D  E  F
000000000  EB 58 90 4D 53 44 4F 53  35 2E 30 00 02 08 24 00  ëX MSDOS5.0   $
000000010  02 00 00 00 00 F8 00 00  3F 00 FF 00 00 00 00 00      ø  ? ÿ
000000020  00 00 F0 00 E2 3B 00 00  00 00 00 00 02 00 00 00    ð â;
000000030  01 00 06 00 00 00 00 00  00 00 00 00 00 00 00 00
000000040  00 00 29 5E 80 94 01 44  49 53 4B 5F 49 4D 47 20    )^▌▌ DISK_IMG
000000050  20 20 46 41 54 33 32 20  20 20 33 C9 8E D1 BC F4    FAT32   3É▌Ñ¼ô
000000060  7B 8E C1 8E D9 BD 00 7C  88 4E 02 8A 56 40 B4 08  {▌Á▌Ù½ |▌N ▌V@´
000000070  CD 13 73 05 B9 FF FF 8A  F1 66 0F B6 C6 40 66 0F  Í s ¹ÿÿ▌ñf ¶Æ@f
000000080  B6 D1 80 E2 3F F7 E2 86  CD C0 ED 06 41 66 0F B7  ¶Ñ▌â?÷â▌ÍÀí Af ·
000000090  C9 66 F7 E1 66 89 46 F8  83 7E 16 00 75 38 83 7E  Éf÷áf▌Fø▌~  u8▌~
0000000A0  2A 00 77 32 66 8B 46 1C  66 83 C0 0C BB 00 80 B9  * w2f▌F f▌À » ▌¹
0000000B0  01 00 E8 2B 00 E9 48 03  A0 FA 7D B4 7D 8B F0 AC    è+ éH  ú}´}▌ð¬
0000000C0  84 C0 74 17 3C FF 74 09  B4 0E BB 07 00 CD 10 EB  ▌Àt <ÿt ´ »  Í ë
0000000D0  EE A0 FB 7D EB E5 A0 F9  7D EB E0 98 CD 16 CD 19  î û}ëå ù}ëà▌Í Í
0000000E0  66 60 66 3B 46 F8 0F 82  4A 00 66 6A 00 66 50 06  f`f;Fø ▌J fj fP
0000000F0  53 66 68 10 00 01 00 80  7E 02 00 0F 85 20 00 B4  Sfh     ▌~   ▌  ´
000000100  41 BB AA 55 8A 56 40 CD  13 0F 82 1C 00 81 FB 55  A»ªU▌V@Í  ▌  ▌ûU
000000110  AA 0F 85 14 00 F6 C1 01  0F 84 0D 00 FE 46 02 B4  ª ▌  öÁ  ▌  þF ´
000000120  42 8A 56 40 8B F4 CD 13  B0 F9 66 58 66 58 66 58  B▌V@▌ôÍ °ùfXfXfX
000000130  66 58 EB 2A 66 33 D2 66  0F B7 4E 18 66 F7 F1 FE  fXë*f3Òf ·N f÷ñþ
000000140  C2 8A CA 66 8B D0 66 C1  EA 10 F7 76 1A 86 D6 8A  Â▌Êf▌ÐfÁê ÷v ▌Ö▌
Sector 0 of 15728640          Offset:          0
```

图3-8 DBR所在扇区

```
Offset      0  1  2  3  4  5  6  7   8  9  A  B  C  D  E  F
0000047F0  00 00 00 00 00 00 00 00  00 00 00 00 00 00 00 00
000004800  F8 FF FF 0F FF FF FF FF  FF FF FF 0F FF FF FF 0F   øÿÿ ÿÿÿÿÿÿÿ ÿÿÿ
000004810  00 00 00 00 00 00 00 00  00 00 00 00 00 00 00 00
000004820  00 00 00 00 00 00 00 00  00 00 00 00 00 00 00 00
000004830  00 00 00 00 00 00 00 00  00 00 00 00 00 00 00 00
000004840  00 00 00 00 00 00 00 00  00 00 00 00 00 00 00 00
000004850  00 00 00 00 00 00 00 00  00 00 00 00 00 00 00 00
000004860  00 00 00 00 00 00 00 00  00 00 00 00 00 00 00 00
000004870  00 00 00 00 00 00 00 00  00 00 00 00 00 00 00 00
000004880  00 00 00 00 00 00 00 00  00 00 00 00 00 00 00 00
000004890  00 00 00 00 00 00 00 00  00 00 00 00 00 00 00 00
0000048A0  00 00 00 00 00 00 00 00  00 00 00 00 00 00 00 00
0000048B0  00 00 00 00 00 00 00 00  00 00 00 00 00 00 00 00
0000048C0  00 00 00 00 00 00 00 00  00 00 00 00 00 00 00 00
0000048D0  00 00 00 00 00 00 00 00  00 00 00 00 00 00 00 00
0000048E0  00 00 00 00 00 00 00 00  00 00 00 00 00 00 00 00
0000048F0  00 00 00 00 00 00 00 00  00 00 00 00 00 00 00 00
000004900  00 00 00 00 00 00 00 00  00 00 00 00 00 00 00 00
000004910  00 00 00 00 00 00 00 00  00 00 00 00 00 00 00 00
000004920  00 00 00 00 00 00 00 00  00 00 00 00 00 00 00 00
000004930  00 00 00 00 00 00 00 00  00 00 00 00 00 00 00 00
Sector 36 of 15728640          Offset:          4800
```

图3-9 FAT1所在扇区

（2）FAT大小

因为FAT1起始于36扇区，用同样的方法搜索找到FAT2起始于15 366扇区，所以可以确定FAT的大小为15 366−36=15 330个扇区。

（3）分区扇区总数

由于分区表是完整的，因此可以从分区表中获得该分区的大小。其分区表如图3-10所示。图中选中的4个字节就是这个分区的扇区总数，值为01C88F90H，转换为十进制等于29 921 168，所以分区大小为29 921 168个扇区。

```
74 69 6E 67 20 73 79 73  74 65 6D 00 00 00 00 00
00 00 00 00 00 00 00 00  00 00 00 00 00 00 00 00
00 00 00 00 00 00 00 00  00 00 00 00 00 00 00 00
00 00 00 00 00 00 00 00  00 00 00 00 00 00 00 00
00 00 00 00 00 2C 44 63  45 F6 FB 4C 00 00 80 00
00 00 0C 00 00 00 70 00  00 00 90 8F C8 01 00 00
00 00 00 00 00 00 00 00  00 00 00 00 00 00 00 00
00 00 00 00 00 00 00 00  00 00 00 00 00 00 00 00
00 00 00 00 00 00 00 00  00 00 00 00 00 00 55 AA
```

图3-10 MBR所在扇区

（4）每簇扇区数

每簇扇区数的计算方法如下。

① 计算出该分区中数据区的大小。计算方法：分区总扇区数−DBR保留扇区数−每个FAT扇区数×2=29 921 168−36−15 330×2=29 890 472。

② 计算出该分区的FAT中记录的FAT项的个数即簇数。计算方法：FAT的大小×512/4=15 330×512/4=1 987 840。FAT的大小乘以512是FAT的总字节数，除以4是因为FAT32每个FAT项占32位（即4字节）。

③ 每簇扇区数=①的结果/②的结果=29 890 472/1 987 840≈15.04。这种算法一般不

会刚好得到整数，需要取整数+1。即每簇扇区数为16。

4个关键参数都已经计算完毕，填入复制的DBR的对应位置，保存。这时分区可以正常打开了。

小领悟 手工重建DBR的过程除了计算“每簇扇区数”比较麻烦，其他的参数还是很好计算的。

小思考 每簇扇区数算法的依据是什么？

知识拓展

FAT32文件系统的数据区分析

1. 数据区的位置

FAT32的数据区在文件系统中的具体位置是紧跟在FAT2之后。下面模拟操作系统定位数据区的方法。这里以图3-11中的DBR所在的分区为例，定位数据区的步骤如下。

1）系统通过该分区的分区表信息，定位到DBR扇区。

2）读取DBR的0EH～0FH偏移处，得到DBR保留扇区数的值为38。

3）读取DBR的24H～27H偏移处，得到每FAT扇区数的值为561。

4）用DBR保留扇区数加上2倍的每FAT扇区数，结果等于1160，跳转到该分区的1160号扇区，这里就是数据区的开始。

```
Offset      0  1  2  3  4  5  6  7   8  9  A  B  C  D  E  F
000000000  EB 58 90 4D 53 44 4F 53  35 2E 30 00 02 08 26 00  ëX MSDOS5.0   &
000000010  02 00 00 00 00 F8 00 00  3F 00 FF 00 00 00 00 00       ø  ? ÿ
000000020  00 00 F0 00 31 02 00 00  00 00 00 00 02 00 00 00    ð 1
000000030  01 00 06 00 00 00 00 00  00 00 00 00 00 00 00 00
000000040  00 00 29 5E 80 94 01 44  49 53 4B 5F 49 4D 47 20    )^▮▮ DISK_IMG
000000050  20 20 46 41 54 33 32 20  20 20 33 C9 8E D1 BC F4    FAT32   3É▮Ñ¼ô
000000060  7B 8E C1 8E D9 BD 00 7C  88 4E 02 8A 56 40 B4 08  {▮Á▮Ù½ |▮N ▮V@´
000000070  CD 13 73 05 B9 FF FF 8A  F1 66 0F B6 C6 40 66 0F  Í s ¹ÿÿ▮ñf ¶Æ@f
000000080  B6 D1 80 E2 3F F7 E2 86  CD C0 ED 06 41 66 0F B7  ¶Ñ▮â?÷â▮ÍÀí Af ·
000000090  C9 66 F7 E1 66 89 46 F8  83 7E 16 00 75 38 83 7E  Éf÷áf▮Fø▮~  u8▮~
0000000A0  2A 00 77 32 66 8B 46 1C  66 83 C0 0C BB 00 80 B9  * w2f▮F f▮À » ▮¹
0000000B0  01 00 E8 2B 00 E9 48 03  A0 FA 7D B4 7D 8B F0 AC   è+ éH  ú}´}▮ð¬
0000000C0  84 C0 74 17 3C FF 74 09  B4 0E BB 07 00 CD 10 EB  ▮Àt <ÿt ´ »  Í ë
0000000D0  EE A0 FB 7D EB E5 A0 F9  7D EB E0 98 CD 16 CD 19  î û}ëå ù}ëà▮Í Í
0000000E0  66 60 66 3B 46 F8 0F 82  4A 00 66 6A 00 66 50 06  f`f;Fø ▮J fj fP
0000000F0  53 66 68 10 00 01 00 80  7E 02 00 0F 85 20 00 B4  Sfh     ▮~   ▮  ´
000000100  41 BB AA 55 8A 56 40 CD  13 0F 82 1C 00 81 FB 55  A»ªU▮V@Í  ▮   ûU
000000110  AA 0F 85 14 00 F6 C1 01  0F 84 0D 00 FE 46 02 B4  ª ▮  öÁ  ▮  þF ´
000000120  42 8A 56 40 8B F4 CD 13  B0 F9 66 58 66 58 66 58  B▮V@▮ôÍ °ùfXfXfX
000000130  66 58 EB 2A 66 33 D2 66  0F B7 4E 18 66 F7 F1 FE  fXë*f3Òf ·N f÷ñþ
000000140  C2 8A CA 66 8B D0 66 C1  EA 10 F7 76 1A 86 D6 8A  Â▮Êf▮ÐfÁê ÷v ▮Ö▮
000000150  56 40 8A E8 C0 E4 06 0A  CC B8 01 02 CD 13 66 61  V@▮èÀä  Ì¸  Í fa
000000160  0F 82 54 FF 81 C3 00 02  66 40 49 0F 85 71 FF C3   ▮Tÿ Ã  f@I ▮qÿÃ
000000170  4E 54 4C 44 52 20 20 20  20 20 20 00 00 00 00 00  NTLDR
000000180  00 00 00 00 00 00 00 00  00 00 00 00 00 00 00 00
000000190  00 00 00 00 00 00 00 00  00 00 00 00 00 00 00 00
0000001A0  00 00 00 00 00 00 00 00  00 00 00 00 0D 0A 52 65                Re
0000001B0  6D 6F 76 65 20 64 69 73  6B 73 20 6F 72 20 6F 74  move disks or ot
```

图3-11　DBR所在扇区

2. 数据区的内容

FAT32文件系统数据区的内容主要由3部分组成：根目录、子目录和文件内容。在数据区中是以簇为单位来管理这段空间的，第一个簇的编号为“2”。根据该例子中DBR的BPB所记录的“根目录首簇号”为2，可以确定2号簇被分配给根目录使用了。

在数据区的位置中通过模拟操作系统定位数据区的方法，确定了数据区开始于分区的1160号扇区，现在跳转到1160号扇区，内容如图3−12所示。

```
0000C8CEF0 00 00 00 00 00 00 00 00  00 00 00 00 00 00 00 00
0000C8CF00 00 00 00 00 00 00 00 00  00 00 00 00 00 00 00 00
0000C8CF10 00 00 00 00 00 00 00 00  00 00 00 00 00 00 00 00
0000C8CF20 00 00 00 00 00 00 00 00  00 00 00 00 00 00 00 00
0000C8CF30 00 00 00 00 00 00 00 00  00 00 00 00 00 00 00 00
0000C8CF40 00 00 00 00 00 00 00 00  00 00 00 00 00 00 00 00
0000C8CF50 00 00 00 00 00 00 00 00  00 00 00 00 00 00 00 00
0000C8CF60 00 00 00 00 00 00 00 00  00 00 00 00 00 00 00 00
0000C8CF70 00 00 00 00 00 00 00 00  00 00 00 00 00 00 00 00
0000C8CF80 00 00 00 00 00 00 00 00  00 00 00 00 00 00 00 00
0000C8CF90 00 00 00 00 00 00 00 00  00 00 00 00 00 00 00 00
0000C8CFA0 00 00 00 00 00 00 00 00  00 00 00 00 00 00 00 00
0000C8CFB0 00 00 00 00 00 00 00 00  00 00 00 00 00 00 00 00
0000C8CFC0 00 00 00 00 00 00 00 00  00 00 00 00 00 00 00 00
0000C8CFD0 00 00 00 00 00 00 00 00  00 00 00 00 00 00 00 00
0000C8CFE0 00 00 00 00 00 00 00 00  00 00 00 00 00 00 00 00
0000C8CFF0 00 00 00 00 00 00 00 00  00 00 00 00 00 00 00 00
0000C8D000 00 00 00 00 00 00 00 00  00 00 00 00 00 00 00 00
```

图3-12　数据区的开始扇区

可以看到数据区所在的1160号扇区完全为00，这是因为该分区是一个新格式化的分区，分区被格式化为FAT32文件系统后，其根目录所在的区域都要被清零。

新格式化的分区完全没有数据，所以既没有根目录数据，也没有子目录数据，更没有文件内容，整个数据区都为00。

如果在分区的根目录项存入文件，数据区就会有数据了。现在在该分区下存入一个文件，然后查看数据区的2号簇，其内容如图3−13所示。

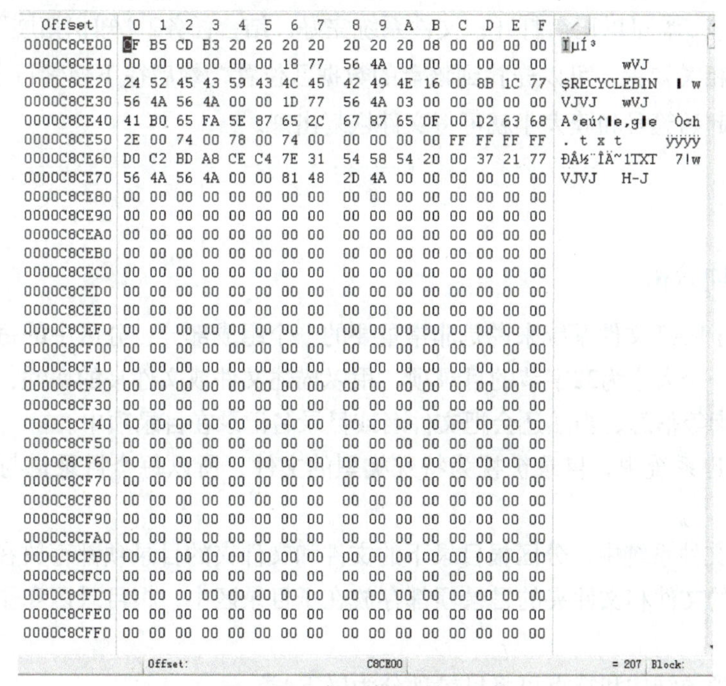

```
Offset      0  1  2  3  4  5  6  7   8  9  A  B  C  D  E  F
0000C8CE00 CF B5 CD B3 20 20 20 20  20 20 20 08 00 00 00 00  Ïµí³
0000C8CE10 00 00 00 00 00 00 18 77  56 4A 00 00 00 00 00 00        wVJ
0000C8CE20 24 52 45 43 59 43 4C 45  42 49 4E 16 00 8B 1C 77  $RECYCLEBIN   w
0000C8CE30 56 4A 56 4A 00 00 1D 77  56 4A 03 00 00 00 00 00  VJVJ  wVJ
0000C8CE40 41 B0 65 FA 5E 87 65 2C  67 87 65 0F 00 D2 63 68  A°eú^e,ge Òch
0000C8CE50 2E 00 74 00 78 00 74 00  00 00 00 00 FF FF FF FF  . t x t     ÿÿÿÿ
0000C8CE60 D0 C2 BD A8 CE C4 7E 31  54 58 54 20 00 37 21 77  ÐÂ½¨ÎÄ~1TXT  7!w
0000C8CE70 56 4A 56 4A 00 00 81 48  2D 4A 00 00 00 00 00 00  VJVJ   H-J
0000C8CE80 00 00 00 00 00 00 00 00  00 00 00 00 00 00 00 00
0000C8CE90 00 00 00 00 00 00 00 00  00 00 00 00 00 00 00 00
0000C8CEA0 00 00 00 00 00 00 00 00  00 00 00 00 00 00 00 00
0000C8CEB0 00 00 00 00 00 00 00 00  00 00 00 00 00 00 00 00
0000C8CEC0 00 00 00 00 00 00 00 00  00 00 00 00 00 00 00 00
0000C8CED0 00 00 00 00 00 00 00 00  00 00 00 00 00 00 00 00
0000C8CEE0 00 00 00 00 00 00 00 00  00 00 00 00 00 00 00 00
0000C8CEF0 00 00 00 00 00 00 00 00  00 00 00 00 00 00 00 00
0000C8CF00 00 00 00 00 00 00 00 00  00 00 00 00 00 00 00 00
0000C8CF10 00 00 00 00 00 00 00 00  00 00 00 00 00 00 00 00
0000C8CF20 00 00 00 00 00 00 00 00  00 00 00 00 00 00 00 00
0000C8CF30 00 00 00 00 00 00 00 00  00 00 00 00 00 00 00 00
0000C8CF40 00 00 00 00 00 00 00 00  00 00 00 00 00 00 00 00
0000C8CF50 00 00 00 00 00 00 00 00  00 00 00 00 00 00 00 00
0000C8CF60 00 00 00 00 00 00 00 00  00 00 00 00 00 00 00 00
0000C8CF70 00 00 00 00 00 00 00 00  00 00 00 00 00 00 00 00
0000C8CF80 00 00 00 00 00 00 00 00  00 00 00 00 00 00 00 00
0000C8CF90 00 00 00 00 00 00 00 00  00 00 00 00 00 00 00 00
0000C8CFA0 00 00 00 00 00 00 00 00  00 00 00 00 00 00 00 00
0000C8CFB0 00 00 00 00 00 00 00 00  00 00 00 00 00 00 00 00
0000C8CFC0 00 00 00 00 00 00 00 00  00 00 00 00 00 00 00 00
0000C8CFD0 00 00 00 00 00 00 00 00  00 00 00 00 00 00 00 00
0000C8CFE0 00 00 00 00 00 00 00 00  00 00 00 00 00 00 00 00
0000C8CFF0 00 00 00 00 00 00 00 00  00 00 00 00 00 00 00 00
Offset: C8CE00 = 207 Block:
```

图3-13　存入数据后的2号簇

任务3　手工恢复FAT文件系统下的文件

任务情景

用户：我的U盘里面有一个很重要的图片文件不小心删除了，能恢复出来吗?

工作人员：文件删除后，您又往U盘里存文件了吗?

用户：没有。

工作人员：那文件应该没有被覆盖，我试一试吧。

任务分析

当文件被删除后，最简单的恢复方法是先尝试使用一些反删除工具，但反删除工具并不能完全保证成功恢复。如果失败，则可以利用中盈创信底层编辑软件根据存储介质的实际情况进行恢复。反删除工具的使用方法参见项目6中的任务1。本任务重点讲述手工恢复的方法。

将该U盘连接至中盈创信数据恢复机上，双击该盘符，确实没有用户所说的那个文件，查看了回收站后也没有该文件。使用中盈创信底层编辑软件打开该U盘，通过DBR得知该U盘使用的是FAT32文件系统。

因为该U盘可以正常打开，文件系统完好，结合任务2“知识拓展”部分讲述的数据区相关知识，可以先找到该盘的数据区位置，然后往下搜索目录项，找到该文件的起始簇号和簇大小就可将文件恢复出来。

必备知识

1. 目录项分析

目录项对于FAT文件系统来说是非常重要的一个组成部分，分区中的每个文件和文件夹都被分配了一个大小为32字节的目录项，用以描述文件或文件夹的属性、大小、起始簇号和时间、日期等信息，当然还会把文件名或目录名记录在目录项中。

在FAT文件系统中，目录被视为特殊类型的文件，所以每个目录也与文件一样有目录项。

在FAT32文件系统中，分区根目录下的文件和文件夹的目录项都存放在根目录区中，分区子目录下的文件和文件夹的目录项都存放在子目录区中，根目录区和子目录区都在数据区中。

根据目录项的结构和特点可将目录项分为以下4类：

- 短文件名目录项。
- 长文件名目录项。
- “.”目录项和“..”目录项。
- 卷标目录项。

2. 短文件名目录项

短文件名是指DOS和Windows 3.x时代文件名的传统格式，在这种格式的限制下，用户在给文件起名时，主文件名不能超过8个字符，并且不支持中文；扩展名不超过3个字符，所以又称为“8.3”格式。在这种格式下，文件目录项中只需要11B就可以记录文件名了（主文件名与扩展名之间的“.”是默认的，不需要记录），这种格式的目录项也就称为短文件名目录项。图3-14所示为一个FAT32下的短文件名目录项（文件名为234.TXT）。FAT32文件系统的短文件名目录项中各字节的含义见表3-4。

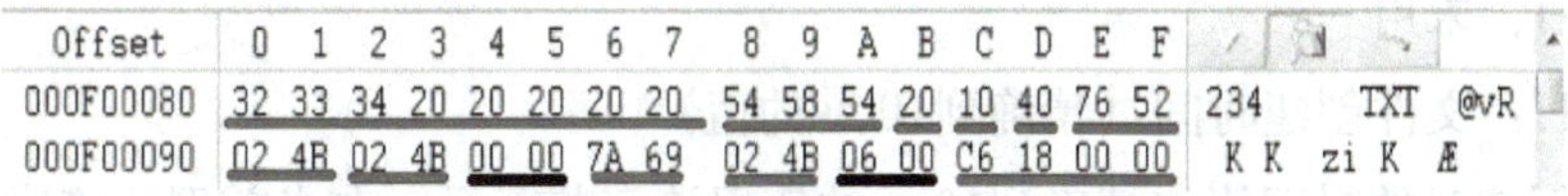

```
Offset     0  1  2  3  4  5  6  7   8  9  A  B  C  D  E  F
000F00080  32 33 34 20 20 20 20 20  54 58 54 20 10 40 76 52   234     TXT  @vR
000F00090  02 4B 02 4B 00 00 7A 69  02 4B 06 00 C6 18 00 00   K K  zi K  Æ
```

图3-14 短文件名目录项

表3-4 短文件名目录项中各字节的含义

字节偏移	字段长度/字节	字段内容及含义	
00H	8	主文件名	
08H	3	文件的扩展名	
0BH	1	文件属性	00000000（读/写）
			00000001（只读）
			00000010（隐藏）
			00000100（系统）
			00001000（卷标）
			00010000（子目录）
			00100000（存档）
0CH	1	未用	
0DH	1	文件创建时间精确到10ms的值	
0EH	2	文件创建时间，包括时、分、秒	
10H	2	文件创建日期，包括年、月、日	
12H	2	文件访问日期，包括年、月、日	
14H	2	文件起始簇号的高位	
16H	2	文件修改时间，包括时、分、秒	
18H	2	文件修改日期，包括年、月、日	
1AH	2	文件起始簇号的低位	
1CH	4	文件大小（以B为单位）	

下面对这些参数进行详细分析。

（1）00H～07H：主文件名

主文件名共占8字节，如果文件名用不完8字节，则后面用空格填充。另外该位置第1个字节也用来表示目录项的分配状态，当该字节为“00”时，表示该目录项从未被使用过；当该字节为“E5”时，表示该目录项曾经被使用过，但目前已经被删除。

（2）08H～0AH：文件的扩展名

文件的扩展名占3字节，对于文件夹来说没有扩展名，这3字节用空格填充。

（3）0BH：文件属性

文件属性占1字节，可以表示文件的各种属性，表示的方法是按二进制位定义，最高两位保留未用，0～5位分别表示只读位、隐藏位、系统位、卷标位、子目录位、存档位。在当前例子中属性值为“20H”，二进制为“00100000”，所以该文件为存档属性。

（4）0CH：未用

（5）0DH：文件创建时间（精确到10ms的值）

文件在创建时的时间值中精确到10ms的值用该字节表示，在当前例子该值为“40H”，换算为十进制等于64，所以文件的创建时间为640ms，也就是0.64s。

（6）0EH～0FH：文件创建时间

这是文件创建的时、分、秒的数值，用16位二进制记录文件创建时间，时、分、秒三个部分的表达方式如下。

① 0～4位，这5位记录“秒”值，单位是2s，也就是把这4位的值乘以2才是文件创建时间的“秒”值，其取值范围是0～29。

② 5～10位：这6位记录“分”值，其取值范围是0～59。

③ 11～15位：这5位记录“时”值，其取值范围是0～23。

在当前例子中该值为“76H 52H”，从高位到低位写应该为“5276H”，将其换算为二进制，结果为“0101001001110110”，具体时间表达方式见表3-5。

表 3-5 时间表达方式

	时	分	秒
高低位	15~11	10~5	4~0
二进制值	01010	010011	10110
十进制值	10	19	22（需乘以2）
时间值	10h19m44s		

经过计算其时间为10h19m44s，再加上其毫秒值640，所以该文件的最终创建时间为10h19m44s640ms。这个时间可以通过查看文件的属性获得，如图3-15所示。在属性信息中文件的创建时间精确到秒，所以是10h19m44s。

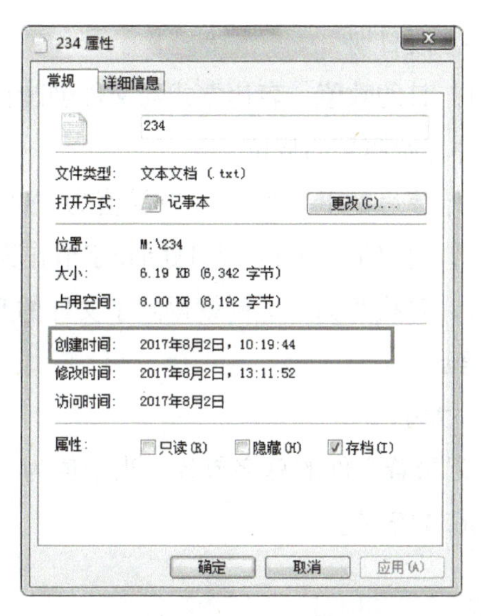

图 3-15　234.txt 的属性信息

(7) 10H～11H：文件创建日期

这是文件创建的年、月、日的数值，用16位二进制记录文件创建日期，年、月、日三个部分的表达方法如下。

① 0～4位，这5位记录“日”值，其取值范围是1～31。

② 5～8位：这4位记录“月”值，其取值范围是1～12。

③ 9～15位：这7位记录“年”值，其值是相对于1980年开始计数的，必须加上1980才是正确的年份，其取值范围是0～127，也就是说，可以从1980年记录到2107年。

在当前例子该值为“02H 4BH”，从高位到低为写应该为“4B02H”，将其换算为二进制，结果为“0100101100000010”，具体日期表达方式见表3-6。

表 3-6　日期表达方式

	年	月	日
高低位	15～9	8～5	4～0
二进制值	0100101	1000	00010
十进制值	37（需要加 1980）	8	2
日期值	2017 年 8 月 2 号		

(8) 12H～13H：文件最近访问日期

表达方式与文件创建日期一致。

(9) 14H～15H：文件起始簇号的高位

这2个字节作为文件起始簇号的高位使用，当前值为“0000H”。

(10) 16H～17H：文件修改时间

文件最后修改的时、分、秒的数值，表达方式与文件创建时间一致。

（11）18H～19H：文件修改日期

文件最后修改的年、月、日的数值，表达方式与文件创建日期一致。

（12）1AH～1BH：文件起始簇号的低位

这2个字节作为文件起始簇号的低位使用，当前值为“0006H”，FAT32的目录项中，文件起始簇号占用4字节，把偏移14H～15H处的2字节作为高位，与该偏移处的2B合在一起，得到文件起始簇号，并换算为十进制就得到了文件的起始簇号。本例中文件的起始簇号为00000006H，即6号簇。

（13）1CH～1FH：文件大小

文件大小占用4字节，记录着文件的总字节数。当前值为“18C6H”，换算成十进制就是6342，说明文件大小为6342字节。

3. 长文件名目录项

从Windows 95操作系统开始，文件名“8.3”格式的限制被打破了，文件名可以超过8个字符，并且可以使用中文了，扩展名也可以超过3字节，这种格式的文件名就称为长文件名。

不过在Windows 95以上的操作系统中创建的长文件名需要考虑与DOS和Windows 3.x的兼容问题，所以在Windows 95以上的操作系统中，超过8.3格式的文件或目录实际存储着2个名字，即1个短文件名和1个长文件名，其对应短文件名的存储有以下3个处理原则：

1）系统取长文件名的前6个字符加上“~1”形成短文件名，其扩展名不变。

2）如果已存在这个名字的文件，则符号“~”后的数字自动增加。

3）如果有DOS和Windows 3.x非法的字符，则以下画线“_”替代。

每个文件名目录项也占用32字节，1个目录项作为长文件名目录项使用时，其属性字节值为0FH，能够存储13个字符。如果文件名很长，则1个文件名就需要多个目录项，这些目录项按倒序排列在其短文件名目录项之前。长文件名目录项的具体结构见表3-7。

表3-7　FAT长文件名目录项的含义

字节偏移	字段长度/字节	字段内容及含义
00H	1	序列号
01H	10	文件名的第1～5个Unicode码字符
0BH	1	长文件名目录项的属性标志，固定为“0F”
0CH	1	保留未用
0DH	1	短文件名校验和
0EH	12	文件名的第6～11个Unicode码字符
1AH	2	始终为0
1CH	4	文件名的第12～13个Unicode码字符

下面看一个具体的实例，一个文件的名称为“shujuhuifugaojijishu.txt”，它共有3个目录项，从下往上每两行32个字节依次为①②③。

图3-16中的“①”是一条短文件名目录项，文件名为“SHUJUH~1.TXT”这是系统自动生成的。

图3-16中的“②③”是两条长文件名目录项，它们以倒序的方式排列在其短文件名目录项之前。“②”按照正常顺序内容为“shujuhuifugao”，“③”按照正常顺序内容为“jijishu.txt”，按照倒序合在一起就是长文件名“shjuhuifugaojijishu.txt”。

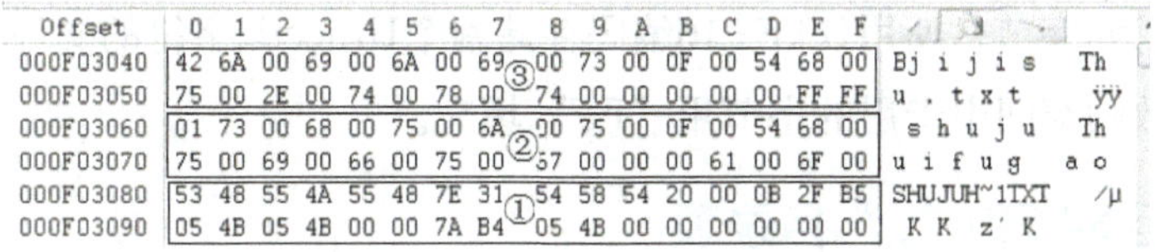

```
Offset      0  1  2  3  4  5  6  7    8  9  A  B  C  D  E  F
000F03040  42 6A 00 69 00 6A 00 69 ③ 00 73 00 0F 00 54 68 00   Bj i j i s  Th
000F03050  75 00 2E 00 74 00 78 00    74 00 00 00 00 00 FF FF   u . t x t    ÿÿ
000F03060  01 73 00 68 00 75 00 6A ② 00 75 00 0F 00 54 68 00    s h u j u  Th
000F03070  75 00 69 00 66 00 75 00    67 00 00 00 61 00 6F 00   u i f u g   a o
000F03080  53 48 55 4A 55 48 7E 31 ① 54 58 54 20 00 0B 2F B5   SHUJUH~1TXT   /µ
000F03090  05 4B 05 4B 00 00 7A B4    05 4B 00 00 00 00 00 00    K K  z´ K
```

图 3-16 长文件名目录项

小提示 长文件名目录项的排列顺序是倒序的。

下面对这些参数进行详细分析：

（1）序列号（偏移量00）

序列号占1字节，该参数用来描述长文件名目录项的排序。在这个字节的8位当中，0～4这5位描述长文件名目录项的排序，从1开始编号。6位（也就是第7位）如果为“1”，则表明该目录项是最后一项。如果文件删除，则该字节会改为“E5”

（2）文件名的第1～5个Unicode码字符（01H～0AH）

该参数长度为10字节，使用UTF-16编码存储5个Unicode字符的文件名，每个字符占用2字节。如果文件名已经记录完，但该参数的空间中还有未用的字节，就会在文件名最后一个字符填充两个字节的“00”，随后未用的字节用“FF”填充。

（3）长文件名目录项的属性标志（0BH）

该参数长度为1字节，是属性字节。当属性的只读位、隐藏位、系统位、卷标位全为1，其他位为0时，该值就为十六进制的“0FH”，表示该目录项为长文件名记录项。

（4）未用（OCH）

该字节不使用。

（5）短文件名校验和（0DH）

该参数长度为1字节，是一个校验和，长文件名目录项通过这个校验和将其与相应的短文件名目录项关联起来。校验和的数值是使用短文件名计算得到的，同一文件的长文件名目录项的校验和必须是相同的。

校验和的计算方法是依次将短文件名的各个字符对应的二进制值相加，在每一步相加前要先将二进制的结果值依次向右移动一位，最右边的位循环到最左边，然后加上下一个字符所对应的二进制值，直到把最后一个字符加完，结果就是校验和的数值。

(6) 文件名的第6～11个字符（0EH～19H）

该参数长度为12字节，使用UTF-16编码存储6个Unicode字符的文件名，每个字符占用2字节。如果文件名已经记录完，但该参数的空间中还有未用的字节，就会在文件名最后一个字符后填充两个字节的“00”，随后未用的字节用“FF”填充。

(7) 始终为0（1AH～1BH）

该参数长度为2B，始终都为0。

(8) 文件名的第12～13字符（1CH～1FH）

该参数长度为4字节，使用UTF-16编码存储两个Unicode字符的文件名，每个字符占用2字节。该参数的空间中未用的字节用“FF”填充。

4. “.”目录项和“..”目录项

子目录所在的文件目录区域中总有两个特殊的目录：“.”目录和“..”目录。这两个目录可以用DOS命令“DIR”查看到，如图3-17所示。

```
C:\Users\Administrator.PC-201703281338 的目录

2017/04/18  21:28    <DIR>          .
2017/04/18  21:28    <DIR>          ..
2017/04/13  21:33    <DIR>          .android
2017/03/28  14:04    <DIR>          Contacts
2017/08/05  22:18    <DIR>          Desktop
2009/07/14  13:08    <DIR>          Documents
2017/07/31  14:05    <DIR>          Downloads
2017/03/28  14:04    <DIR>          Links
2017/03/28  14:04    <DIR>          Saved Games
2017/03/28  14:04    <DIR>          Searches
               0 个文件              0 字节
              10 个目录 89,168,101,376 可用字节
```

图3-17 “DIR”命令查看“.”目录和“..”目录

其中，“.”表示当前目录，“..”表示上级目录。打开NavHex查看“.”目录和“..”目录的目录项，如图3-18所示。

```
Offset      0  1  2  3  4  5  6  7   8  9  A  B  C  D  E  F
000F03000   2E 20 20 20 20 20 20 20  20 20 20 10 00 48 28 B5   .          H(µ
000F03010 ① 05 4B 05 4B 00 00 29 B5  05 4B 08 00 00 00 00 00    K K  )µ K
000F03020   2E 2E 20 20 20 20 20 20  20 20 20 10 00 48 28 B5   ..         H(µ
000F03030 ② 05 4B 05 4B 00 00 29 B5  05 4B 00 00 00 00 00 00    K K  )µ K
```

图3-18 “.”目录和“..”目录的目录项

图3-18中的“①”号目录项是“.”目录的目录项（“2E2020”开始），“②”号目录项是“..”目录的目录项（“2E2E2020”开始）。“.”目录项和“..”目录项中对起始簇号的描述同短文件名目录项。

“.”目录项描述的是子目录本身所在的簇号，而“..”目录项描述的是上一级目录的起始簇号。如果上一级目录是根目录，则簇号值被设为0。

小领悟 子目录标志“.”和“..”目录项描述的起始簇号意义是不同的。

5. 卷标目录项

卷标就是一个分区的名字，可以在格式化分区时创建，也可以随时修改。在DOS时

代，卷标记录在DBR的BPB中，目前的系统则把卷标当作文件，用文件目录项进行管理，系统为卷标建一个目录项，放在根目录区中，对于FAT32来说，就是放在数据区中。

目前有一个卷标为“12345”的分区M，如图3−19所示。其卷标所在的目录项如图3−20所示。

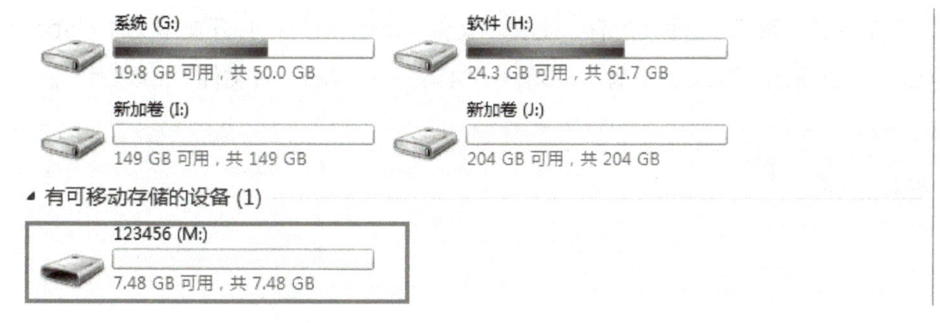

图 3−19　卷标为“123456”的分区 M

Offset	0	1	2	3	4	5	6	7	8	9	A	B	C	D	E	F	
000EFD160	31	32	33	34	35	36	20	20	20	20	20	08	00	00	00	00	123456
000EFD170	00	00	00	00	00	00	6B	BA	05	4B	00	00	00	00	00	00	kº K

图 3−20　卷标所在的目录项

卷标所在的目录项属于短文件名的目录项，特点如下。

① 对于FAT格式的分区，卷标的长度最多允许达到11B，如果卷标为中文，则最多支持5个字符。

② 卷标的目录项中不记录起始簇号和大小。

③ 卷标的目录项中不记录创建时间和最后访问时间，只记录修改时间。

6. 根目录的管理分析

FAT32文件系统对于根目录下文件的管理，就是统一在数据区中的根目录区为这些文件创建目录项，并由FAT为文件的内容分配簇存放数据。根目录的首簇由格式化程序指派，并把指派的簇号记录在DBR的BPB中。如果根目录下文件数目过多，这些文件的目录项在根目录的首簇存放不下，则FAT就会为根目录分配新的簇来存放根目录下的文件及文件夹的目录项。

通过DBR的BPB参数“根目录首簇号”可以直接找到根目录的起始位置，或者通过“DBR保留扇区数”和“每个FAT的扇区数”2个参数的值计算出根目录首簇的开始扇区。计算方法：根目录首簇的开始扇区=DBR保留扇区数+2×每个FAT的扇区数。

找到根目录首簇后，通过文件名定位到文件的目录项。通过目录项找到该文件的起始簇号和大小，然后通过DBR的BPB参数“DBR保留扇区数”定位FAT1的开始扇区，并跳转到文件的首簇号对应的FAT项，从而找到簇链，通过簇链就能知道文件占用了哪几个簇。

7. 子目录的管理分析

FAT32的根目录、子目录及数据都是放在数据区的。下面根据一个实际的例子来分析子目录的管理方法，同时也能看出数据区中的根目录、子目录及其数据的结构和关系。

分区根目录下的文件夹“123”中有一个“456”文件夹，“456”文件夹内又有一个“789”文件夹，“789”文件夹内有一个文本文件“abc.txt”，打开文本文件“abc.txt”，其内容如图3-21所示。目录关系为“123”→“456”→“789”→文件“abc.txt”。

图 3-21　文本文件“abc.txt”的内容

下面来分析目录及数据的结构。

首先通过NavHex在该分区根目录下查看文件夹“123”的目录项，如图3-22所示。

```
000F05000  CF B5 CD B3 20 20 20 20  20 20 20 08 00 00 00 00  ÏµÍ³
000F05010  00 00 00 00 00 00 D1 7A  56 4A 00 00 00 00 00 00        ÑzVJ
000F05020  E5 B0 65 FA 5E 87 65 F6  4E 39 59 0F 00 75 00 00  å°eú^▮eöN9Y u
000F05030  FF FF FF FF FF FF FF FF  FF FF 00 00 FF FF FF FF  ÿÿÿÿÿÿÿÿÿÿ  ÿÿÿÿ
000F05040  E5 C2 BD A8 CE C4 7E 31  20 20 20 10 00 86 E3 7A  åÂ½¨ÎÄ~1     ▮ãz
000F05050  56 4A 56 4A 00 00 E4 7A  56 4A 03 00 00 00 00 00  VJVJ  äzVJ
000F05060  31 32 33 20 20 20 20 20  20 20 20 10 00 86 E3 7A  123          ▮ãz
000F05070  56 4A 56 4A 00 00 E4 7A  56 4A 03 00 00 00 00 00  VJVJ  äzVJ
000F05080  00 00 00 00 00 00 00 00  00 00 00 00 00 00 00 00
000F05090  00 00 00 00 00 00 00 00  00 00 00 00 00 00 00 00
000F050A0  00 00 00 00 00 00 00 00  00 00 00 00 00 00 00 00
```

图 3-22　文件夹“123”的目录项

从中可看出文件夹“123”的起始簇号为3，在NavHex中跳转到3号簇，其内容如图3-23所示。

```
Offset     0  1  2  3  4  5  6  7   8  9  A  B  C  D  E  F
000F0D000  2E 20 20 20 20 20 20 20  20 20 20 10 00 86 E3 7A  .            ▮ãz
000F0D010  56 4A 56 4A 00 00 E4 7A  56 4A 03 00 00 00 00 00  VJVJ  äzVJ
000F0D020  2E 2E 20 20 20 20 20 20  20 20 20 10 00 86 E3 7A  ..           ▮ãz
000F0D030  56 4A 56 4A 00 00 E4 7A  56 4A 00 00 00 00 00 00  VJVJ  äzVJ
000F0D040  E5 B0 65 FA 5E 87 65 F6  4E 39 59 0F 00 75 00 00  å°eú^▮eöN9Y u
000F0D050  FF FF FF FF FF FF FF FF  FF FF 00 00 FF FF FF FF  ÿÿÿÿÿÿÿÿÿÿ  ÿÿÿÿ
000F0D060  E5 C2 BD A8 CE C4 7E 31  20 20 20 10 00 83 01 7B  åÂ½¨ÎÄ~1     ▮ {
000F0D070  56 4A 56 4A 00 00 02 7B  56 4A 04 00 00 00 00 00  VJVJ   {VJ
000F0D080  34 35 36 20 20 20 20 20  20 20 20 10 00 83 01 7B  456          ▮ {
000F0D090  56 4A 56 4A 00 00 02 7B  56 4A 04 00 00 00 00 00  VJVJ   {VJ
000F0D0A0  00 00 00 00 00 00 00 00  00 00 00 00 00 00 00 00
000F0D0B0  00 00 00 00 00 00 00 00  00 00 00 00 00 00 00 00
000F0D0C0  00 00 00 00 00 00 00 00  00 00 00 00 00 00 00 00
000F0D0D0  00 00 00 00 00 00 00 00  00 00 00 00 00 00 00 00
000F0D0E0  00 00 00 00 00 00 00 00  00 00 00 00 00 00 00 00
```

图 3-23　3 号簇的内容

由图3-23可以看出，该簇中有3个目录项，前两个分别是“.”目录项和“..”目录的目录项，第3个为文件夹“456”的目录项。

小提示 以“E5”开头的2个目录项为已删除目录，所以可以忽略。

从图3-23中可看出，文件夹“456”的起始簇号为4，在NavHex中跳转到4号簇，其内容如图3-24所示。

```
Offset     0  1  2  3  4  5  6  7   8  9  A  B  C  D  E  F
000F15000  2E 20 20 20 20 20 20 20  20 20 20 10 00 83 01 7B  .                {
000F15010  56 4A 56 4A 00 00 02 7B  56 4A 04 00 00 00 00 00  VJVJ   {VJ
000F15020  2E 2E 20 20 20 20 20 20  20 20 20 10 00 83 01 7B  ..               {
000F15030  56 4A 56 4A 00 00 02 7B  56 4A 03 00 00 00 00 00  VJVJ   {VJ
000F15040  E5 B0 65 FA 5E 87 65 F6  4E 39 59 0F 00 75 00 00  å°eú^ eöN9Y  u
000F15050  FF FF FF FF FF FF FF FF  FF FF 00 00 FF FF FF FF  ÿÿÿÿÿÿÿÿÿÿ  ÿÿÿÿ
000F15060  E5 C2 BD A8 CE C4 7E 31  20 20 20 10 00 83 27 7B  åÂ½¨ÎÄ~1        '{
000F15070  56 4A 56 4A 00 00 28 7B  56 4A 05 00 00 00 00 00  VJVJ  ({VJ
000F15080  37 38 39 20 20 20 20 20  20 20 20 10 00 83 27 7B  789             '{
000F15090  56 4A 56 4A 00 00 28 7B  56 4A 05 00 00 00 00 00  VJVJ  ({VJ
000F150A0  00 00 00 00 00 00 00 00  00 00 00 00 00 00 00 00
000F150B0  00 00 00 00 00 00 00 00  00 00 00 00 00 00 00 00
000F150C0  00 00 00 00 00 00 00 00  00 00 00 00 00 00 00 00
```

图3-24 4号簇的内容

由图3-24可以看出，该簇中有3个目录项，前2个分别是“.”目录和“..”目录的目录项，第3个为文件夹“789”的目录项。

从图3-24中可看出，文件夹“789”的起始簇号为5，在NavHex中跳转到5号簇，其内容如图3-25所示。

```
Offset     0  1  2  3  4  5  6  7   8  9  A  B  C  D  E  F
000F1D000  2E 20 20 20 20 20 20 20  20 20 20 10 00 83 27 7B  .               '{
000F1D010  56 4A 56 4A 00 00 28 7B  56 4A 05 00 00 00 00 00  VJVJ  ({VJ
000F1D020  2E 2E 20 20 20 20 20 20  20 20 20 10 00 83 27 7B  ..              '{
000F1D030  56 4A 56 4A 00 00 28 7B  56 4A 04 00 00 00 00 00  VJVJ  ({VJ
000F1D040  E5 B0 65 FA 5E 87 65 2C  67 87 65 0F 00 D2 63 68  å°eú^ e,g e  Òch
000F1D050  2E 00 74 00 78 00 74 00  00 00 00 00 FF FF FF FF  . t x t      ÿÿÿÿ
000F1D060  E5 C2 BD A8 CE C4 7E 31  54 58 54 20 00 15 40 7B  åÂ½¨ÎÄ~1TXT    @{
000F1D070  56 4A 56 4A 00 00 41 7B  56 4A 00 00 00 00 00 00  VJVJ  A{VJ
000F1D080  41 42 43 20 20 20 20 20  54 58 54 20 18 15 40 7B  ABC     TXT    @{
000F1D090  56 4A 56 4A 00 00 74 7B  56 4A 06 00 11 00 00 00  VJVJ  t{VJ
000F1D0A0  00 00 00 00 00 00 00 00  00 00 00 00 00 00 00 00
000F1D0B0  00 00 00 00 00 00 00 00  00 00 00 00 00 00 00 00
000F1D0C0  00 00 00 00 00 00 00 00  00 00 00 00 00 00 00 00
```

图3-25 5号簇的内容

由图3-25可以看出，该簇中有3个目录项，前2个分别是“.”目录和“..”目录的目录项，第3个为文本文件“abc.txt”（起始簇号为6），文件大小为17B，在NavHex中跳转到6号簇，其内容如图3-26所示。该簇中的前17B就是文本文件“abc.txt”的内容了。

```
Offset     0  1  2  3  4  5  6  7   8  9  A  B  C  D  E  F
000F25000  46 41 54 33 32 CA FD BE  DD BB D6 B8 B4 CF EA BD  FAT32Êý¾Ý»Ö¸´Ïêẽ½
000F25010  E2 00 00 00 00 00 00 00  00 00 00 00 00 00 00 00  â
000F25020  00 00 00 00 00 00 00 00  00 00 00 00 00 00 00 00
000F25030  00 00 00 00 00 00 00 00  00 00 00 00 00 00 00 00
000F25040  00 00 00 00 00 00 00 00  00 00 00 00 00 00 00 00
000F25050  00 00 00 00 00 00 00 00  00 00 00 00 00 00 00 00
000F25060  00 00 00 00 00 00 00 00  00 00 00 00 00 00 00 00
000F25070  00 00 00 00 00 00 00 00  00 00 00 00 00 00 00 00
000F25080  00 00 00 00 00 00 00 00  00 00 00 00 00 00 00 00
000F25090  00 00 00 00 00 00 00 00  00 00 00 00 00 00 00 00
000F250A0  00 00 00 00 00 00 00 00  00 00 00 00 00 00 00 00
```

图3-26 6号簇的内容

8. 文件删除后的分析

文件被删除时，其各个文件目录项第1个字节被改为“E5”，而文件名的其他字节没有变化。文件开始簇号高位的2B被清零，而文件大小、文件名及时间等其他信息均不做任何改动。文件的大小、文件名这些关键信息都完好地存在。文件内容也完好无损，依然存在，即文件删除并没有清空其数据区，这为文件的恢复提供了可能。

小提示 如果文件删后，再往该分区中进行写操作，那么新写入的数据将有可能覆盖被删除文件的数据，这样文件就不可能恢复了，所以恢复被删除文件的前提是删除后千万不要再写入数据。

任务实施

第一步：打开该U盘的逻辑磁盘盘符，定位到根目录的位置并找到文件的目录项，如图3–27所示。从图3–27中可以看出，文件目录项的第1个字节已经被改为“E5”了，而文件名的其他字节没有变化。文件开始簇号为03H（十进制值为3），文件大小（蓝色框）为7BDAH（十进制值为31706）。

```
0001100040  E5 E7 BE B0 20 20 20 20  4A 50 47 20 00 57 DA 72  åç¾°    JPG  WÚr
0001100050  36 4A 36 4A 00 00 CC 72  36 4A 03 00 DA 7B 00 00  6J6J  Ìr6J  Ú{
0001100060  24 52 45 43 59 43 4C 45  42 49 4E 16 00 BC 01 75  $RECYCLEBIN  ¼ u
0001100070  36 4A 36 4A 00 00 02 75  36 4A 07 00 00 00 00 00  6J6J   u6J
0001100080  00 00 00 00 00 00 00 00  00 00 00 00 00 00 00 00
0001100090  00 00 00 00 00 00 00 00  00 00 00 00 00 00 00 00
00011000A0  00 00 00 00 00 00 00 00  00 00 00 00 00 00 00 00
00011000B0  00 00 00 00 00 00 00 00  00 00 00 00 00 00 00 00
00011000C0  00 00 00 00 00 00 00 00  00 00 00 00 00 00 00 00
00011000D0  00 00 00 00 00 00 00 00  00 00 00 00 00 00 00 00
00011000E0  00 00 00 00 00 00 00 00  00 00 00 00 00 00 00 00
00011000F0  00 00 00 00 00 00 00 00  00 00 00 00 00 00 00 00
```

图3-27 文件的目录项

第二步：跳转到FAT1发现簇链已经全部清零。下面再来看数据区，跳转到3号簇，文件开始位置的数据内容如图3–28所示。

```
Offset       0  1  2  3  4  5  6  7   8  9  A  B  C  D  E  F
0001102000  FF D8 FF E0 00 10 4A 46  49 46 00 01 01 00 00 01  ÿØÿà  JFIF
0001102010  00 01 00 00 FF E1 00 18  45 78 69 66 00 00 49 49     ÿá  Exif  II
0001102020  2A 00 08 00 00 00 00 00  00 00 00 00 00 00 FF E1  *             ÿá
0001102030  03 5F 68 74 74 70 3A 2F  2F 6E 73 2E 61 64 6F 62   _http://ns.adob
0001102040  65 2E 63 6F 6D 2F 78 61  70 2F 31 2E 30 2F 00 3C  e.com/xap/1.0/ <
0001102050  3F 78 70 61 63 6B 65 74  20 62 65 67 69 6E 3D 22  ?xpacket begin="
0001102060  EF BB BF 22 20 69 64 3D  22 57 35 4D 30 4D 70 43  ï»¿" id="W5M0MpC
0001102070  65 68 69 48 7A 72 65 53  7A 4E 54 63 7A 6B 63 39  ehiHzreSzNTczkc9
0001102080  64 22 3F 3E 20 3C 78 3A  78 6D 70 6D 65 74 61 20  d"?> <x:xmpmeta
0001102090  78 6D 6C 6E 73 3A 78 3D  22 61 64 6F 62 65 3A 6E  xmlns:x="adobe:n
00011020A0  73 3A 6D 65 74 61 2F 22  20 78 3A 78 6D 70 74 6B  s:meta/" x:xmptk
00011020B0  3D 22 41 64 6F 62 65 20  58 4D 50 20 43 6F 72 65  ="Adobe XMP Core
00011020C0  20 35 2E 33 2D 63 30 31  31 20 36 36 2E 31 34 35   5.3-c011 66.145
00011020D0  36 36 31 2C 20 32 30 31  32 2F 30 32 2F 30 36 2D  661, 2012/02/06-
00011020E0  31 34 3A 35 36 3A 32 37  20 20 20 20 20 20 20 20  14:56:27
00011020F0  22 3E 20 3C 72 64 66 3A  52 44 46 20 78 6D 6C 6E  "> <rdf:RDF xmln
0001102100  73 3A 72 64 66 3D 22 68  74 74 70 3A 2F 2F 77 77  s:rdf="http://ww
0001102110  77 2E 77 33 2E 6F 72 67  2F 31 39 39 39 2F 30 32  w.w3.org/1999/02
0001102120  2F 32 32 2D 72 64 66 2D  73 79 6E 74 61 78 2D 6E  /22-rdf-syntax-n
0001102130  73 23 22 3E 20 3C 72 64  66 3A 44 65 73 63 72 69  s#"> <rdf:Descri
0001102140  70 74 69 6F 6E 20 72 64  66 3A 61 62 6F 75 74 3D  ption rdf:about=
0001102150  22 22 20 78 6D 6C 6E 73  3A 78 6D 70 4D 4D 3D 22  "" xmlns:xmpMM="
0001102160  68 74 74 70 3A 2F 2F 6E  73 2E 61 64 6F 62 65 2E  http://ns.adobe.
0001102170  63 6F 6D 2F 78 61 70 2F  31 2E 30 2F 6D 6D 2F 22  com/xap/1.0/mm/"
0001102180  20 78 6D 6C 6E 73 3A 73  74 52 65 66 3D 22 68 74   xmlns:stRef="ht
0001102190  74 70 3A 2F 2F 6E 73 2E  61 64 6F 62 65 2E 63 6F  tp://ns.adobe.co
00011021A0  6D 2F 78 61 70 2F 31 2E  30 2F 73 54 79 70 65 2F  m/xap/1.0/sType/
00011021B0  52 65 73 6F 75 72 63 65  52 65 66 23 22 20 78 6D  ResourceRef#" xm
```

图3-28 文件开始位置的数据内容

将这个被删除的文件的数据区的内容（31706字节）全部选中，另存为一个新文件，并命名为“noname.jpg”。将保存在D盘根目录下的“noname.jpg”文件打开，如图3-29所示，说明已经成功恢复了这个文件。

图 3-29　被恢复的文件

小提示　将鼠标定位在指定偏移位置处，通过“数据解释器”窗口可以迅速得到其对应的8位、16位和32位的十进制数字。

小疑问　如果文件被删除后起始簇号高位被清零怎么恢复？如果该盘格式化了还能将数据恢复出来吗？

知识拓展

1. FAT32文件系统删除文件后目录项起始簇号高位清零的分析

如果文件在数据区中存放的位置比较靠后，文件起始簇号就会比较大，那么文件目录项中记录文件起始簇号高位2个字节就会有数据，当文件删除时，这2个字节会被清零，该文件的起始簇号值也就丢失了，这种被删除的文件就比较难恢复。

文件被删除后，其FAT中的簇链会被清零，如果文件有碎片也就是不连续存放的文件，则这种被删除的文件也是比较难恢复的。

小提示　文件被删除后，记录文件起始簇号的高位2B会被清零。

小思考　刚才恢复的被删除文件为什么能成功恢复出来呢？

2. FAT32文件系统格式化的分析

FAT32文件系统格式化后，FAT除了0号FAT项、1号FAT项和2号FAT项外，全部被清空，如图3–30所示。

Offset	0	1	2	3	4	5	6	7	8	9	A	B	C	D	E	F
000004800	F8	FF	FF	0F	FF	FF	FF	0F	FF	FF	FF	0F	00	00	00	00
000004810	00	00	00	00	00	00	00	00	00	00	00	00	00	00	00	00
000004820	00	00	00	00	00	00	00	00	00	00	00	00	00	00	00	00
000004830	00	00	00	00	00	00	00	00	00	00	00	00	00	00	00	00
000004840	00	00	00	00	00	00	00	00	00	00	00	00	00	00	00	00
000004850	00	00	00	00	00	00	00	00	00	00	00	00	00	00	00	00
000004860	00	00	00	00	00	00	00	00	00	00	00	00	00	00	00	00
000004870	00	00	00	00	00	00	00	00	00	00	00	00	00	00	00	00
000004880	00	00	00	00	00	00	00	00	00	00	00	00	00	00	00	00
000004890	00	00	00	00	00	00	00	00	00	00	00	00	00	00	00	00
0000048A0	00	00	00	00	00	00	00	00	00	00	00	00	00	00	00	00
0000048B0	00	00	00	00	00	00	00	00	00	00	00	00	00	00	00	00
0000048C0	00	00	00	00	00	00	00	00	00	00	00	00	00	00	00	00
0000048D0	00	00	00	00	00	00	00	00	00	00	00	00	00	00	00	00
0000048E0	00	00	00	00	00	00	00	00	00	00	00	00	00	00	00	00

图 3–30　FAT

跳转到根目录区，可以看到根目录区也被完全清零，如图3–31所示。

Offset	0	1	2	3	4	5	6	7	8	9	A	B	C	D	E	F
000EFD000	00	00	00	00	00	00	00	00	00	00	00	00	00	00	00	00
000EFD010	00	00	00	00	00	00	00	00	00	00	00	00	00	00	00	00
000EFD020	00	00	00	00	00	00	00	00	00	00	00	00	00	00	00	00
000EFD030	00	00	00	00	00	00	00	00	00	00	00	00	00	00	00	00
000EFD040	00	00	00	00	00	00	00	00	00	00	00	00	00	00	00	00
000EFD050	00	00	00	00	00	00	00	00	00	00	00	00	00	00	00	00
000EFD060	00	00	00	00	00	00	00	00	00	00	00	00	00	00	00	00
000EFD070	00	00	00	00	00	00	00	00	00	00	00	00	00	00	00	00
000EFD080	00	00	00	00	00	00	00	00	00	00	00	00	00	00	00	00
000EFD090	00	00	00	00	00	00	00	00	00	00	00	00	00	00	00	00
000EFD0A0	00	00	00	00	00	00	00	00	00	00	00	00	00	00	00	00
000EFD0B0	00	00	00	00	00	00	00	00	00	00	00	00	00	00	00	00
000EFD0C0	00	00	00	00	00	00	00	00	00	00	00	00	00	00	00	00
000EFD0D0	00	00	00	00	00	00	00	00	00	00	00	00	00	00	00	00
000EFD0E0	00	00	00	00	00	00	00	00	00	00	00	00	00	00	00	00

图 3–31　根目录所在扇区

再跳转到子目录区发现文件夹下文件的目录项还在，如图3–32所示。

Offset	0	1	2	3	4	5	6	7	8	9	A	B	C	D	E	F	
000EFE000	2E	20	20	20	20	20	20	20	20	20	20	10	00	82	DA	B6	. ‚Ú¶
000EFE010	FC	4A	FC	4A	00	00	DB	B6	FC	4A	03	00	00	00	00	00	üJüJ Û¶üJ
000EFE020	2E	2E	20	20	20	20	20	20	20	20	20	10	00	82	DA	B6	.. ‚Ú¶
000EFE030	FC	4A	FC	4A	00	00	DB	B6	FC	4A	00	00	00	00	00	00	üJüJ Û¶üJ
000EFE040	E5	B0	65	FA	5E	87	65	2C	67	87	65	0F	00	D2	63	68	å°eú^‡e,g‡e Òch
000EFE050	2E	00	74	00	78	00	74	00	00	00	00	00	FF	FF	FF	FF	. t x t ÿÿÿÿ
000EFE060	E5	C2	BD	A8	CE	C4	7E	31	54	58	54	20	00	AE	DD	B6	åÂ½¨ÎÄ~1TXT ®Ý¶
000EFE070	FC	4A	FC	4A	00	00	E0	B6	FC	4A	00	00	00	00	00	00	üJüJ à¶üJ
000EFE080	42	74	00	00	00	FF	FF	FF	FF	FF	FF	0F	00	54	FF	FF	Bt ÿÿÿÿÿÿ Tÿÿ
000EFE090	FF	FF	FF	FF	FF	FF	FF	FF	FF	FF	00	00	FF	FF	FF	FF	ÿÿÿÿÿÿÿÿÿÿ ÿÿÿÿ
000EFE0A0	01	73	00	68	00	75	00	6A	00	75	00	0F	00	54	68	00	s h u j u Th
000EFE0B0	75	00	69	00	66	00	75	00	2E	00	00	00	74	00	78	00	u i f u . t x
000EFE0C0	53	48	55	4A	55	48	7E	31	54	58	54	20	00	AE	DD	B6	SHUJUH~1TXT ®Ý¶
000EFE0D0	FC	4A	FC	4A	00	00	E0	B6	FC	4A	00	00	00	00	00	00	üJüJ à¶üJ
000EFE0E0	00	00	00	00	00	00	00	00	00	00	00	00	00	00	00	00	

图 3–32　子目录区所在扇区

因此，FAT32文件系统格式化之后，FAT的簇链全部清零，根目录区中的文件目录项也被清零，所以根目录下的文件很难恢复了，因为没有目录项就无法知道它们的文件名以及存放的地址。由于子目录的目录项没有被清零，因此子目录项的文件是有机会恢复的，可以手动提取出来。

项目评价 PROJECT EVALUATION

项目评价表见表3-8。

表 3-8 项目评价表

序号	任务名称	评价内容	评价分值	具体评分	
				教师	学生
1	利用备份恢复FAT文件系统的DBR	FAT的数据分布结构	5		
		DBR的组成	5		
		关键BPB参数分析	5		
		DBR修复方法	5		
2	手工恢复FAT文件系统的DBR	FAT分析	5		
		数据区分析	5		
		手动重建DBR方法	20		
3	手工恢复FAT文件系统下的文件	根目录和子目录的分析	10		
		文件删除后的分析	10		
		分区格式化后的分析	10		
		手工恢复误删除的文件	20		

项目总结 PROJECT SUMMARY

本项目从实践入手，介绍了FAT32文件系统下常见的3种故障现象及其数据恢复方法，见表3-9。

表 3-9 常见 FAT 故障和修复思路

序号	常见FAT故障	修复思路
1	DBR被破坏	利用备份DBR修复分区
2	DBR与备份DBR被破坏	手工重建DBR扇区
3	文件丢失	利用FAT32文件系统管理方式进行数据恢复

每个任务由任务情景、任务分析、必备知识、任务实施及知识拓展几部分组成，由浅入深地讲解了FAT文件系统下的数据恢复技术，见表3-10。

表 3-10　修复思路与相关的数据恢复技术知识

序号	修复思路	相关的数据恢复技术知识
1	利用备份DBR修复分区	FAT的数据分布结构
		DBR的结构与关键BPB参数分析
2	手工重建DBR分区	FAT分析、数据区分析
		手动重建DBR方法
3	利用FAT文件系统管理方式进行数据恢复	目录项分析
		文件删除、磁盘格式化后的分析

课后练习 EXERCISES

结合前面所学知识、任务分析及任务实施过程，设置如下故障。

1）将一个根目录下存有几个文件（文本和Word）和几个文件夹（文件夹里也有文件）的U盘格式化。

2）将一个根目录下存有几个文本和Word文件的U盘的MBR、DBR及其备份清零。

要求：分别观察故障现象，并分别恢复根目录及子目录下的一个文件。

3）将一个文件先删除到回收站，然后清除，观察其删除后的目录项、FAT项及数据区的变化；然后将另外一个文件直接彻底删除，观察其删除后的目录项、FAT项及数据区的变化。

要求：对比2种删除方法的结果有何不同。

PROJECT 4

PROJECT 4 项目 4

修复NTFS下的数据

项目概述

NTFS（New Technology File System，新技术文件系统）是Windows NT环境的文件系统，是Windows NT家族（如Windows 2000、Windows XP、Windows Vista、Windows 7和windows 8.1等）的限制级专用的文件系统（操作系统所在盘符的文件系统必须格式化为NTFS）。

NTFS同其他文件系统相比，有支持分区容量大、非常稳定、文件碎片少、支持压缩功能、较高的磁盘利用率、严格共享控制、可进行磁盘配额管理等特点。因此，NTFS取代了老式的FAT文件系统。

当然，要想进行NTFS格式的数据恢复尤其是手工进行数据恢复，就必须熟知该系统的数据结构、文件管理等知识。

本项目介绍了NTFS下常用的数据恢复技术。

职业能力目标

- 理解NTFS的管理方法。
- 理解NTFS的数据分布结构与DBR的结构分析。
- 理解NTFS的MFT的文件记录结构、文件记录头分析、文件主要属性分析。
- 掌握修复与重建NTFS的DBR的方法。
- 掌握NTFS文件数据的恢复方法。

任务1　利用备份恢复NTFS的DBR

任务情景

用户：我的计算机的D盘在使用时系统提示需要格式化。

工作人员：您的D盘的分区是什么文件系统？

用户：是NTFS的。

工作人员：请稍等，我看一下。

任务分析

NTFS与前面的FAT文件系统一样，当打开某个盘符提示需要格式化时，通常与文件系统的DBR被破坏有关。因此，需要使用中盈创信底层编辑软件先查看DBR的破坏情况，然后根据具体破坏的情况确定DBR修复的方法，当DBR修复后，分区中的数据即可恢复。

将该盘连接至中盈创信数据恢复机上，双击该盘符，弹出如图4-1所示的提示对话框，单击“否”按钮。

利用中盈创信底层编辑软件打开该盘，弹出如图4-2所示的提示对话框，单击“OK”按钮，选择“NTFS”打开该盘。发现其第一个扇区（即DBR部分）全部为0，显然DBR被破坏了。当查看该分区的DBR备份时，发现是完好的，所以只需将DBR的备份复制过来即可修复DBR。

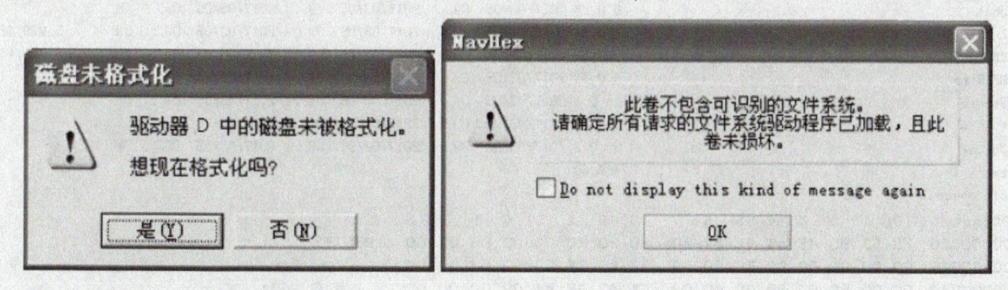

图4-1　打开分区时出错　　图4-2　使用NavHex打开分区时出错

小疑问　DBR备份在哪里？

必备知识

要找到NTFS的备份位置，需要先了解NTFS的管理方法和数据分布结构。

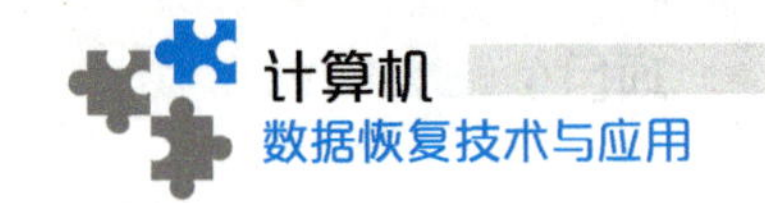

1. NTFS的管理方法

在FAT文件系统中，对于磁盘的读/写管理方式，系统数据区与文件数据区是有区别的。通常系统数据区（DBR、FAT）均按扇区为单位进行读/写，对文件数据区的读/写均是以簇为单位进行的。系统数据区不仅承担特殊的任务和功能，在磁盘布局上也是比较有规则的，如DBR、FAT、FDT的位置比较固定，早期的FAT对数据区域大小也作了限制。如果这些区域一旦出现问题，则很容易导致数据丢失甚至系统崩溃。

NTFS一改前面FAT文件系统的管理机制，将整个磁盘分区上的每件事物都看作一个文件，而文件的相关事物又视为一个属性（如文件名属性等），统一按文件方式对磁盘上的一切事件进行管理，使得文件系统数据定位和维护变得更加容易，DBR成了Boot文件中的一部分，这些文件在磁盘中的位置也相对比较灵活，因此对文件安全性能有很大的提高。

这时，分区内就会生成若干个系统文件，这些文件用来描述文件名属性、数据属性及文件系统本身的信息，叫做元文件，文件名以“$”开头，这些文件在正常系统里是不可见的。

当用户将硬盘的某个分区格式化为NTFS格式时，就建立了一个NTFS，如图4-3所示。

小提示 注意，图4-3中以“$”符号开头的文件为NTFS的元文件。

小思考 什么是元文件？

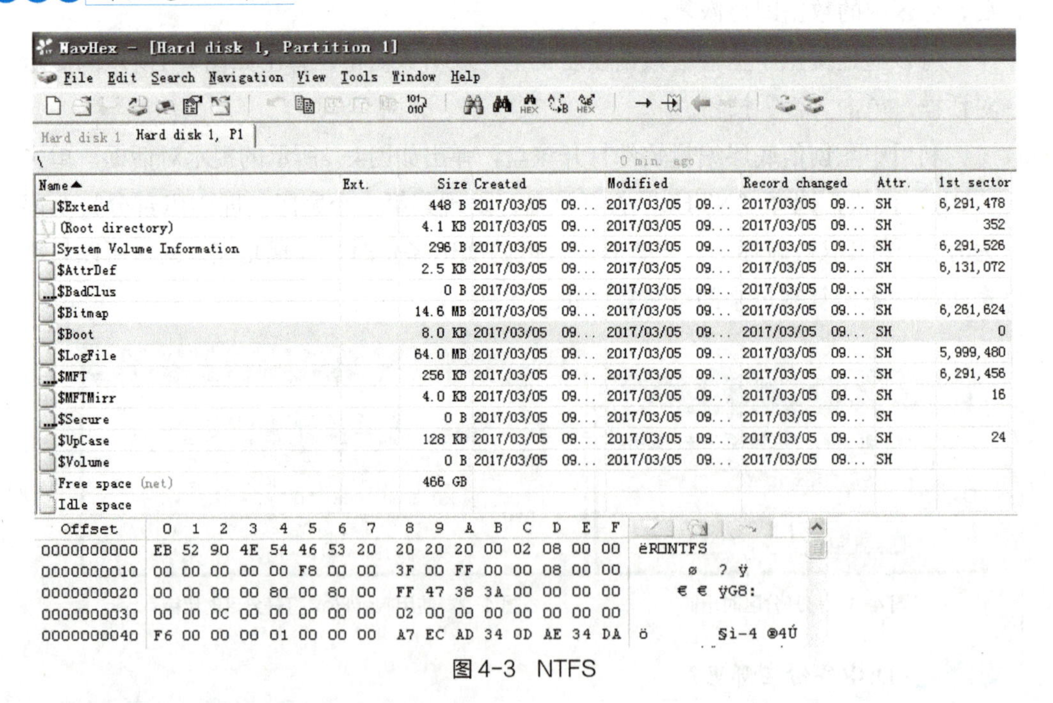

图4-3 NTFS

2. NTFS的数据分布结构

与FAT文件系统一样，NTFS的第一个扇区为引导扇区（即DBR扇区），其中有NTFS

分区的引导程序和一些BPB（BIOS Parameter Block，基本输入/输出系统参数模块）参数。

在分区的第一个扇区之后是15个扇区的NTLDR（NT Loader，系统加载程序）区域，这16个扇区共同构成根目录文件$boot。

在NTLDR后（不一定是物理上连续的）是主文件表（Master File Table，MFT）区域，它的文件名为$MFT。主文件表由文件记录构成，每个文件记录占用2个扇区。

NTFS的主文件表中还记录了一些非常重要的系统数据，这些数据被称为元数据文件（简称为“元文件”），其中包括了用于文件定位和恢复数据结构、引导程序数据及整个卷的分配位图等信息。NTFS将这些数据都当作文件进行管理，它们的文件名的第一个字符都是“$”，表示该文件是隐藏的。在NTFS中这样的文件主要有16个，最重要的包括MFT本身（$MFT）、MFT镜像（$MFTMirr）、日志文件（$LogFile）、根目录（$Root）、位图文件（$BitMap）、引导文件（$Boot）等。这16个元数据文件总是占据着MFT的前16项纪录，并且这16个文件记录的顺序是固定的，而且是连续的。在这16项以后就是用户建立的文件和文件夹的记录了。

小提示 这些元文件的记录虽然在MFT中的顺序是固定的、连续的，但真实文件在磁盘中的位置并不一定是按MFT中的顺序存放的，而且文件与文件之间也不一定是紧挨着的，每个文件（特别是MFT文件本身及一些大文件及多次修改过的文件）在磁盘上的保存也不一定是连续的。

综上所述，NTFS的数据结构大致可以用图4-4进行说明。

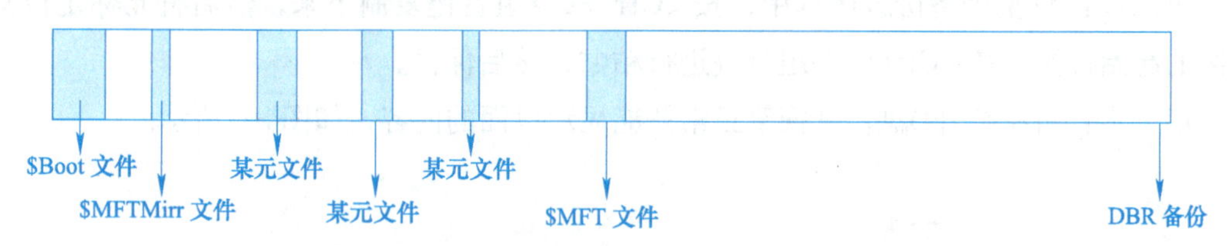

图 4-4　NTFS 的数据结构

需要说明的是：

1）图4-4中的结构只是NTFS的示意图，各文件所占区域大小并不完全成比例。

2）元文件在图4-4中只体现了一部分，没有画完整，而且除了$Boot文件外，其他元文件的位置不是固定的，如$MFT文件也可以在$MFTMirr文件之后。

3）在NTFS所在分区的最后一个扇区是DBR的备份，但该扇区不属于NTFS。

4）空白的地方为数据区，两个元文件之间也可以存放数据。

小领悟 DBR备份在分区的最后一个扇区。

任务实施

第一步：用中盈创信底层编辑软件NavHex打开物理硬盘，先定位到分区E盘的DBR扇区，然后向上搜索“EB5290”并偏移“0”字节（见图4-5），就会搜索到D盘的完整的DBR备份，如图4-6所示。

Find Hex Values
The following hex values will be searched:
EB5290
Use as wildcard: 3F
Search: Up
Cond.: offset mod 512 = 0
Search in block only
Search in all open windows
List search hits, up to 10000
OK Cancel Help

图 4-5 搜索 DBR 备份

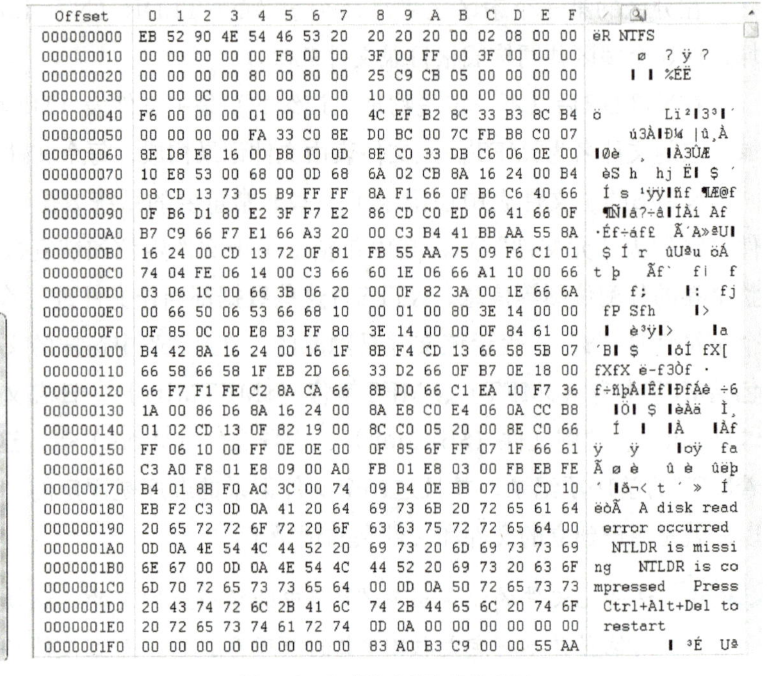

Offset	0	1	2	3	4	5	6	7	8	9	A	B	C	D	E	F
000000000	EB	52	90	4E	54	46	53	20	20	20	20	00	02	08	00	00
000000010	00	00	00	00	00	F8	00	00	3F	00	FF	00	3F	00	00	00
000000020	00	00	00	00	80	00	80	00	25	C9	CB	05	00	00	00	00
000000030	00	00	0C	00	00	00	00	00	10	00	00	00	00	00	00	00
000000040	F6	00	00	00	01	00	00	00	4C	EF	B2	8C	33	B3	8C	B4
000000050	00	00	00	00	FA	33	C0	8E	D0	BC	00	7C	FB	B8	C0	07
000000060	8E	D8	E8	16	00	B8	00	0D	8E	C0	33	DB	C6	06	0E	00
000000070	10	E8	53	00	68	00	0D	68	6A	02	CB	8A	16	24	00	B4
000000080	08	CD	13	73	05	B9	FF	FF	8A	F1	66	0F	B6	C6	40	66
000000090	0F	B6	D1	80	E2	3F	F7	E2	86	CD	C0	ED	06	41	66	0F
0000000A0	B7	C9	66	F7	E1	66	A3	20	00	C3	B4	41	BB	AA	55	8A
0000000B0	16	24	00	CD	13	72	0F	81	FB	55	AA	75	09	F6	C1	01
0000000C0	74	04	FE	06	14	00	C3	66	60	1E	06	66	A1	10	00	66
0000000D0	03	06	1C	00	66	3B	06	20	00	0F	82	3A	00	1E	66	6A
0000000E0	00	66	50	06	53	66	68	10	00	01	00	80	3E	14	00	00
0000000F0	0F	85	0C	00	E8	B3	FF	80	3E	14	00	00	0F	84	61	00
000000100	B4	42	8A	16	24	00	16	1F	8B	F4	CD	13	66	58	5B	07
000000110	66	58	66	58	1F	EB	2D	66	33	D2	66	0F	B7	0E	18	00
000000120	66	F7	F1	FE	C2	8A	CA	66	8B	D0	66	C1	EA	10	F7	36
000000130	1A	00	86	D6	8A	16	24	00	8A	E8	C0	E4	06	0A	CC	B8
000000140	01	02	CD	13	0F	82	19	00	8C	C0	05	20	00	8E	C0	66
000000150	FF	06	10	00	FF	0E	0E	00	0F	85	6F	FF	07	1F	66	61
000000160	C3	A0	F8	01	E8	09	00	A0	FB	01	E8	03	00	FB	EB	FE
000000170	B4	01	8B	F0	AC	3C	00	74	09	B4	0E	BB	07	00	CD	10
000000180	EB	F2	C3	0D	0A	41	20	64	69	73	6B	20	72	65	61	64
000000190	20	65	72	72	6F	72	20	6F	63	63	75	72	72	65	64	00
0000001A0	0D	0A	4E	54	4C	44	52	20	69	73	20	6D	69	73	73	69
0000001B0	6E	67	00	0D	0A	4E	54	4C	44	52	20	69	73	20	63	6F
0000001C0	6D	70	72	65	73	73	65	64	00	0D	0A	50	72	65	73	73
0000001D0	20	43	74	72	6C	2B	41	6C	74	2B	44	65	6C	20	74	6F
0000001E0	20	72	65	73	74	61	72	74	0D	0A	00	00	00	00	00	00
0000001F0	00	00	00	00	00	00	00	00	83	A0	B3	C9	00	00	55	AA

图 4-6 D 盘的 DBR 备份扇区

小思考 还有什么方法可以定位D盘DBR的备份位置？

第二步：将整个备份扇区选中，按<Ctrl+C>组合键复制下来，然后将光标定位到0扇区的起始位置，按<Ctrl+V>组合键进行粘贴，然后保存。

第三步：再次打开D盘，其恢复正常并能显示里面的内容，如图4-7所示。

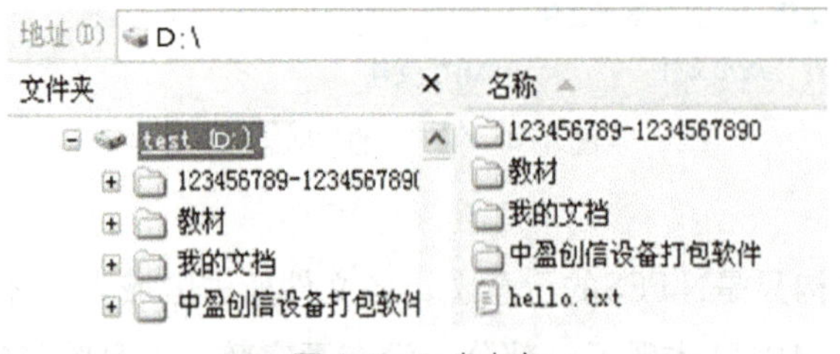

图 4-7 D 盘内容

小疑问 如何确认DBR备份是完整的？

知识拓展

1. NTFS的DBR结构

NTFS的引导扇区是$Boot的第一个扇区，它的结构与FAT文件系统的DBR类似，所以习惯上也称该扇区为DBR扇区。DBR扇区所在的$Boot文件是NTFS中唯一一个能够准确定位的文件。作为引导文件，它总是位于NTFS分区最开始的0～15扇区，共占8KB空间，16个扇区。这些被占用的扇区中，0～6扇区为系统引导代码，7～15扇区全为00所填充。前7个扇区引导代码中，最为重要的是0扇区的DBR的内容。

NTFS的DBR扇区和FAT文件系统的结构一样，也包括跳转指令、OEM代号、BPB参数、引导程序和结束标志，由5部分组成，见表4-1。图4-8所示是一个完整的NTFS的DBR结构图。

表4-1 DBR的组成

偏移量	长度/字节	组成部分
00H	3	跳转指令
03H	8	OEM代号
0BH	73	BPB参数
54H	426	引导程序
1FEH	2	结束标志55AA

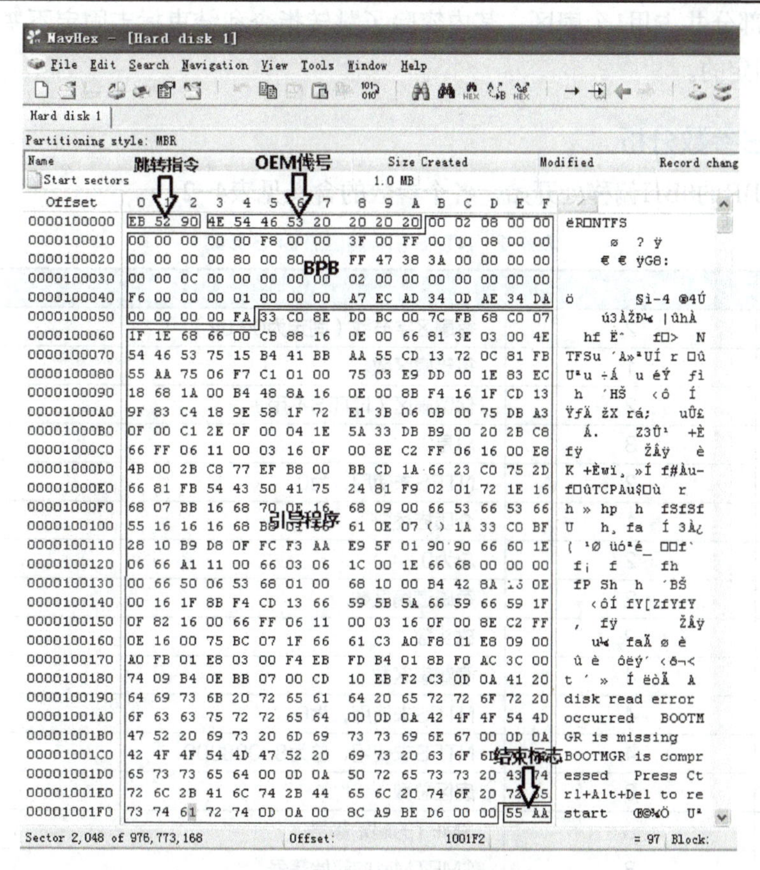

图4-8 NTFS的DBR结构图

（1）跳转指令

跳转指令本身占用2字节，它将程序执行流程跳转到引导程序处，紧接着是一条空指令NOP（90H）。其值固定为“EB5290”。

小思考 FAT32文件系统的DBR的前3个字节是什么？在数据恢复中可以起到什么作用？

（2）OEM代号（系统ID）

这部分占8B，其内容由创建该文件系统的OEM厂商具体安排。例如，微软的Windows操作系统将此处直接设置为“NTFS”，在NTFS中也称为“文件系统ID”。

（3）BPB（BIOS Parameter Block，BIOS参数块）参数

BPB参数从DBR的0BH偏移处开始，到偏移53H结束，占用73字节，记录了有关该文件系统的重要信息。

（4）引导程序（IPL初始程序装入程序）

NTFS的DBR引导程序占用426字节（54H～1FDH），其作用是装载系统文件NTLDR。对于一个没有安装操作系统的分区来讲，这段程序没有用处。

（5）结束标志

DBR的结束标志和MBR、EBR的结束标志相同，都为“55AA”。

以上5个部分共占用1个扇区，其内容除了跳转指令和结束标志固定不变外，其余3部分不是完全固定的。

2. BPB参数分析

BPB从DBR的0BH偏移处开始，各个参数的含义见表4–2。

表 4-2　NTFS 引导扇区的 BPB 参数

字节偏移	长度/字节	字段名和含义
0x0B	2	每扇区字节数（固定为00 02）
0x0D	1	每簇扇区数
0x0E	2	保留扇区（NTFS不用）
0x10	3	总是0
0x13	2	NTFS未使用，为0
0x15	1	介质描述符
0x16	2	总为0
0x18	2	每磁道扇区数
0x1A	2	磁头数
0x1C	4	隐藏扇区数
0x20	4	NTFS未使用，为0
0x24	4	NTFS未使用，总为80008000
0x28	8	扇区总数
0x30	8	$MFT的起始簇号
0x38	8	$MFTMirr的起始簇号
0x40	1	文件记录的大小描述（F6或02或01）
0x41	3	未用
0x44	1	索引缓存的大小描述（F4或08或04或02或01）
0x45	3	未用
0x48	8	卷序列号
0x50	4	校验和

其中每簇扇区数（0x0D）、隐藏扇区数（0x1C）、扇区总数（0x28）、$MFT的起始簇号（0x30）、$MFTMirr的起始簇号（0x38）、文件记录的大小描述（0x40）、索引缓存的大小描述（0x44）这些参数是数据恢复中常用的几个参数，如图4-9所示黑色线标识的部分。

```
Offset      0  1  2  3  4  5  6  7   8  9  A  B  C  D  E  F
0000000000 EB 52 90 4E 54 46 53 20  20 20 20 00 02 08 00 00  ëR NTFS
0000000010 00 00 00 00 00 F8 00 00  3F 00 FF 00 00 08 00 00       ø  ? ÿ
0000000020 00 00 00 00 80 00 80 00  FF E7 7F 0C 00 00 00 00      ▌ ▌ ÿç
0000000030 00 00 0C 00 00 00 00 00  02 00 00 00 00 00 00 00
0000000040 F6 00 00 00 01 00 00 00  A1 6F D6 88 7E D6 88 02  ö        ¡oÖ▌~Ö▌
0000000050 00 00 00 00 FA 33 C0 8E  D0 BC 00 7C FB 68 C0 07      ú3À▌Ð¼ |ûhÀ
0000000060 1F 1E 68 66 00 CB 88 16  0E 00 66 81 3E 03 00 4E    hf Ë▌   f > N
0000000070 54 46 53 75 15 B4 41 BB  AA 55 CD 13 72 0C 81 FB  TFSu ´A»ªUÍ r  û
0000000080 55 AA 75 06 F7 C1 01 00  75 03 E9 DD 00 1E 83 EC  Uªu ÷Á  u éÝ  ▌ì
0000000090 18 68 1A 00 B4 48 8A 16  0E 00 8B F4 16 1F CD 13   h  ´H▌  ▌ô  Í
00000000A0 9F 83 C4 18 9E 58 1F 72  E1 3B 06 0B 00 75 DB A3  ▌▌Ä ▌X rá;  uÛ£
00000000B0 0F 00 C1 2E 0F 00 04 1E  5A 33 DB B9 00 20 2B C8    Á.    Z3Û¹  +È
00000000C0 66 FF 06 11 00 03 16 0F  00 8E C2 FF 06 16 00 E8  fÿ       ▌Âÿ   è
00000000D0 4B 00 2B C8 77 EF B8 00  BB CD 1A 66 23 C0 75 2D  K +Èwï¸ »Í f#Àu-
00000000E0 66 81 FB 54 43 50 41 75  24 81 F9 02 01 72 1E 16  f ûTCPAu$ ù  r
00000000F0 68 07 BB 16 68 70 0E 16  68 09 00 66 53 66 53 66  h » hp  h  fSfSf
0000000100 55 16 16 16 68 B8 01 66  61 0E 07 CD 1A 33 C0 BF  U   h¸ fa  Í 3À¿
0000000110 28 10 B9 D8 0F FC F3 AA  E9 5F 01 90 90 66 60 1E  ( ¹Ø üóªé_   f`
0000000120 06 66 A1 11 00 66 03 06  1C 00 1E 66 68 00 00 00   f¡  f     fh
0000000130 00 66 50 06 53 68 01 00  68 10 00 B4 42 8A 16 0E   fP Sh  h  ´B▌
0000000140 00 16 1F 8B F4 CD 13 66  59 5B 5A 66 59 66 59 1F     ▌ôÍ fY[ZfYfY
0000000150 0F 82 16 00 66 FF 06 11  00 03 16 0F 00 8E C2 FF   ▌  fÿ       ▌Âÿ
0000000160 0E 16 00 75 BC 07 1F 66  61 C3 A0 F8 01 E8 09 00     u¼  faÃ ø è
0000000170 A0 FB 01 E8 03 00 F4 EB  FD B4 01 8B F0 AC 3C 00   û è  ôëý´ ▌ð¬<
0000000180 74 09 B4 0E BB 07 00 CD  10 EB F2 C3 0D 0A 41 20  t ´ »  Í ëòÃ  A
0000000190 64 69 73 6B 20 72 65 61  64 20 65 72 72 6F 72 20  disk read error
```

图4-9　典型参数在DBR扇区里的具体位置

由此可见该分区：每簇扇区数为8，隐藏扇区数2048（800H）、扇区总数为209 709 055（0C7FE7FFH）、$MFT的起始簇号为786 432（0C0000H）、$MFTMirr的起始簇号为2（02H）、文件记录的大小描述为-10（F6）、索引缓存的大小描述为1（01H）。

小提示 这几个参数非常重要，后面讲到的手工重建DBR主要就是要计算这几个参数。

小疑问 如果DBR的备份也被破坏了该怎么处理？

任务2　手工恢复NTFS的DBR

任务情景

用户：我的D盘在使用时系统提示需要格式化，分区中的数据无法访问。

工作人员：您的硬盘的这个分区是什么文件系统？

用户：是NTFS的。

工作人员：请稍等，我看一下。

任务分析

恢复DBR最直接的方法就是利用其备份，由于DBR及其备份同时被破坏的可能性也较大，本任务中经查看发现其备份DBR扇区也被破坏了，这时要想恢复DBR就只能通过手工恢复了。

小提示 DBR与其备份扇区很容易被同时破坏，所以手工恢复更重要。

通过对比两个相同版本不同NTFS分区的DBR，可以发现二者以下7个关键参数存在不同：

- 隐藏扇区数（也就是分区的相对开始扇区号）。
- 簇大小。
- 扇区总数（也就是分区大小）。
- $MFT起始簇号。
- $MFTMirr起始簇号。
- 文件记录的大小描述。
- 索引缓存的大小描述。

因此，重建DBR的步骤如下：

1）复制一个相同版本的NTFS的DBR。

2）计算并修改上面所说的7个重要的BPB参数。

小疑问 这么多参数，怎么理解？如何计算？

必备知识

手工恢复比较麻烦，涉及的知识点也较多，下面一一介绍。

1. 7个关键的BPB参数

每个参数的含义参见本项目任务1“知识拓展”部分。

2. $MFT文件记录结构

在NTFS的元文件中，主文件表（$MFT）是一个非常重要的元文件，它由文件记录构成，每个文件记录占用2个扇区。NTFS通过$MFT来确定文件在磁盘上的位置并且记录文件的所有属性，系统访问任何文件都必须先访问$MFT。可以认为，MFT承担了FAT文件系统中进行数据组织管理的FAT、FDT所具有的职能，手工恢复DBR的7个参数中有5个需要根据MFT的结构知识计算获得。

由于$MFT文件非常重要，为了确保文件系统结构的可靠性，系统为它准备了一个镜像文件（$MFTMirr），这个文件的所有属性在$MFT的第2个记录中。这并不是$MFT的完整镜像，而只有$MFT中的前4个文件记录。如果$MFT的前4个记录被破坏了，则可以通过MFT镜像文件来恢复。

小领悟 MFT的镜像文件$MFTMirr和MFT的前4个记录完全相同。

MFT的文件记录由3部分构成：文件记录头、属性列表、结束标志。图4-10所示为普通文件的MFT结构，图4-11所示为目录文件的MFT结构。

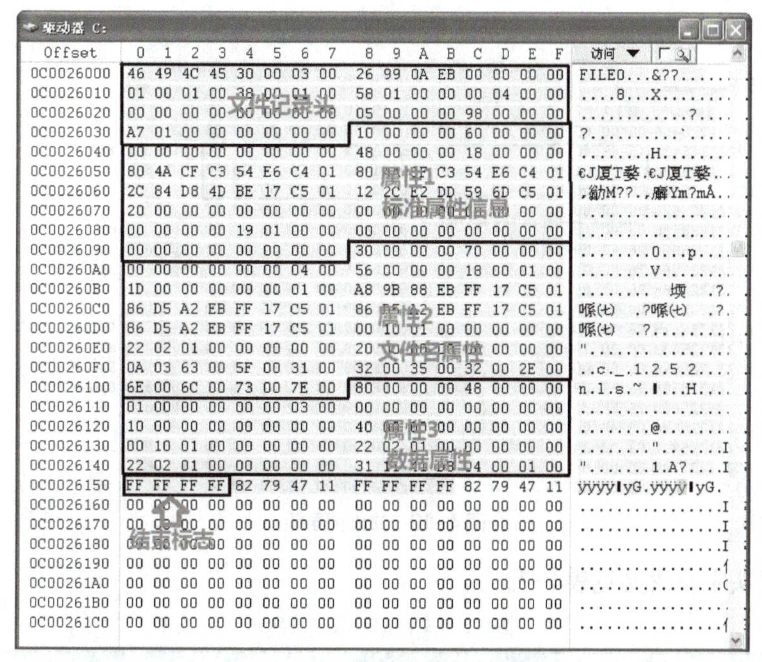

图 4-10　普通文件的 MFT 结构

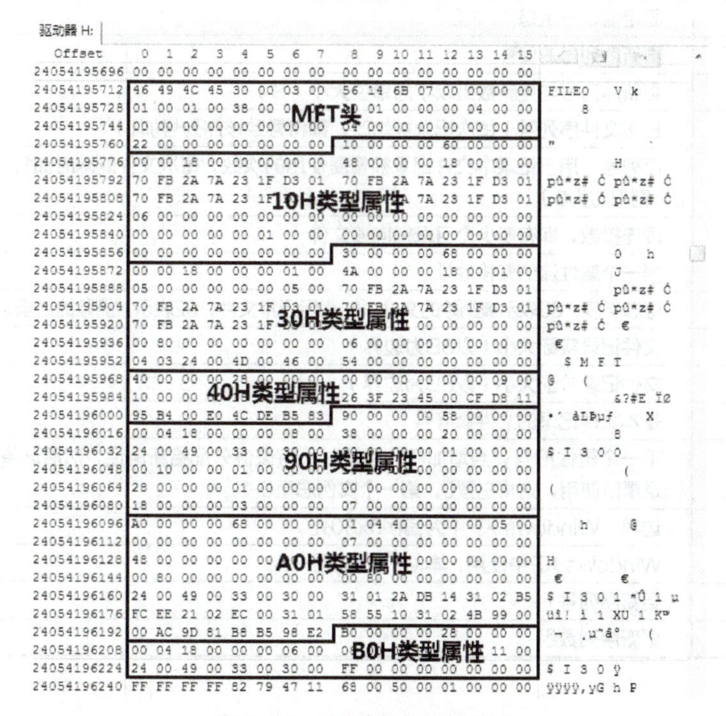

图 4-11　目录文件的 MFT 结构

小疑问 普通文件的MFT结构与目录文件的MFT结构有何不同？

(1) 文件记录头分析

在同一系统中，文件记录头的长度和具体偏移位置的数据含义是不变的，如图4-12所示。

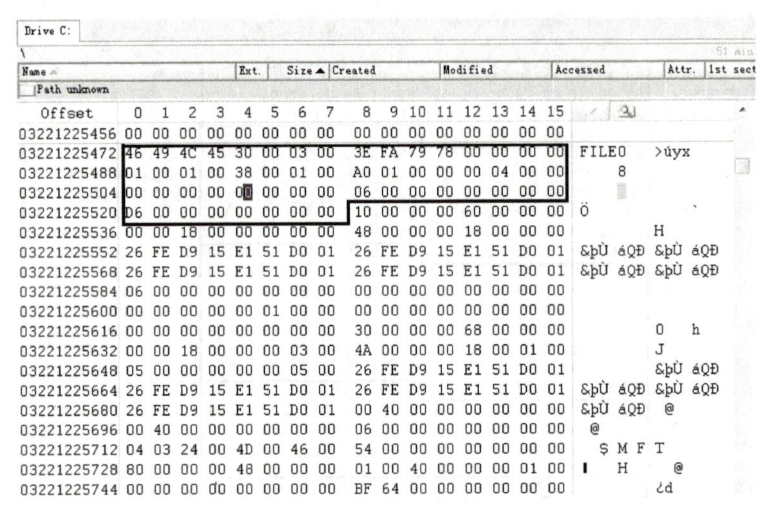

图4-12 文件记录头

文件记录头字符含义见表4-3。

表4-3 文件记录头字符含义

偏移	长度/字节	含义
0x00	4	固定值，一定是“FILE”
0x04	2	更新序列号的偏移
0x06	2	更新序列号与更新数组以字为单位大小（S）
0x08	8	日志文件序列号（每次记录被修改，都将导致该序列号加1）
0x10	2	序列号（用于记录本文件记录被重复使用的次数，每次文件删除时加1，跳过0值，如果为0，则保持为0）
0x12	2	硬连接数，即有多少个目录指向该文件
0x14	2	第一个属性流的偏移地址
0x16	2	标志字节。00表示被删除的文件，01表示正常文件，02表示被删除的目录，03表示正常目录
0x18	4	文件记录实际大小（以8B为边界）
0x1C	4	文件记录分配大小（以8B为边界）
0x20	8	基本文件记录的文件参考号
0x28	2	下一个属性ID号，当增加新的属性时，将该值分配给新属性，然后该值增加，如果MFT记录重新使用，则将它置0，第一个实例总是0
0x2A	2	边界，Windows XP中为偏移0x30处
0x2c	4	Windows XP中使用，本MFT记录号
0x30	2	更新序列号
0x32	4	更新序列数组

特别说明：

- 一个正常的MFT文件头第一项内容总是其签名“FILE”，如果在文件列表中发现错误，则签名会变成“BAAD”。

- 在0x16偏移处的2字节，说明了文件的类型（是文件还是目录）和使用状态（是正常还是被删除）。
- MFT记录每个扇区末尾的2字节，必须与更新序列号相同。

（2）文件主要属性分析

在NTFS中，所有与文件相关的数据均被定义成文件属性，包括文件的内容。文件记录是一个与文件相对应的文件属性的数据库，它记录了文件数据的所有属性。

每个文件记录都有多个属性，它们相对独立，有各自独立的类型名称，不同的属性其结构、含义和功能各不相同。表4-4所示为文件记录属性类型及其含义。

表4-4 文件记录属性类型及其含义

属性类型	属性类型名	含义
10 00 00 00（简称10H属性）	$STANDARD_INFORMATION	标准信息，包括一些基本文件属性，如只读、系统、存档；时间属性，如文件的创建时间和最后修改时间；有多少目录指向该文件（即其硬连接数）
20 00 00 00	$ATTRIBUTE_LIST	属性列表。当一个文件有多个记录时，用来描述文件的属性列表
30 00 00 00	$FILE_NAME	文件名。用Unicode字符表示的文件名，由于MS-DOS不能识别长文件名，因此NTFS会自动生产一个8.3文件名
40 00 00 00	$VOLUME_VERSION	在早期的NTFS v1.2中为卷版本
40 00 00 00	$OBJECT_ID	对象ID。一个具有64字节的标识符，其中最低的16字节对卷来说是唯一的
50 00 00 00	$SECURITY_DESCRIPTION	安全描述符。这是为向后兼容而保留的，主要用于保护文件以防止没有授权的访问，但Windows 2000或Windows XP中已将安全符存放在$Secure元数据中，以便于共享（早期的NTFS将其与文件目录一起存放，不便于共享）
60 00 00 00	$VOLUME_NAME	卷名（卷标识）。该属性仅存在于$Volume元文件中
70 00 00 00	$VOLUME_INFORMATION	卷信息。该属性仅存在于$Volume元文件中
80 00 00 00	$DATA	文件数据。该属性为文件的数据内容
90 00 00 00	$INDEX_ROOT	索引根
A0 00 00 00	$INDEX_ALLOCATION	索引分配
B0 00 00 00	$BITMAP	位图
C0 00 00 00	$SYMBOLIC_LINK	在早期的NTFS v1.2中为符号链接
C0 00 00 00	$REPARSE_POINT	重解析点
D0 00 00 00	$EA_INFORMATION	扩充属性信息
E0 00 00 00	$EA	扩充属性
F0 00 00 00	$PROPERTY_SET	早期的NTFS v1.2中才有
00 10 00 00	$LOGGED_UTILITY_STREAM	EFS加密属性。该属性主要用于存储实现EFS加密的有关加密信息，如合法用户列表、解码密钥等

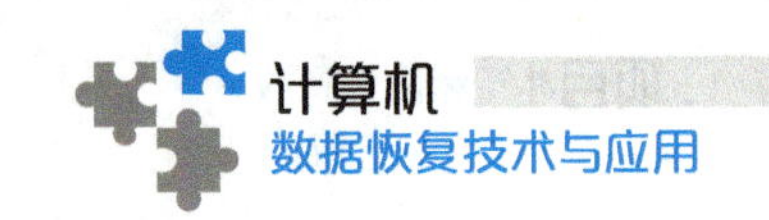

每一个属性都可以分为2个部分：属性头和属性体，如图4-13所示。

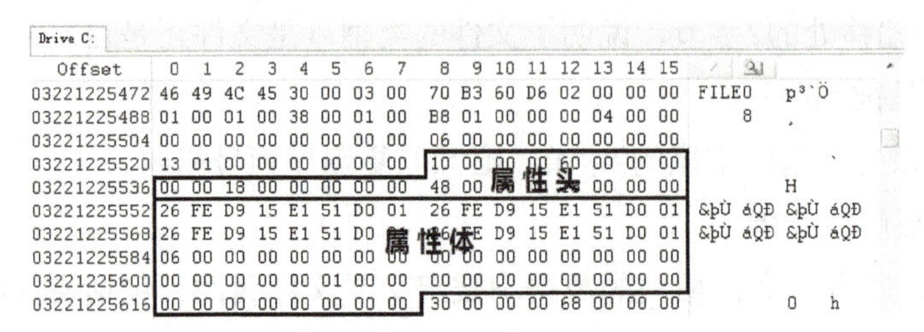

图 4-13 某个文件记录 10H 属性的属性头和属性体

作为一个文件记录，系统分配给它的空间很有限，大小仅为1KB。对于某些文件属性来说，在文件列表分配的空间里就能全部容纳下来，这样的属性成为常驻属性。

如果一个属性的属性值太大而不能放在只有1KB大小的MFT文件记录中，那么系统将在MFT之外为其分配区域，这些区域通常称为Data Run（数据流），它们用来存储属性值。如果属性值不是连续的，则MFT将会分配多个Data Run，以便用来管理不连续的数值。这种将属性值存储在DATA RUN中，而不是在MFT文件记录中的属性称为非常驻属性。

小领悟 原来常驻属性与非常驻属性是这样定义的。

如果属性值能直接存在MFT中，那么MFT对它的访问时间将大大缩短，系统只需访问磁盘一次，就可以立即获得数据，而不必像FAT文件系统先在FAT中查找文件位置，再读出连续分配的簇，最后找到文件数据。

1）属性的属性头。属性头主要包含了一些该属性的重要信息，如属性的类型、大小、名字及是否为常驻属性等。一个属性根据其是否常驻和是否有属性名，可以排列组合成4种不同的情况：常驻没有属性名、常驻有属性名、非常驻没有属性名、非常驻有属性名，其结构及含义见表4-5～表4-8。

表 4-5 常驻没有属性名的属性头结构

字节偏移	字段长度/字节	含义
0x00	4	属性类型（如10H、30H 等类型）
0x04	4	包括属性开头在内的本属性的长度
0x08	1	是否为常驻属性（00表示为常驻，01H表示非常驻）
0x09	1	属性名长度（为0表示没有属性名）
0x0A	2	属性名开始的偏移（没有属性名）
0x0C	2	压缩、加密、稀疏标志：0001H表示该属性是被压缩了的；4000H表示该属性是被加密了的；8000H表示该属性是稀疏的（NTFS下压缩文件的第二压缩类型称为Spares File（稀疏文件））
0x0E	2	属性ID
0x10	4	属性体的长度（L）

（续）

字节偏移	字段长度/字节	含义
0x14	2	属性体的开始偏移
0x16	1	索引标志
0x17	1	无意义
0x18	L	属性体的内容

表 4-6 常驻有属性名的属性头结构

字节偏移	字段长度/字节	含义
0x00	4	属性类型（如90H、BOH等类型）
0x04	4	包括属性头在内的本属性的长度
0x08	1	是否为常驻属性（00表示为常驻，01H表示为非常驻）
0x09	1	属性名长度（N）
0x0A	2	属性名开始的偏移
0x0C	2	压缩、加密、稀疏标志
0x0E	2	属性ID
0x10	4	属性体的长度（L）
0x14	2	属性的开始偏移
0x16	1	索引标志
0x17	1	无意义
0x18	2N	属性的名字
2N+0x18	L	属性体的内容

表 4-7 非常驻没有属性名的属性头结构

字节偏移	字段长度/字节	含义
0x00	4	属性类型（如20H、80H等类型）
0x04	4	包括属性头在内的本属性的长度
0x08	1	是否为常驻属性。01表示该属性为非常驻属性
0x09	1	属性名长度。0表示没有属性名
0x0A	2	属性名开始的偏移（没有属性名）
0x0C	2	压缩、加密、稀疏标志
0x0E	2	属性ID
0x10	8	属性体的起始虚拟簇号（VCN）
0x18	8	属性体的结束虚拟簇号
0x20	2	Run List信息的偏移地址（Run即Data Run，是一个在逻辑簇号上连续的区域，是不存储在MFT中的数据）

（续）

字节偏移	字段长度/字节	含义
0x22	2	压缩单位大小（2^x簇，如果为0，则表示未压缩）
0x24	4	无意义
0x28	8	属性体的分配大小。这个属性体大小是该属性体所有的簇所占的空间大小
0x30	8	属性体的实际大小（因为属性体长度不一定正好占满所有簇）
0x38	8	属性体的初始大小
0x40		属性的Run List信息，它记录了属性体开始的簇号、簇数等信息

表 4-8　非常驻有属性名的属性头结构

字节偏移	字段长度/字节	含义
0x00	4	属性类型（如80H、A0H等类型）
0x04	4	包括属性头在内的本属性的长度
0x08	1	是否为常驻属性（为01表示该属性为非常驻属性）
0x09	1	属性名长度（N）
0x0A	2	属性名开始的偏移
0x0C	2	压缩、加密、稀疏标志
0x0E	2	属性ID
0x10	8	属性体的起始虚拟簇号（VCN）
0x18	8	属性体的结束虚拟簇号
0x20	2	Run List信息的偏移地址（Run即Data Run，是一个在逻辑簇号上连续的区域，是不存储在MFT中的数据）
0x22	2	压缩单位大小（2^x簇，如果为0，则表示未压缩）
0x24	4	无意义
0x28	8	属性体的分配大小（该属性体占的大小，这个属性体大小是该属性所有的簇所占的空间大小）
0x30	8	属性体的实际大小（因为属性体长度不一定占满所有簇）
0x38	8	属性体的初始大小
0x40	2N	该属性的属性名
2N+0x40		属性的Run List信息，它记录了属性体开始的簇号、簇数等信息

2）典型属性体分析。属性头之后的部分为属性体，属性体的含义依类型的不同而不同，在数据恢复中常用的有10H、30H、80H、90H及A0H属性。

以下仅对上述属性体说明属性体所代表的文件信息。

①10H属性体分析。10H类型属性即$STANDARD_INFORMATION属性，它包括文件的一些基本信息，如文件的传统属性、文件的创建时间和最后修改时间、有多少目录指向该文件（即其硬链接数）等。属性体各字段含义见表4-9。

表 4-9　10H 属性体的含义

字体偏移量	字段长度/字节	含义
0x00	8	文件创建时间
0x08	8	文件最后修改时间
0x10	8	MFT修改时间
0x18	8	文件最后访问时间
0x20	4	传统文件属性
0x24	4	最大版本数，为0表示没有版本
0x28	4	版本数。如果偏移量24H处为0，则此处也为0
0x2C	4	分类ID（一个双向的类索引）
0x30	4	所有者ID。表示文件的所有者，是访问文件配额$Quota中$O和$Q索引的关键字，如果为0，则表示没有设置配额
0x34	4	安全ID，是文件$Secure中$SII索引和$SDS数据流的关键字，注意不要与安全标示相混淆
0x38	8	配额管理。配额占用情况，它是文件所有流占用的总字节数，为0表示未使用磁盘配额
0x40	8	更新序列号（USN）。文件最后的更新序列号，它是进入元数据文件$UsnJrnl直接的索引，如果为0，则表示没有USN

②30H属性分析。30H类型属性（即$FILE_NAME属性），该属性用于存储文件名，它总是常驻属性。它最小为68字节，最大为578字节，可容纳最大255个Unicode字符的文件名长度。属性体各字段含义见表4-10。

表 4-10　30H 属性体各字节的含义

字节偏移	字段长度/字节	含义
0x00	8	父目录的文件参考号（即父目录的基本文件记录号，分为两部分，前6个字节48位为父目录的文件记录的文件记录号，后2个字节为序列号）
0x08	8	文件创建时间
0x10	8	文件修改时间
0x18	8	MFT修改时间
0x20	8	文件最后访问时间
0x28	8	文件分配大小
0x30	8	文件实际大小
0x38	4	标志，如目录、压缩、隐藏等
0x3C	4	EAs（扩展属性）和Reparse（重解析点）使用
0x40	1	文件名长度（字符数L）
0x41	1	文件名命名空间（Filename Namespace）
0x42	2L	Unicode文件名

③80H属性分析。80H属性即$DATA属性，是文件数据属性。该属性容纳着文件的内容，文件的大小一般指的就是未命名数据流的大小。该属性没有最大、最小限制，最小情况是该属性为常驻属性，可以不占用MFT以外的空间。图4-14所示是一个常驻的80H属性。

```
00C0D325C0  80 00 00 00 28 00 00 00  00 00 18 00 00 00 04 00  €       (
00C0D325D0  10 00 00 00 18 00 00 00  31 32 33 34 35 36 37 38          12345678
00C0D325E0  39 61 62 63 64 65 66 67  FF FF FF FF 82 79 47 11  9abcdefgÿÿÿÿ,yG
00C0D325F0  00 00 00 00 00 00 00 00  00 00 00 00 00 00 03 00
```

图 4-14　常驻的 80H 属性

下面对图4-14中的80H属性进行解析（以地址00C0D325C0H为首地址00）。

- 0x00（4字节）：“80H”，80H属性的标志。
- 0x04（4字节）：“28H”，80H属性的长度为40字节。
- 0x08（1字节）：“00”，常驻属性。
- 0x10（4字节）：“10H”，属性体的长度为16字节。
- 0x14（2字节）：“18H”，属性体的起始偏移（相对于80H属性的标志地址）。
- 0x18（16字节）：“31 32 33 34 35 36 37 38 39 61 62 63 64 65 66 67”，属性体的内容“123456789abcdfeg”，即文件的内容。

图4-15标记的是一个非常驻的80H属性。

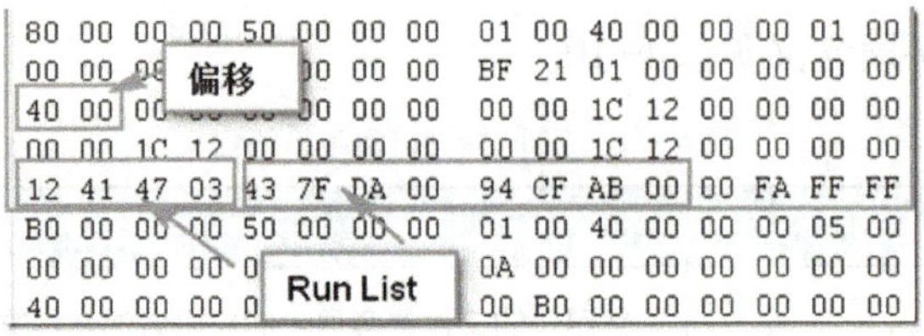

```
80 00 00 00 50 00 00 00  01 00 40 00 00 00 01 00
00 00 0  [偏移]  00 00 00  BF 21 01 00 00 00 00 00
40 00 00         00 00 00  00 00 1C 12 00 00 00 00
00 00 1C 12 00 00 00 00  00 00 1C 12 00 00 00 00
12 41 47 03 43 7F DA 00  94 CF AB 00 00 FA FF FF
B0 00 00 00 50 00 00 00  01 00 40 00 00 00 05 00
00 00 00 00 0 [Run List] 0A 00 00 00 00 00 00 00
40 00 00 00 0            00 B0 00 00 00 00 00 00
```

图 4-15　非常驻的 80H 属性

下面对图4-15中的80H属性进行解析（以地址00C0D325C0H为首地址00）。

- 0x00（4字节）：“80H”，80H属性的标志。
- 0x04（4字节）：“50H”，80H属性的长度为80字节。
- 0x08（1字节）：“01”，非常驻属性。
- 0x20（2字节）：“40H”，数据流表Run List信息的偏移地址（相对于80H属性的标志地址）。
- 0x28（8字节）：“121C0000H”，属性体的分配大小为303 824 896字节。
- 0x30（8字节）“121C0000H”，属性体的实际大小为303 824 896字节。
- 0x40：“12 41 47 03 43 7F DA 00 94 CF AB 00”属性的Run List信息，它记录了属性体的起始簇号、簇数等信息。

其中，数据流Run List是最难理解，也是最重要的。如果属性内不能存放完数据，则系统会在NTFS数据区域开辟一个空间存放，这个区域以簇为单位。Run List记录的就是这个数据区域的起始簇号和大小。Run List的值一个为“12 41 47 03”，另一个为“43 7F DA 00 94 CF AB 00”，因为“AB 00”后面是00H，标志着Run List已经是结尾。

小疑问 Run List的数值表示的是什么？如何解析这两个Run List呢？

第一个Run List数值“12 41 47 03”的第一个字节“12”是压缩字节，高位和低位相加1+2=3，表示这个Run List信息占用3字节。其中，高位表示起始簇号占用几个字节，低位表示数据占用簇数，即大小用几个字节来描述，如图4-16所示。

在这里，起始簇号占用1字节，数值为“03”；大小占用2字节，数值为“4741H”。解析后得到这个数据流起始簇号为3，这段数据占用了18241（4741H的十进制数）簇。

图4-16 Run List示意图

同理，第2个Run List“43 7F DA 00 94 CF AB 00”的信息占用4+3=7B，起始簇号占用4B，数值为“00ABCF94H”；大小占用3B，数值为“00DA7FH”。解析后，得到这个数据流起始簇号为11259796，占用55 935个簇。

注意，第2个数据流的起始簇号是相对于第1个数据流的开始位置的，如果有第3个数据流，则起始簇号是相对于第2个数据流的开始位置的，依此类推。

小提示 所有的Run List数据流的起始簇号都是相对于上一个数据流的起始位置。

这样图4-15中文件的内容就是由两个数据流按前后顺序组成的。数据流的起始位置和大小如下：

数据流1——起始簇号03，占用18241个簇。

数据流2—— 起始簇号03+11 259 796=11 259 799，占用55 935个簇。

由些可见，这个文件在本分区上的分布是不连续的，是按2个片段分别保存的，想得到完整的文件，需要将这2段数据按前后顺序连接到一起。如果文件在磁盘中是连续存放的，而且是非常驻的，那么它就只有一个Run List。

小提示 Run List的起始簇号的值是有符号数（Signed），它可以是正数，也可以是负数，所以计算的时候需要注意。

任务实施

用中盈创信底层编辑软件NavHex打开硬盘，跳转到D盘的DBR扇区，如图4-17所示。由图4-17可以看到，D盘的DBR扇区被破坏，分区无法正常打开。下面手工来修复DBR扇区。

```
Offset      0  1  2  3  4  5  6  7   8  9  A  B  C  D  E  F
0000100000  4B 00 2B C8 77 EF B8 00  BB CD 1A 66 23 C0 75 2D  K +Èwï¸ »Í f#Àu-
0000100010  66 81 FB 54 43 50 41 75  24 81 F9 02 01 72 1E 16  f ûTCPAu$ ù  r
0000100020  68 07 BB 16 68 70 0E 16  68 09 00 66 53 66 53 66  h » hp  h  fSfSf
0000100030  55 16 16 16 68 B8 01 66  61 0E 07 CD 1A 33 C0 BF  U   h¸ fa  Í 3À¿
0000100040  28 10 B9 D8 0F FC F3 AA  E9 5F 01 90 90 66 60 1E  ( ¹Ø üóªé_   f`
                          中间部分省略
00001001C0  42 4F 4F 54 4D 47 52 20  69 73 20 63 6F 6D 70 72  BOOTMGR is compr
00001001D0  65 73 73 65 64 00 0D 0A  50 72 65 73 73 20 43 74  essed   Press Ct
00001001E0  72 6C 2B 41 6C 74 2B 44  65 6C 20 74 6F 20 72 65  rl+Alt+Del to re
00001001F0  73 74 61 72 74 0D 0A 00  8C A9 BE D6 00 00 A7 B6  start   Œ©¾Ö  §¶
0000100200  07 00 42 00 4F 00 4F 00  54 00 4D 00 47 00 52 00    B O O T M G R
0000100210  04 00 24 00 49 00 33 00  30 00 00 D4 00 00 00 24    $ I 3 0  Ô   $
```

图4-17 D盘的DBR扇区被完全破坏

打开逻辑分区D和E，将E盘的DBR复制到D盘DBR所在的扇区，如图4-18所示。

```
Offset      0  1  2  3  4  5  6  7   8  9  A  B  C  D  E  F
000000000   EB 52 90 4E 54 46 53 20  20 20 20 00 02 02 00 00  ëR NTFS
000000010   00 00 00 00 00 F8 00 00  3F 00 FF 00 00 10 00 00       ø  ? ÿ
000000020   00 00 00 00 80 00 80 00  FF F7 D8 03 00 00 00 00      € € ÿ÷Ø
000000030   00 00 0C 00 00 00 00 00  02 00 00 00 00 00 00 00
000000040   F6 00 00 00 01 00 00 00  90 DB 03 00 99 17 05 00  ö        Û  ™
000000050   00 00 00 00 FA 33 C0 8E  D0 BC 00 7C FB 68 C0 07      ú3ÀŽÐ¼ |ûhÀ
000000060   1F 1E 68 66 00 CB 88 16  0E 00 66 81 3E 03 00 4E    hf Ëˆ   f > N
000000070   54 46 53 75 15 B4 41 BB  AA 55 CD 13 72 0C 81 FB  TFSu ´A»ªUÍ r  û
                          中间部分省略
0000001D0   65 73 73 65 64 00 0D 0A  50 72 65 73 73 20 43 74  essed   Press Ct
0000001E0   72 6C 2B 41 6C 74 2B 44  65 6C 20 74 6F 20 72 65  rl+Alt+Del to re
0000001F0   73 74 61 72 74 0D 0A 00  8C A9 BE D6 00 00 55 AA  start   Œ©¾Ö  Uª
000000200   07 00 42 00 4F 00 4F 00  54 00 4D 00 47 00 52 00    B O O T M G R
```

图4-18 覆盖后D盘的DBR

同样是NTFS的DBR扇区，所以大部分BPB参数的值都是一样的，只有个别参数的值可能不一样，需要修改，这几个参数是簇大小、隐含扇区数、分区扇区数、$MFT起始簇号、$MFTMirr起始簇号、文件记录的大小描述和索引缓冲区的大小描述。

第一步：计算“隐藏扇区数”。隐藏扇区数就是分区的相对开始扇区号，该参数可以从分区表中查看，D盘是硬盘上的第2个主分区，查看硬盘分区表，如图4-19所示。

```
0000000170  74 69 6F 6E 20 74 61 62  6C 65 00 45 72 72 6F 72  tion table Error
0000000180  20 6C 6F 61 64 69 6E 67  20 6F 70 65 72 61 74 69   loading operati
0000000190  6E 67 20 73 79 73 74 65  6D 00 4D 69 73 73 69 6E  ng system Missin
00000001A0  67 20 6F 70 65 72 61 74  69 6E 67 20 73 79 73 74  g operating syst
00000001B0  65 6D 00 00 00 63 7B 9A  5F 06 A0 F3 00 00 00 20  em   c{š_  ó
00000001C0  21 00 07 FE FF FF 00 08  00 00 00 E8 D5 06 00 FE  !  þÿÿ     èÕ  þ
00000001D0  FF FF 07 FE FF FF 00 F0  D5 06 00 00 35 0C 00 FE  ÿÿ þÿÿ ðÕ   5  þ
00000001E0  FF FF 07 FE FF FF 00 F0  0A 13 00 00 35 0C 00 00  ÿÿ þÿÿ ð    5
00000001F0  00 00 00 00 00 00 00 00  00 00 00 00 00 00 55 AA                Uª
0000000200  00 00 00 00 00 00 00 00  00 00 00 00 00 00 00 00
```

图4-19 硬盘分区表

从图4-19中可以看出，“隐藏扇区数”为“06D5F000H”，十进制为114 683 904。

小疑问 如果分区表被破坏了呢？

第二步：计算“扇区总数”。扇区总数也可以从分区表中看到。查看图4-19所示的分区表0C350000H，该值的十进制为204 800 000。因为D盘是NTFS分区，而DBR中记录的扇区总数要比分区表中记录的少一个扇区，“扇区总数”应该为204 799 999（转换成十六进制为C34FFFF）。

小疑问 如果分区表被破坏了，那么怎么计算扇区总数呢？

第三步：计算“$MFT起始簇号”。$MFT起始簇号可以通过搜索文件记录的方法获得，具体方法是搜索文件记录的头标志“46 49 4C 45”，如图4-20所示。

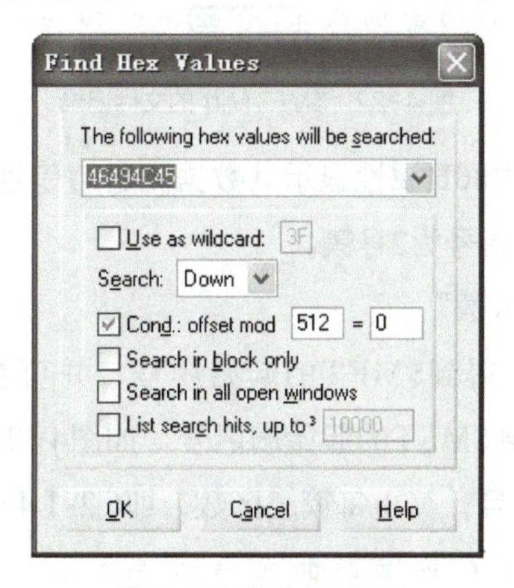

图 4-20 搜索文件记录

通过搜索找到一个文件记录后，再观察其30H属性，验证其文件名是否是$MFT，一般搜索到的第一个文件记录就是$MFT自身的文件记录，如图4-21所示。

```
58718167040 46 49 4C 45 30 00 03 00  EA 22 00 02 00 00 00 00  FILE0   ê"
58718167056 01 00 01 00 38 00 01 00  A0 01 00 00 00 04 00 00      8
58718167072 00 00 00 00 00 00 00 00  06 00 00 00 00 00 00 00
58718167088 02 00 44 C1 00 00 00 00  10 00 00 00 60 00 00 00    DÁ
58718167104 00 00 18 00 00 00 00 00  48 00 00 00 18 00 00 00          H
58718167120 65 C0 CC 0E A6 98 D2 01  65 C0 CC 0E A6 98 D2 01  eÀÌ ¦ Ò eÀÌ ¦ Ò
58718167136 65 C0 CC 0E A6 98 D2 01  65 C0 CC 0E A6 98 D2 01  eÀÌ ¦ Ò eÀÌ ¦ Ò
58718167152 06 00 00 00 00 00 00 00  00 00 00 00 00 00 00 00
58718167168 00 00 00 00 00 01 00 00  00 00 00 00 00 00 00 00
58718167184 00 00 00 00 00 00 00 00  30 00 00 00 68 00 00 00          0   h
58718167200 00 00 18 00 00 00 03 00  4A 00 00 00 18 00 01 00          J
58718167216 05 00 00 00 00 00 05 00  65 C0 CC 0E A6 98 D2 01          eÀÌ ¦ Ò
58718167232 65 C0 CC 0E A6 98 D2 01  65 C0 CC 0E A6 98 D2 01  eÀÌ ¦ Ò eÀÌ ¦ Ò
58718167248 65 C0 CC 0E A6 98 D2 01  00 40 00 00 00 00 00 00  eÀÌ ¦ Ò  @
58718167264 00 40 00 00 00 00 00 00  06 00 00 00 00 00 00 00   @
58718167280 04 03 24 00 4D 00 46 00  54 00 00 00 00 00 00 00    $ M F T
58718167296 80 00 00 00 48 00 00 00  01 00 40 00 00 00 01 00      H     @
58718167312 00 00 00 00 00 00 00 00  3F 00 00 00 00 00 00 00          ?
58718167328 40 00 00 00 00 00 00 00  00 00 04 00 00 00 00 00  @
58718167344 00 00 04 00 00 00 00 00  00 00 04 00 00 00 00 00
58718167360 31 40 00 00 0C 00 48 B5  B0 00 00 00 50 00 00 00  1@    Hµ°   P
58718167376 01 00 40 00 00 00 05 00  00 00 00 00 00 00 00 00    @
```

图 4-21 $MFT 的文件记录中的 80H 属性

$MFT的文件记录中的80H属性通过Run List描述$MFT文件的开始簇号。当前值为“0C0000”，换算为十进制值为786 432，所以$MFT的起始簇号为786 432簇。

小提示 根据经验，一般情况下，如果分区大小超过12 582912个扇区，则$MFT位于6 291 456号扇区，否则$MFT位于2 097 152号扇区。

第四步：计算“$MFTMirr起始簇号”。$MFT记录的下一个记录就是$MFTMirr的记录了，从$MFTMirr文件记录的80H属性中就能查看到$MFTMirr起始簇号，如图4-22所示。

```
58718168272 65 C0 CC 0E A6 98 D2 01  00 10 00 00 00 00 00 00  eÀÌ ¦ÒÒ
58718168288 00 10 00 00 00 00 00 00  06 00 00 00 00 00 00 00
58718168304 08 03 24 00 4D 00 46 00  54 00 4D 00 69 00 72 00   $ M F T M i r
58718168320 72 00 00 00 00 00 00 00  80 00 00 00 48 00 00 00  r       €   H
58718168336 01 00 40 00 00 00 01 00  00 00 00 00 00 00 00 00    @
58718168352 00 00 00 00 00 00 00 00  40 00 00 00 00 00 00 00          @
58718168368 00 10 00 00 00 00 00 00  00 10 00 00 00 00 00 00
58718168384 00 10 00 00 00 00 00 00  11 01 02 00 00 00 00 00
58718168400 FF FF FF FF 00 00 00 00  12 00 00 00 01 02 00 00  ÿÿÿÿ
```

图 4-22　$MFTMirr 的文件记录

$MFTMirr的文件记录中80H属性显示其数据流起始簇号为“02”，换算为十进制值为2，所以$MFTMirr的起始簇号为2号簇。

第五步：计算“每簇扇区数”。

方法一：通过第三步，得到$MFT的起始簇号，并可在“中盈创信底层编辑软件NavHex”窗口的左下角看到$MFT的起始扇区号，如图4-23横线部分所示，用$MFT的起始扇区号/$MFT的起始簇号，算出每簇扇区数，即6 291 456/786 432=8。

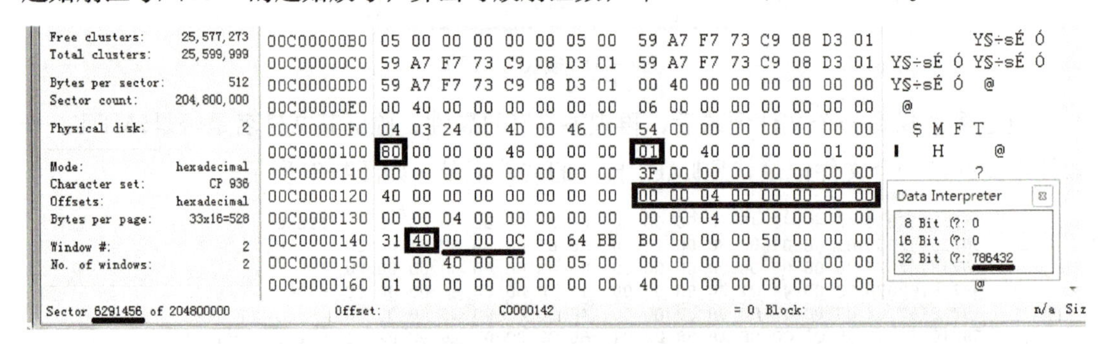

图 4-23　$MFT 文件记录中的 80H 属性

方法二：搜索一个文件的文件记录，通过其非常驻的80H属性就可得到。如$MFT文件记录，如图4-23方框部分所示，查看其80H属性就是非常驻的，从$MFT文件记录中的80H属性中可以看出，“数据流的分配大小”为“00 00 04 00 00 00 00 00”，即262 144（十进制）字节，文件只有一个数据流“31 40 00 00 0C”，该数据流占40H个簇，换算为十进制是64个簇。用分配的字节数除以占的簇数（就是每个簇的字节数），再除以512，就是每簇扇区数了。具体计算如下：262 144/64/512=8。

方法三：“每簇扇区数”也可以根据默认值来确定。因为NTFS卷文件簇的大小一般是依据卷大小来确定的。具体的卷大小与簇大小的对应关系见表4-11。

表4-11 卷大小与簇大小的对应关系

卷大小	每簇扇区数	默认的簇大小
512MB	1	512B
513~1024MB（1G）	2	1KB
1025~2048MB（2G）	4	2KB
2019MB	8	4KB

第六步：计算“文件记录的大小描述”。文件记录的大小描述表示每个文件记录的簇数，该参数为带符号数。当每个文件记录的大小小于每簇扇区数时，该值就是负数。在这种情况下，文件记录的大小用字节数表示。计算方法：文件记录的字节数=$2^{-1\times \text{文件记录的大小描述}}$。

刚才计算得到该分区每簇扇区数为8，每个文件记录的大小固定为2个扇区，也就是1024字节，所以簇大小大于每个文件记录的大小，“文件记录的大小描述”值为−10，有符号数十六进制为F6。

小思考 “文件记录的大小描述”值都可以是哪几个？

第七步：计算“索引缓冲区的大小描述”。索引缓冲区的大小描述表示每个索引缓冲区的簇数，该参数也是带符号数。当每个索引缓冲区的大小小于每簇扇区数时，就为负数。

索引缓冲区的大小一般固定为8个扇区，而该分区的簇大小为8个扇区，所以每个索引缓冲区为1簇。

小思考 “索引缓冲区的大小描述”的值可以是哪几个？

至此，7个BPB的关键参数都已计算完毕，将这7个参数写入BPB的相应位置，如图4-24所示，然后保存即可。

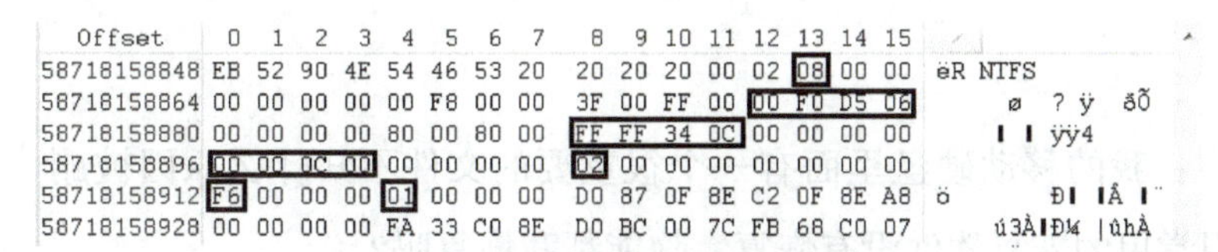

图4-24 修改为相应正确数据的DBR

重新加载分区，分区内容就可以打开了，如图4-25所示。

图4-25 正常打开分区的内容

小提示 NTFS的BPB参数不是只有7个。虽然这7个参数最为关键，可是其他参数并不是所有的DBR都相同，如64H～67H卷序列号就是创建文件系统时产生的一个随机数。

小疑问 NTFS的属性有很多，其他关键的属性是什么呢？

知识拓展

如果一个硬盘的DBR被破坏，则可以用上述方法进行恢复。如果一个硬盘的MBR和DBR同时被破坏，则首先需要进行MBR的恢复，在恢复时需要知道DBR的位置，当然进行DBR恢复时也必须知道DBR在盘上的位置，所以确定DBR的具体位置就显得尤为重要了。

DBR是一个NTFS分区的开始位置，这个位置在MBR中有所体现，但是如果MBR没有了，就只能从别的地方再找线索。MFT及其镜像里面有它的起始簇号，可以通过MFT计算出每簇扇区数，这样就可以倒推出分区的起始位置，即DBR的位置。

还有一个简单方法，一般情况下，MFT的开始位置为6 291 456号扇区，这样找到MFT位置，退回6 291 456个扇区就是DBR的位置了。

任务3　手工恢复NTFS下的文件

任务情景

用户：我的移动硬盘里面有一个很重要的文件不知什么原因被删除了，用常用的恢复软件没有恢复，你能帮我恢复吗？

工作人员：文件出问题后，您又往里面写文件了吗？

用户：没有。

工作人员：您还记得文件名吗？

用户：是一个Word文档，名字是“数据恢复技术与应用原稿”。

工作人员：我试试吧。

小提示 文件彻底被删除后，如果用恢复软件不能恢复，则可以根据文件的数据结构手动提取内容。

任务分析

将该盘连接至中盈创信数据恢复机上，双击该盘符，确实没有用户所说的那个文件，查看了回收站后也没有该文件。

当文件删除后，最简单的恢复方法是先尝试使用一些反删除工具，但反删除工具并不能保证完全成功恢复。如果失败，则可以利用中盈创信底层编辑软件根据存储介质的实际情况进行手工恢复。

小疑问 NTFS下如何手工恢复文件？

必备知识

1. NTFS的文件管理底层分析

以NTFS分区中的文件“Solipsistic.jpg”为例，来了解文件的各部分结构，文件如图4–26所示。

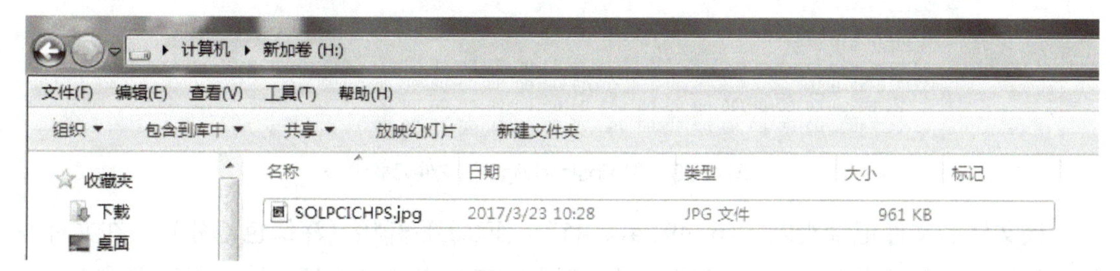

图4–26 NTFS分区中的文件

该文件是一个图片文件，打开后如图4–27所示。

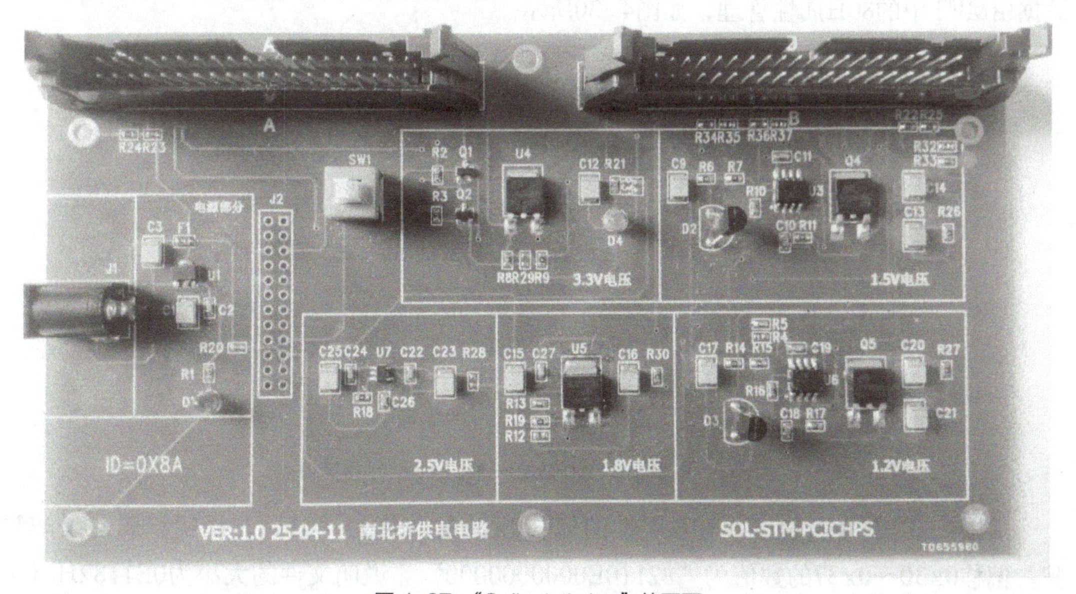

图4–27 “Solipsistic.jpg”的画面

该文件在NTFS中由MFT来进行管理，文件记录占2个扇区，第1个扇区的内容如图4–28所示。

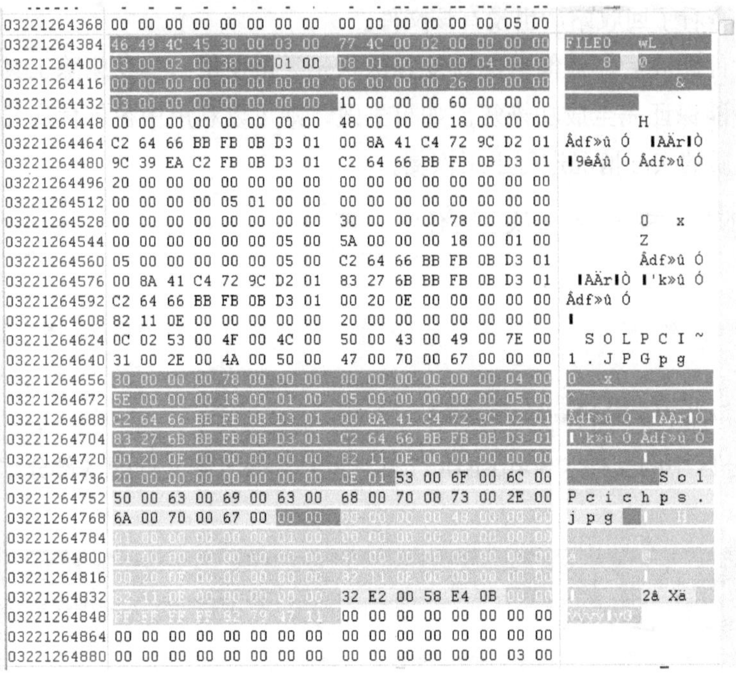

```
03221264368 00 00 00 00 00 00 00 00  00 00 00 00 00 00 05 00
03221264384 46 49 4C 45 30 00 03 00  77 4C 00 02 00 00 00 00  FILE0   wL
03221264400 03 00 02 00 38 00 01 00  D8 01 00 00 00 04 00 00       8  Ø
03221264416 00 00 00 00 00 00 00 00  06 00 00 00 26 00 00 00            &
03221264432 03 00 00 00 00 00 00 00  10 00 00 00 60 00 00 00            `
03221264448 00 00 00 00 00 00 00 00  48 00 00 00 18 00 00 00          H
03221264464 C2 64 66 BB FB 0B D3 01  00 8A 41 C4 72 9C D2 01  Âdf»û Ó  ▌AÄr▌Ò
03221264480 9C 39 EA C2 FB 0B D3 01  C2 64 66 BB FB 0B D3 01  ▌9êÂû Ó Âdf»û Ó
03221264496 20 00 00 00 00 00 00 00  00 00 00 00 00 00 00 00
03221264512 00 00 00 00 05 01 00 00  00 00 00 00 00 00 00 00
03221264528 00 00 00 00 00 00 00 00  30 00 00 00 78 00 00 00          0   x
03221264544 00 00 00 00 00 00 05 00  5A 00 00 00 18 00 01 00          Z
03221264560 05 00 00 00 00 00 05 00  C2 64 66 BB FB 0B D3 01          Âdf»û Ó
03221264576 00 8A 41 C4 72 9C D2 01  83 27 6B BB FB 0B D3 01   ▌AÄr▌Ò ▌'k»û Ó
03221264592 C2 64 66 BB FB 0B D3 01  00 20 0E 00 00 00 00 00  Âdf»û Ó
03221264608 82 11 0E 00 00 00 00 00  20 00 00 00 00 00 00 00  ▌
03221264624 0C 02 53 00 4F 00 4C 00  50 00 43 00 49 00 7E 00    S O L P C I ~
03221264640 31 00 2E 00 4A 00 50 00  47 00 70 00 67 00 00 00  1 . J P G p g
03221264656 30 00 00 00 78 00 00 00  00 00 00 00 00 00 04 00  0   x
03221264672 5E 00 00 00 18 00 01 00  05 00 00 00 00 00 05 00  ^
03221264688 C2 64 66 BB FB 0B D3 01  00 8A 41 C4 72 9C D2 01  Âdf»û Ó  ▌AÄr▌Ò
03221264704 83 27 6B BB FB 0B D3 01  C2 64 66 BB FB 0B D3 01  ▌'k»û Ó Âdf»û Ó
03221264720 00 20 0E 00 00 00 00 00  82 11 0E 00 00 00 00 00          ▌
03221264736 20 00 00 00 00 00 00 00  0E 01 53 00 6F 00 6C 00            S o l
03221264752 50 00 63 00 69 00 63 00  68 00 70 00 73 00 2E 00  P c i c h p s .
03221264768 6A 00 70 00 67 00 00 00  80 00 00 00 48 00 00 00  j p g  ▌   H
03221264784 01 00 00 00 00 00 01 00  00 00 00 00 00 00 00 00
03221264800 E1 00 00 00 00 00 00 00  40 00 00 00 00 00 00 00  á       @
03221264816 00 20 0E 00 00 00 00 00  82 11 0E 00 00 00 00 00          ▌
03221264832 82 11 0E 00 00 00 00 00  32 E2 00 58 E4 0B 00 00  ▌       2â Xä
03221264848 FF FF FF FF 82 79 47 11  00 00 00 00 00 00 00 00  ÿÿÿÿ▌yG
03221264864 00 00 00 00 00 00 00 00  00 00 00 00 00 00 00 00
03221264880 00 00 00 00 00 00 00 00  00 00 00 00 00 00 03 00
```

图 4-28 “Solipsistic.jpg”的文件记录

该文件的文件记录头以“46 49 4C 45”（FILE）开始（深绿色部分），在文件头的偏移0x16处是文件的标志（2字节）“0001”（深绿色中的浅绿色），表示文件正在使用。其文件名在30H属性中（深灰色部分），如图4-29所示。文件“Solipsistic.jpg”的数据由MFT中的80H属性管理，如图4-30所示。

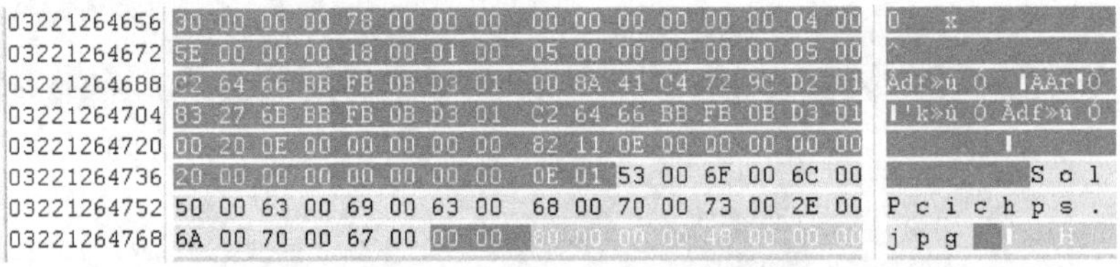

```
03221264656 30 00 00 00 78 00 00 00  00 00 00 00 00 00 04 00  0   x
03221264672 5E 00 00 00 18 00 01 00  05 00 00 00 00 00 05 00  ^
03221264688 C2 64 66 BB FB 0B D3 01  00 8A 41 C4 72 9C D2 01  Âdf»û Ó  ▌AÄr▌Ò
03221264704 83 27 6B BB FB 0B D3 01  C2 64 66 BB FB 0B D3 01  ▌'k»û Ó Âdf»û Ó
03221264720 00 20 0E 00 00 00 00 00  82 11 0E 00 00 00 00 00          ▌
03221264736 20 00 00 00 00 00 00 00  0E 01 53 00 6F 00 6C 00            S o l
03221264752 50 00 63 00 69 00 63 00  68 00 70 00 73 00 2E 00  P c i c h p s .
03221264768 6A 00 70 00 67 00 00 00  80 00 00 00 48 00 00 00  j p g  ▌   H
```

图 4-29 文件“Solipsistic.jpg”在 30H 属性中的文件名

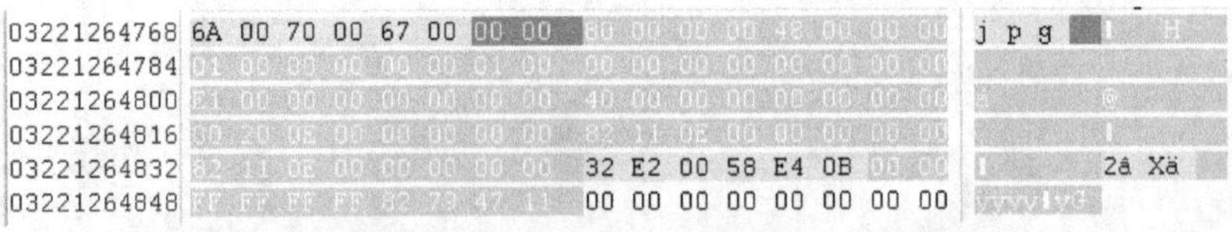

```
03221264768 6A 00 70 00 67 00 00 00  80 00 00 00 48 00 00 00  j p g  ▌   H
03221264784 01 00 00 00 00 00 01 00  00 00 00 00 00 00 00 00
03221264800 E1 00 00 00 00 00 00 00  40 00 00 00 00 00 00 00  á       @
03221264816 00 20 0E 00 00 00 00 00  82 11 0E 00 00 00 00 00          ▌
03221264832 82 11 0E 00 00 00 00 00  32 E2 00 58 E4 0B 00 00  ▌       2â Xä
03221264848 FF FF FF FF 82 79 47 11  00 00 00 00 00 00 00 00  ÿÿÿÿ▌yG
```

图 4-30 文件“Solipsistic.jpg”的 80H 属性

从图4-30中可以看出，80H属性的偏移0x08的数值为“01”，说明该属性是非常驻；偏移0x30～0x37的数值为“82110E0000000000”，说明文件的大小为0E1182H（十进制值为921 986）个字节；偏移0x40～0x47的值为“32E20058E40B0000”，说明该文件的Run List中只有一个数据流，所以文件是连续存放的，数据的开始簇号为0BE458H（十进制值为779 352），占用00E2H簇（十进制值为226簇）。用中盈创信底层编辑软件

NavHex跳转到779 352号簇，其开始的部分内容如图4-31所示。

Offset	0	1	2	3	4	5	6	7	8	9	10	11	12	13	14	15	
03192225792	FF	D8	FF	E0	00	10	4A	46	49	46	00	01	01	01	00	48	ÿØÿà JFIF H
03192225808	00	48	00	00	FF	E1	38	9C	45	78	69	66	00	00	4D	4D	H ÿá8Exif MM
03192225824	00	2A	00	00	00	08	00	0F	01	0E	00	02	00	00	00	20	*
03192225840	00	00	00	C2	01	0F	00	02	00	00	00	20	00	00	00	E2	Â â
03192225856	01	10	00	02	00	00	00	20	00	00	01	02	01	12	00	03	
03192225872	00	00	00	01	00	00	00	00	01	1A	00	05	00	00	00	01	
03192225888	00	00	01	22	01	1B	00	05	00	00	00	01	00	00	01	2A	" *
03192225904	01	28	00	03	00	00	00	01	00	02	00	00	01	31	00	02	(1
03192225920	00	00	00	20	00	00	01	32	01	32	00	02	00	00	00	14	2 2
03192225936	00	00	01	52	02	13	00	03	00	00	00	01	00	02	00	00	R
03192225952	02	20	00	04	00	00	00	01	00	00	00	00	02	21	00	04	!
03192225968	00	00	00	01	00	00	00	00	02	22	00	04	00	00	00	01	"
03192225984	00	00	00	00	02	23	00	04	00	00	00	01	00	00	00	00	#

图4-31　第779 352号簇开始的部分内容

从779 352号簇所在扇区开始，往后连续的921 986字节（文件“Solipsistic.jpg”的大小）就是这个文件的所有数据。把这些数据选中复制出来保存为一个文件，打开该文件可以发现就是图4-27所示的图片文件。

小领悟　原来文件内容是这样提取出来的。

小思考　①文件的Run List数据流中说明的文件占用簇数是否与文件的实际字节长度是同一数值？

②如果文件中有多个Run List数据流，那么该如何提取数据呢？

2. 文件彻底删除后的底层分析

下面先从文件系统级别了解文件彻底删除时在NTFS中发生的变化。

首先将文件“Solipsistic.jpg”彻底删除，删除后其文件记录如图4-32所示。

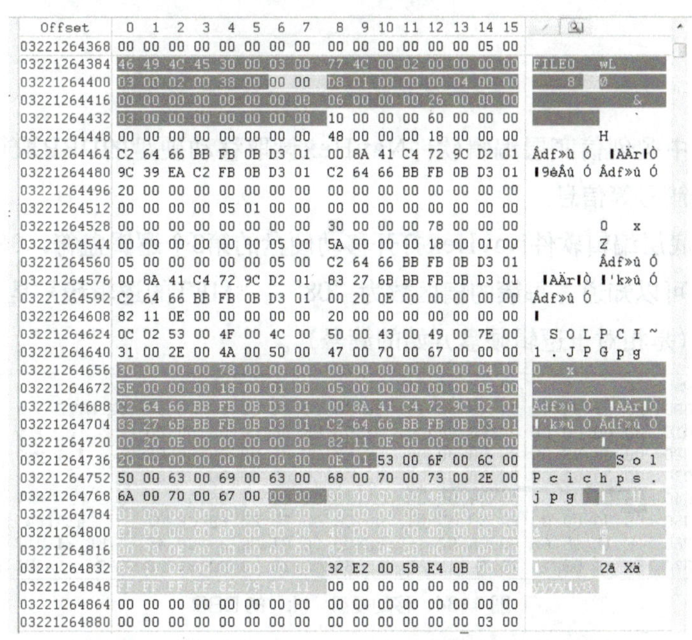

Offset	0	1	2	3	4	5	6	7	8	9	10	11	12	13	14	15	
03221264368	00	00	00	00	00	00	00	00	00	00	00	00	00	00	05	00	
03221264384	46	49	4C	45	30	00	03	00	77	4C	00	02	00	00	00	00	FILE0 wL
03221264400	03	00	02	00	38	00	00	00	D8	01	00	00	00	04	00	00	8 Ø
03221264416	00	00	00	00	00	00	00	00	06	00	00	00	26	00	00	00	&
03221264432	03	00	00	00	00	00	00	00	10	00	00	00	60	00	00	00	`
03221264448	00	00	00	00	00	00	00	00	48	00	00	00	18	00	00	00	H
03221264464	C2	64	66	BB	FB	0B	D3	01	00	8A	41	C4	72	9C	D2	01	Âdf»û Ó AÄr Ò
03221264480	9C	39	EA	C2	FB	0B	D3	01	C2	64	66	BB	FB	0B	D3	01	9êÂû Ó Âdf»û Ó
03221264496	20	00	00	00	00	00	00	00	00	00	00	00	00	00	00	00	
03221264512	00	00	00	00	05	01	00	00	00	00	00	00	00	00	00	00	
03221264528	00	00	00	00	00	00	00	00	30	00	00	00	78	00	00	00	0 x
03221264544	00	00	00	00	00	00	05	00	5A	00	00	00	18	00	01	00	Z
03221264560	05	00	00	00	00	00	05	00	C2	64	66	BB	FB	0B	D3	01	Âdf»û Ó
03221264576	00	8A	41	C4	72	9C	D2	01	83	27	6B	BB	FB	0B	D3	01	AÄr Ò 'k»û Ó
03221264592	C2	64	66	BB	FB	0B	D3	01	00	20	0E	00	00	00	00	00	Âdf»û Ó
03221264608	82	11	0E	00	00	00	00	00	20	00	00	00	00	00	00	00	
03221264624	0C	02	53	00	4F	00	4C	00	50	00	43	00	49	00	7E	00	S O L P C I ~
03221264640	31	00	2E	00	4A	00	50	00	47	00	70	00	67	00	00	00	1 . J P G p g
03221264656	30	00	00	00	78	00	00	00	00	00	00	00	00	00	04	00	0 x
03221264672	5E	00	00	00	18	00	01	00	05	00	00	00	00	00	05	00	^
03221264688	C2	64	66	BB	FB	0B	D3	01	00	8A	41	C4	72	9C	D2	01	Âdf»û Ó AÄr Ò
03221264704	83	27	6B	BB	FB	0B	D3	01	C2	64	66	BB	FB	0B	D3	01	'k»û Ó Âdf»û Ó
03221264720	00	20	0E	00	00	00	00	00	82	11	0E	00	00	00	00	00	
03221264736	20	00	00	00	00	00	00	00	0E	01	53	00	6F	00	6C	00	S o l
03221264752	50	00	63	00	69	00	63	00	68	00	70	00	73	00	2E	00	P c i c h p s .
03221264768	6A	00	70	00	67	00	00	00	30	00	00	00	48	00	00	00	j p g H
03221264784	01	00	00	00	00	00	01	00	00	00	00	00	00	00	00	00	
03221264800	E1	00	0E	00	00	00	00	00	40	00	00	00	00	00	00	00	@
03221264816	00	20	0E	00	00	00	00	00	82	11	0E	00	00	00	00	00	
03221264832	82	11	0E	00	00	00	00	10	32	E2	00	58	E4	0B	00	01	2â Xä
03221264848	FF	FF	FF	FF	82	79	47	11	00	00	00	00	00	00	00	00	ÿÿÿÿ yG
03221264864	00	00	00	00	00	00	00	00	00	00	00	00	00	00	00	00	
03221264880	00	00	00	00	00	00	00	00	00	00	00	00	00	00	03	00	

图4-32　文件“Solipsistic.jpg”彻底删除后的文件记录

对比图4-28可以看出，文件的文件记录头中的状态标志由“0100”(文件在使用中)变为“0000”（文件被删除），而30属性中的文件名、80属性中的文件大小、Run List等重要信息没有任何变化。

根据数据流中的信息，跳转到文件“Solipsistic.jpg”的开始位置779 352号簇，其内容如图4-33所示。可以看出，文件“Solipsistic.jpg”数据区的内容没有任何变化。

Offset	0	1	2	3	4	5	6	7	8	9	10	11	12	13	14	15	
03192225792	FF	D8	FF	E0	00	10	4A	46	49	46	00	01	01	01	00	48	ÿØÿà JFIF H
03192225808	00	48	00	00	FF	E1	38	9C	45	78	69	66	00	00	4D	4D	H ÿá8▮Exif MM
03192225824	00	2A	00	00	00	08	00	0F	01	0E	00	02	00	00	00	20	*
03192225840	00	00	00	C2	01	0F	00	02	00	00	00	20	00	00	00	E2	Â â
03192225856	01	10	00	02	00	00	00	20	00	00	01	02	01	12	00	03	
03192225872	00	00	00	01	00	00	00	00	01	1A	00	05	00	00	00	01	
03192225888	00	00	01	22	01	1B	00	05	00	00	00	01	00	00	01	2A	" *
03192225904	01	28	00	03	00	00	00	01	00	02	00	00	01	31	00	02	(1
03192225920	00	00	00	20	00	00	01	32	01	32	00	02	00	00	00	14	2 2
03192225936	00	00	01	52	02	13	00	03	00	00	00	01	00	02	00	00	R
03192225952	02	20	00	04	00	00	00	01	00	00	00	00	02	21	00	04	!
03192225968	00	00	00	01	00	00	00	00	02	22	00	04	00	00	00	01	"
03192225984	00	00	00	00	02	23	00	04	00	00	00	01	00	00	00	00	#

图4-33　文件“Solipsistic.jpg”删除后的数据内容

因此，要恢复删除后的文件，只需找到与该文件对应的文件记录，根据文件记录中的80H属性定位文件的数据区，复制数据区内容为一个新文件即可恢复数据。

小领悟 文件删除后，其30H和80H属性没有变化，且文件内容还是存在的。

小提示 如果文件删除后，又向该分区中进行过写操作，那么新写入的数据将有可能覆盖被删除文件的数据，这样文件就不好恢复了，所以恢复被删除文件的前提是原有数据不被重写。

任务实施

第一步：用中盈创信底层编辑软件NavHex读取移动硬盘的DBR取得分区的每簇大小、MFT表起始簇号等信息。

用中盈创信底层编辑软件NavHex打开移动硬盘的第3个逻辑盘符，0号扇区为DBR，如图4-34所示。可以知道，每簇的扇区数为“08”，$MFT的逻辑簇号是“00 00 00 00 00 0C 00 00”（是相对于逻辑硬盘开始的簇号）。

Offset	0	1	2	3	4	5	6	7	8	9	A	B	C	D	E	F	
000100000	EB	52	90	4E	54	46	53	20	20	20	20	00	02	08	00	00	ëR NTFS
000100010	00	00	00	00	00	F8	00	00	3F	00	FF	00	00	08	00	00	ø ? ÿ
000100020	00	00	00	00	80	00	80	00	FF	E7	3F	06	00	00	00	00	▮ ▮ ÿç?
000100030	00	00	0C	00	00	00	00	00	02	00	00	00	00	00	00	00	
000100040	F6	00	00	00	01	00	00	00	2A	2B	56	08	41	56	08	CC	ö *+V AV Ì
000100050	00	00	00	00	FA	33	C0	8E	D0	BC	00	7C	FB	68	C0	07	ú3À▮Ð¼ |ûhÀ
000100060	1F	1E	68	66	00	CB	88	16	0E	00	66	81	3E	03	00	4E	hf Ë▮ f > N
000100070	54	46	53	75	15	B4	41	BB	AA	55	CD	13	72	0C	81	FB	TFSu ´A»ªUÍ r û

图4-34　移动硬盘“H:”的DBR

第二步：跳转到MFT的起始扇区。$MFT相对于该分区的开始位置的簇号是0C0000H

（十进制786 432），每簇扇区数是8，所以$MFT在该分区的开始位置是第786 432×8=6 291 456扇区。跳转到6 291 456扇区，如图4-35所示。

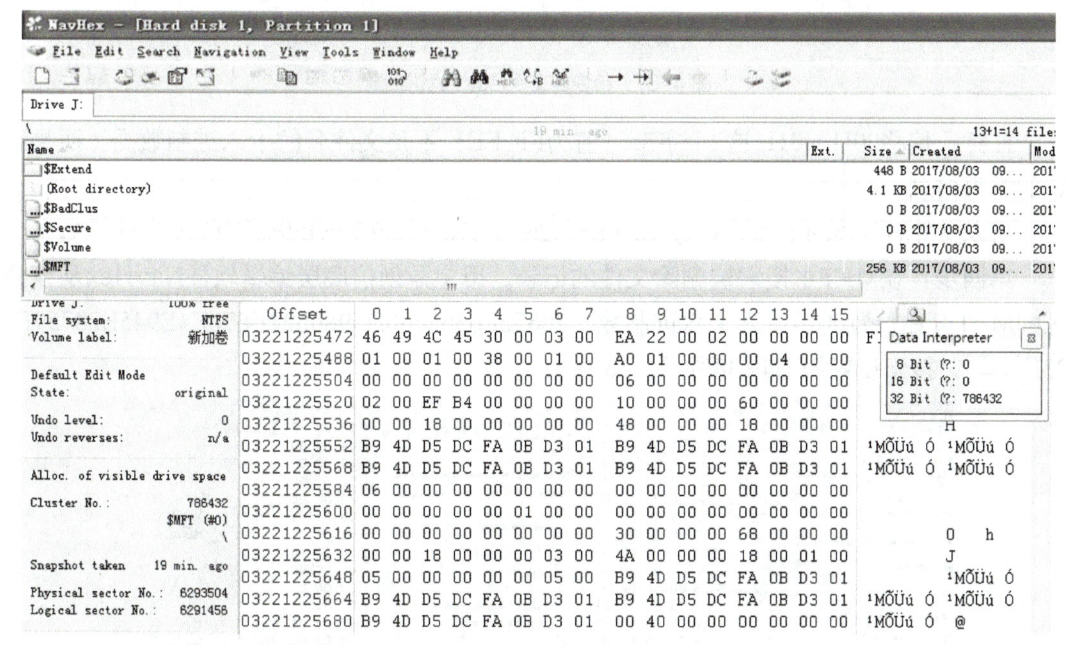

图4-35 MFT的起始扇区

第三步：获取被删除文件名的十六进制数值串。新建一个文本文档，内容为“数据恢复技术与应用原稿”，然后将该文件另存为Unicode编码类型的文件，文件名任意（本例是wenjiangmin.txt），如图4-36所示。

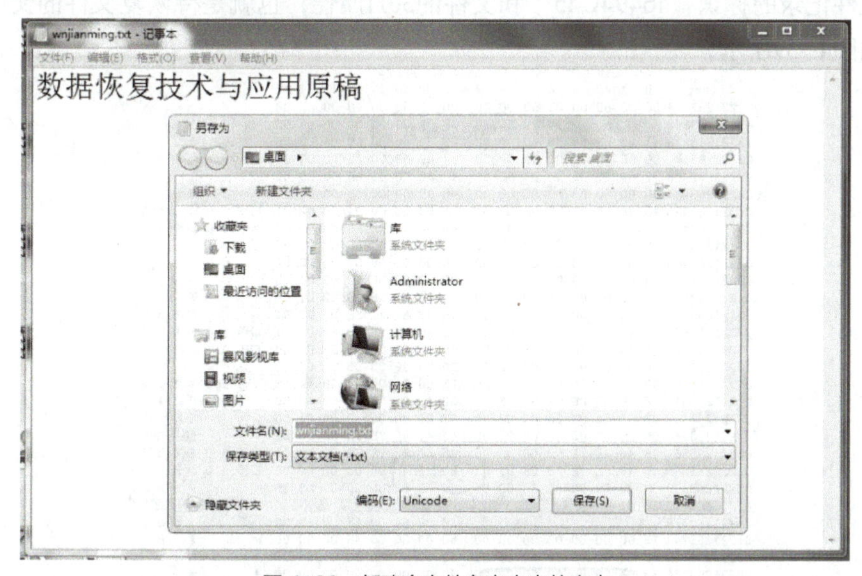

图4-36 新建含文件名字内容的文本

用中盈创信底层编辑软件NavHex打开“wenjiangmin.txt”文件，得到待恢复文件名的十六进制数，如图4-37所示。

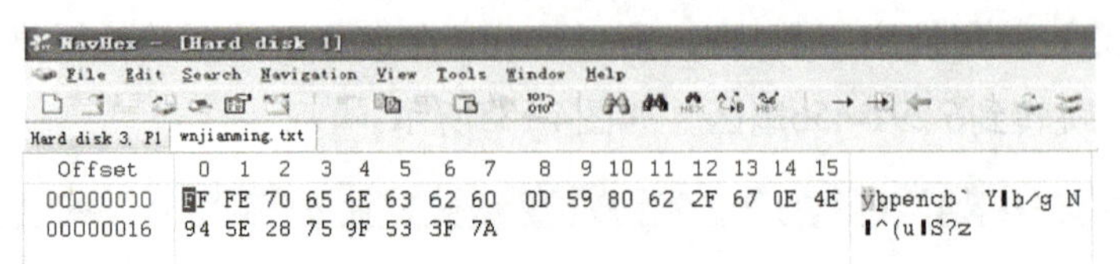

图 4-37　待恢复文件名的十六进制数

注意，偏移00H～01H这2个字节（值为FF FE）不是文件名的十六进制数据，而是固定的标识信息。

所以文件名具体的十六进制为70656E6362600D5980622F670E4E945E28759F533F7A。

第四步：在MFT中搜索被删除文件的记录。用中盈创信底层编辑软件NavHex从该分区的MFT开始位置向后搜索十六进制数“70656E6362600D5980622F670E4E945E28759F533F7A”，搜索设置如图4-38所示。

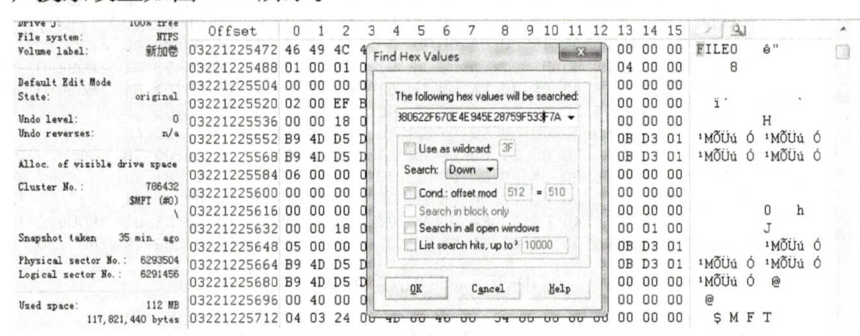

图 4-38　搜索设置

搜索到待恢复文件的文件记录后，识别搜索结果是否为待恢复文件的文件记录，主要是根据文件记录的标识“46494C45”和文件的30H属性，也就是待恢复文件的文件名。搜索结果如图4-39所示。

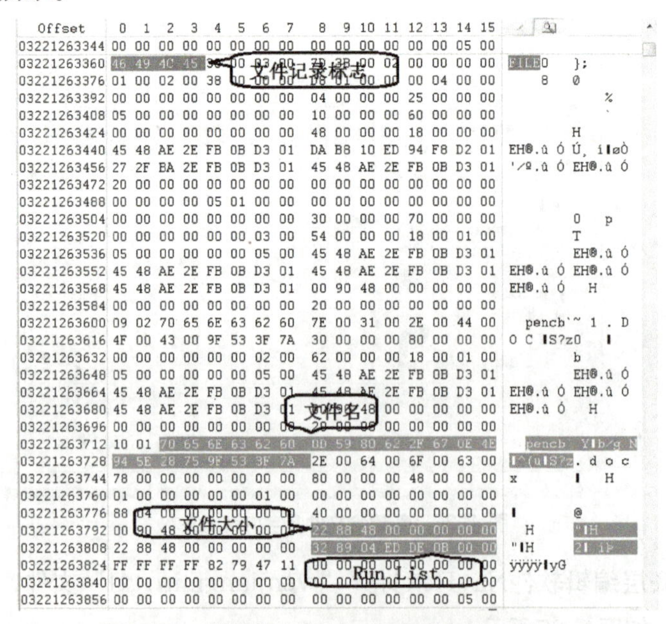

图 4-39　“数据恢复技术与应用原稿”的文件记录

小疑问 为什么文件名不对呢？

小提示 如果是中文文件名，则需要设置成Unicode方式显示，这样才可以在30H属性看到中文文件名。

以Unicode方式显示的设置方法如图4-40所示，可以看到文件名已经为中文且是正确的了。

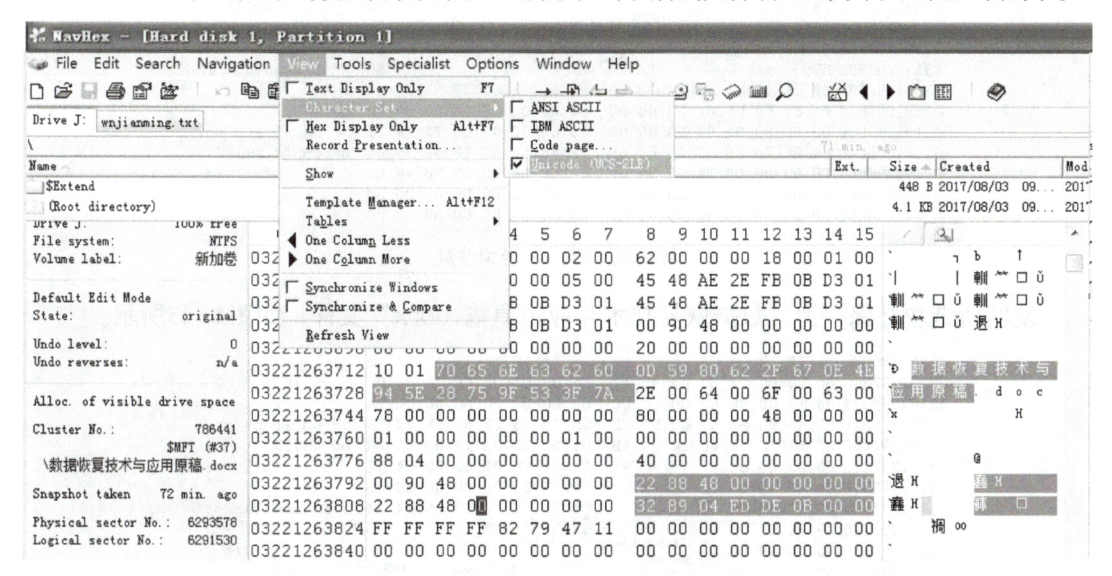

图4-40　显示中文文件名的设置

根据文件记录的80H属性，偏移30H～37H的数值为“2288480000000000”，说明文件的大小为488822H（十进制值为4753442）字节；偏移40H～47H的值为“328904EDDE0B 00 00”，说明该文件的Run　List中只有一个数据流，所以文件是连续存放的，数据的开始簇号为0BDEEDH（十进制值为777 965），用中盈创信底层编辑软件NavHex跳转到777 965号簇，其内容如图4-41所示。

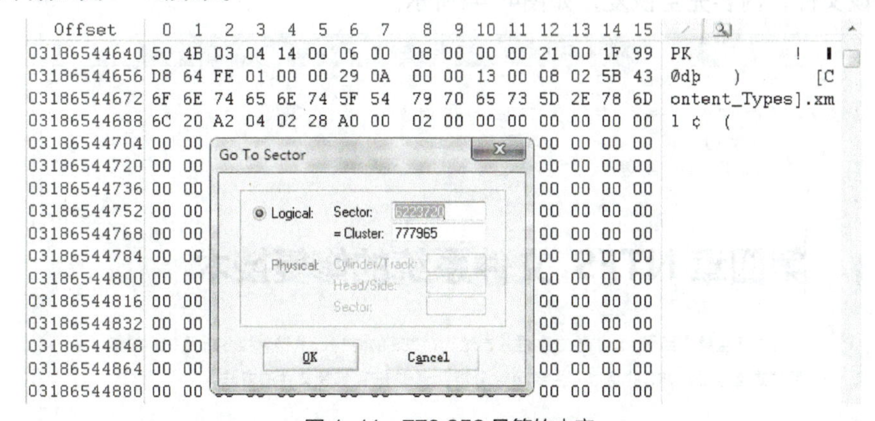

图4-41　779 352 号簇的内容

在777 965号簇所在扇区开始位置按<Alt+1>组合键，再在当前位置偏移4 753 441（十进制）字节（注意，此处比文件实际大小小1，因为文件是从第0个字节开始的），选中文件结束位置按<Alt+2>组合键，如图4-42阴影部分所示。

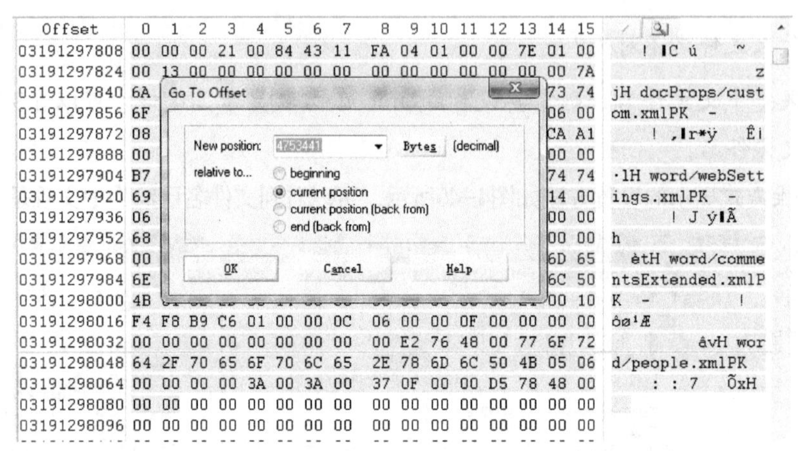

图 4-42　文件的结束位置

复制所选块并保存为“数据恢复技术与应用原稿.docx”文件，如图4-43所示。

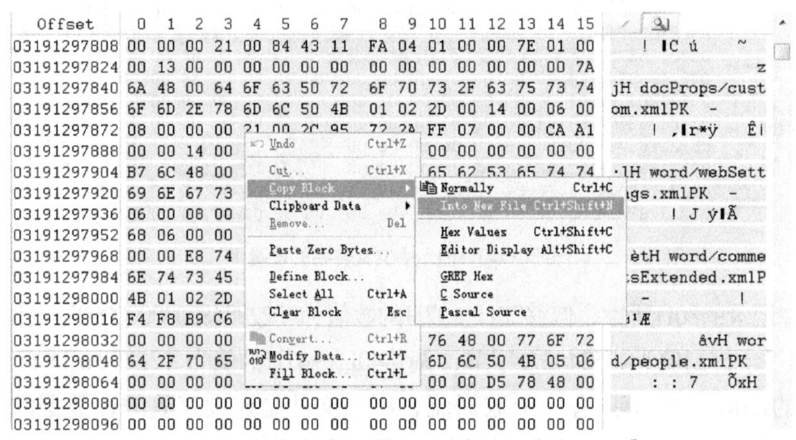

图 4-43　保存为“数据恢复技术与应用原稿 .docx”

打开该文件，内容完全恢复，如图4-44所示。

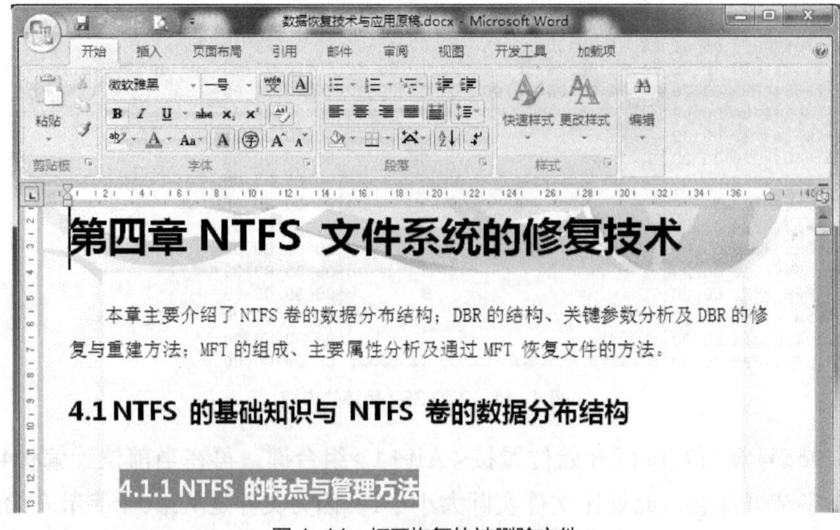

图 4-44　打开恢复的被删除文件

小疑问 ①如果文件在卷上存放的是不连续的簇，怎么手动提取？
②如果该盘格式化了还能将数据恢复出来吗？

知识拓展

1. NTFS分区重新格式化后重要数据结构分析

格式化的目的是建立文件系统管理文件。NTFS系统是用一个一个的元文件来管理文件的，因此NTFS系统的格式化主要是创建元文件。

将某个有文件的NTFS分区重新格式化，可以发现格式化前后主要有以下变化。

1）MFT表部分。NTFS格式化之后，所有元文件都会被重写。分区的MFT前面的部分被格式化后的MFT覆盖，后面的部分保持不变。也就是说，格式化之前的文件记录只有一部分被破坏，MFT后面（一般情况下是256KB以后）的文件记录保存完好。

2）文件内容部分，除可能被重新格式化后产生的元文件覆盖了一小部分以外，其他文件内容不变。

当然，重新格式化后原文件系统的其他元文件也都被新的元文件代替或覆盖了，如$Bitmap、$LogFile等。

2. 格式化后分区文件的恢复

多数情况下，格式化后MFT文件的256KB（即256条记录）以后内容没被破坏，而卷上的用户数据文件是从MFT的第35个记录开始的，且文件内容也多数都没被破坏，所以格式化后的卷从第222（256−34=222）个文件以后是有机会完全恢复的，恢复方法同“任务3”，也可以通过修复MFT的方法来恢复文件。

小提示 分区重新格式化后，如果格式化成的簇大小为64KB，那么MFT覆盖的部分为64KB（比256KB小很多），能够恢复出来的文件数量也就比较多了。理论上只要数据区不被破坏或文件是常驻属性的，那么这样格式化后，只是有64−34=30个文件不能完全恢复。

项目评价 PROJECT EVALUATION

项目评价表见表4-12。

表4-12 项目评价表

序号	任务名称	评价内容	评价分值	具体评分	
				教师	学生
1	利用备份恢复NTFS的DBR	NTFS的数据分布结构	5		
		DBR的组成	5		
		关键BPB参数分析	5		
		DBR修复方法	5		

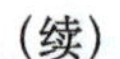
（续）

序号	任务名称	评价内容	评价分值	具体评分	
				教师	学生
2	手工恢复NTFS的DBR	MFT分析	5		
		典型属性分析	5		
		手动重建DBR方法	20		
3	手工恢复NTFS下的文件	MFT分析	10		
		文件删除后典型元文件分析	10		
		分区格式化后典型元文件分析	10		
		手工恢复误删除的文件	20		

项目总结 PROJECT SUMMARY

本项目从实践入手，介绍了NTFS下常见的3种故障现象及其数据恢复方法，见表4-13。

表 4-13　常见 NTFS 故障与修复思路

序号	常见NTFS故障	修复思路
1	DBR被破坏	利用备份DBR修复分区
2	DBR与备份DBR被破坏	手工重建DBR扇区
3	文件丢失	利用NTFS的管理方式进行数据恢复

每个任务由任务情景、任务分析、必备知识、任务实施及知识拓展几部分组成，由浅入深地讲解了NTFS下的数据恢复技术，见表4-14。

表 4-14　修复思路与相关的数据恢复技术知识

序号	修复思路	相关的数据恢复技术知识
1	利用备份DBR修复分区	NTFS的数据分布结构
		DBR的结构与关键BPB参数分析
2	手工重建DBR分区	MFT分析、典型属性分析
		手动重建DBR方法
3	利用NTFS文件系统及管理方式进行数据恢复	NTFS的文件管理底层分析
		文件删除、磁盘格式化后$MFT及各典型属性分析

课后练习 EXERCISES

结合前面所学知识、任务分析及任务实施过程，设置如下故障。

1）将一个根目录下存有的几个文本和Word文件的U盘的MBR、DBR及其备份清零。

要求：观察故障现象，将MBR和DBR正确恢复后能完整地打开U盘上所有的文件。

2）一个硬盘分区存有100个文件（文本和Word），彻底删除其中的一个文件。

要求：手工恢复该文件。

3）将一个根目录下存有的100个文件（文本和Word）以及几个文件夹（文件夹里也各有50个文件）的U盘格式化。

要求：观察故障现象，并试着尽量多地恢复其中的文件。

PROJECT 5

PROJECT 5 项目 5

修复ExFAT文件系统下的数据

项目概述

ExFAT（Extended File Allocation Table，扩展FAT）也称为FAT64（即扩展文件分配表），它是Microsoft在Windows Embedded 5.0以上（包括Windows CE 5.0、Windows CE 6.0、Windows Mobile 5、Windows Mobile 6、Windows Mobile 6.1）中引入的一种适合于闪存的文件系统。对于闪存，NTFS不适合使用，ExFAT更为适用。作为FAT文件系统家族中FAT32的继任者，ExFAT文件系统允许无缝连接桌面计算机和便携式媒体设备。对于ExFAT文件系统，目前安卓4.2版本即可支持，Linux内核3.8版本及以上可以支持，Windows XP需要安装更新程序才能支持。

本项目介绍了ExFAT文件系统下常用的数据恢复技术。

职业能力目标

- 理解ExFAT文件系统的数据分布结构与DBR的结构。
- 理解ExFAT的FAT、簇位图、大写字符文件分析。
- 掌握修复DBR的方法。
- 理解ExFAT文件系统的目录管理分析。
- 掌握文件数据的恢复方法。

任务1 利用备份恢复ExFAT文件系统的DBR

任务情景

用户：我的U盘在使用时系统提示需要格式化。

工作人员：您的U盘的这个分区是什么文件系统？

用户：是ExFAT的。

工作人员：请稍等，我看一下。

任务分析

ExFAT与前面的FAT、NTFS一样，当打开某个盘符提示需要格式化时，通常与文件系统的DBR破坏有关。因此，需要使用中盈创信底层编辑软件先查看DBR的破坏情况，然后根据具体情况确定DBR修复的方法，当DBR修复后，分区中的数据即可恢复。

将该盘连接至中盈创信数据恢复机上，双击该盘符，弹出如图5−1所示的提示对话框，单击“否”按钮。

利用中盈创信底层编辑软件打开该盘，弹出如图5−2所示的提示对话框，单击“OK”按钮，选择“ExFAT”文件系统打开该盘。发现其第一个扇区（即DBR部分）全部为0，显然DBR被破坏了。当查看该分区的DBR备份时，发现是完好的，所以只需将DBR的备份复制过来即可修复DBR。

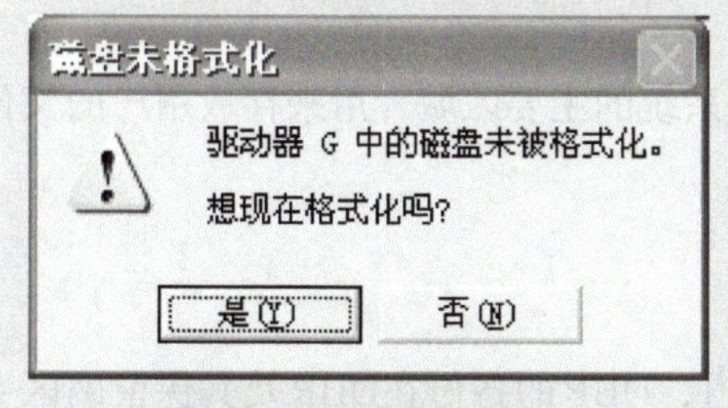

图5-1 打开分区时出错

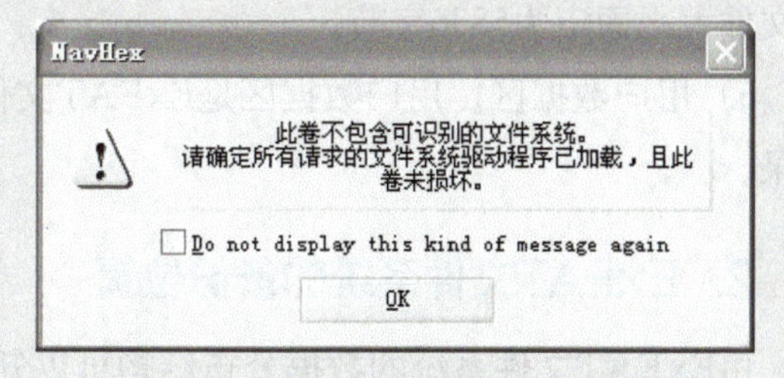

图5-2 使用NavHex打开分区时出错

小疑问 DBR备份在哪里？

必备知识

要找到ExFAT文件系统的备份位置，需要先了解ExFAT文件系统的数据分布结构。

1. ExFAT文件系统的数据分布结构

由于ExFAT仍然属于FAT类文件系统，因此它的布局结构总体上仍与FAT12、FAT16、FAT32大同小异。ExFAT文件系统的数据分布结构图如图5-3所示。

DBR及其保留扇区	FAT	簇位图文件	大写字符文件	用户数据区

图 5-3　ExFAT 文件系统的数据分布结构图

这些结构是在格式化分区时创建出来的，它们的含义如下。

1）DBR及其保留扇区。DBR的含义是DOS引导记录，也称为操作系统引导记录。与其他文件系统一样，DBR位于逻辑分区的第1个扇区位置（即0扇区），大小为512字节。在DBR之后往往有一些保留扇区，其中12号扇区为DBR的备份。保留扇区大致可分为3个部分：主引导区域、备份引导区域和其他保留区域。主引导区域通常占用0～11号扇区，备份引导区域占用12～23号扇区，由24号扇区开始至FAT前的扇区通常不使用，称其为其他保留区域。

小思考 12～23号扇区是不是0～11号扇区的备份？

主引导区域包括0～11号扇区，共有12个扇区，可分为5个区城：主引导扇区、主扩展引导扇区、OEM参数区、保留扇区和校验扇区。其中，主引导区域的11号扇区记录的是前0～10号扇区的校验值。所以严格来讲，主引导区域应该只包括前11个扇区。前11个扇区参与校验值的计算，计算结果记录在11号扇区中，该扇区记录的内容全部是重复的32位校验值。

2）FAT。FAT的含义是文件分配表。ExFAT文件系统一般只有1个FAT。

3）簇位图文件。簇位图文件是ExFAT文件系统中的第1个元文件，用来管理分区中簇的使用情况。

4）大写字符文件。大写字符文件是ExFAT文件系统中的第2个元文件，Unicode字母表中每一个字符在这个文件中都有一个对应的条目，用于比较、排序、计算Hash值等。该文件大小固定为5836字节。

5）用户数据区。用户数据区是ExFAT文件系统的主要区城，用来存放用户的文件及目录。

2. ExFAT文件系统的备份位置

由ExFAT文件系统的数据分布结构可以知道，DBR的备份在DBR及其保留扇区中的第12扇区。

小领悟 DBR备份在12号扇区。

任务实施

第一步：跳转到12号扇区，发现DBR的备份是完整的，如图5-4所示。

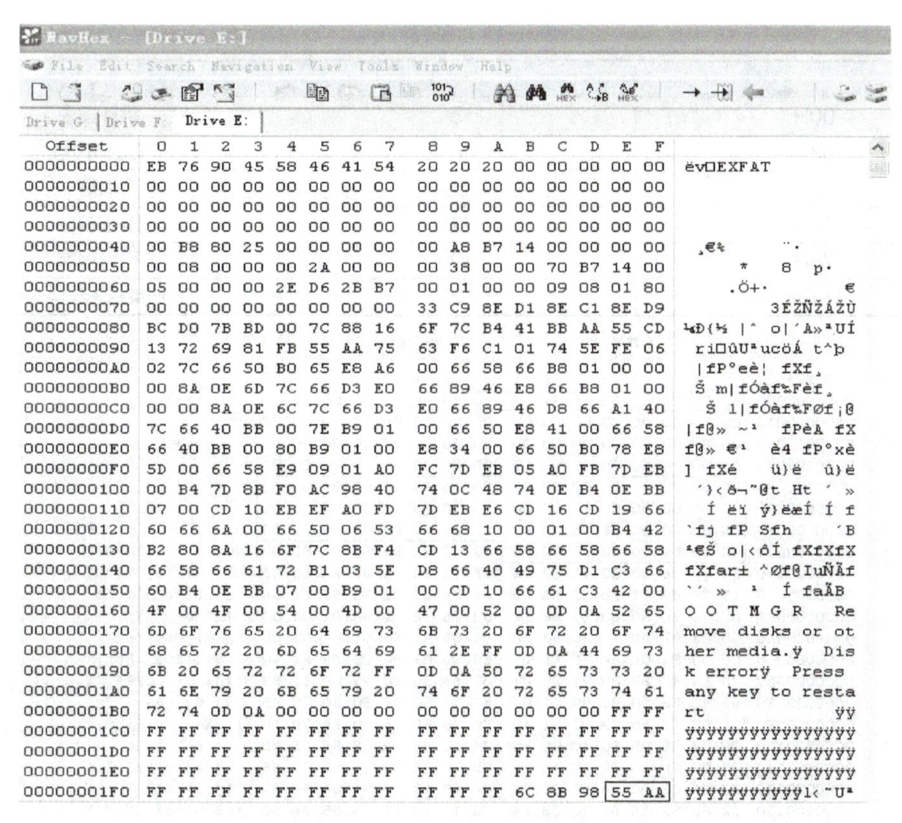

图5-4 G盘的DBR备份扇区

第二步：将整个备份扇区选中，按<Ctrl+C>组合键进行复制，然后将光标定位到0扇区的起始位置，按<Ctrl+V>组合键进行粘贴，然后保存。

第三步：再次打开G盘，其恢复正常并能显示里面的内容，如图5-5所示。

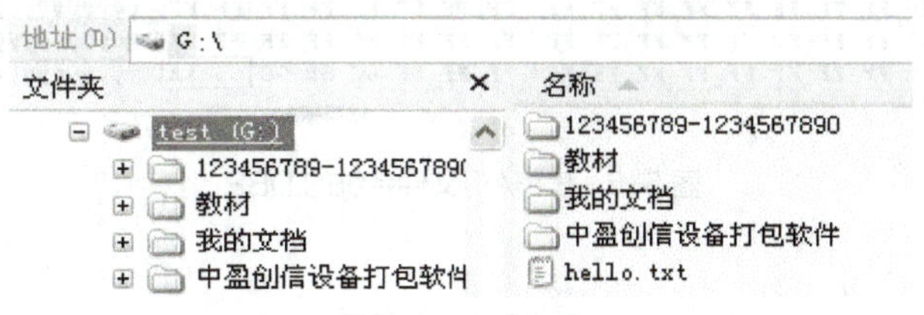

图5-5 G盘目录

小疑问 如何确认DBR备份是完整的？

知识拓展

1. ExFAT的DBR结构

与所有的文件系统一样，ExFAT文件系统的DBR始于各分区的第一个扇区，其作用是引导系统和保存文件系统参数（即BPB参数）。

ExFAT文件系统的DBR由6部分组成，见表5-1。图5-6所示是一个完整的ExFAT文件系统的DBR。

表 5-1　DBR 的组成

偏移量	长度/字节	组成部分
00H	3	跳转指令
03H	8	OEM代号
0BH	53	保留
40H	56	BPB参数
78H	390	引导程序
1FEH	2	结束标志55AA

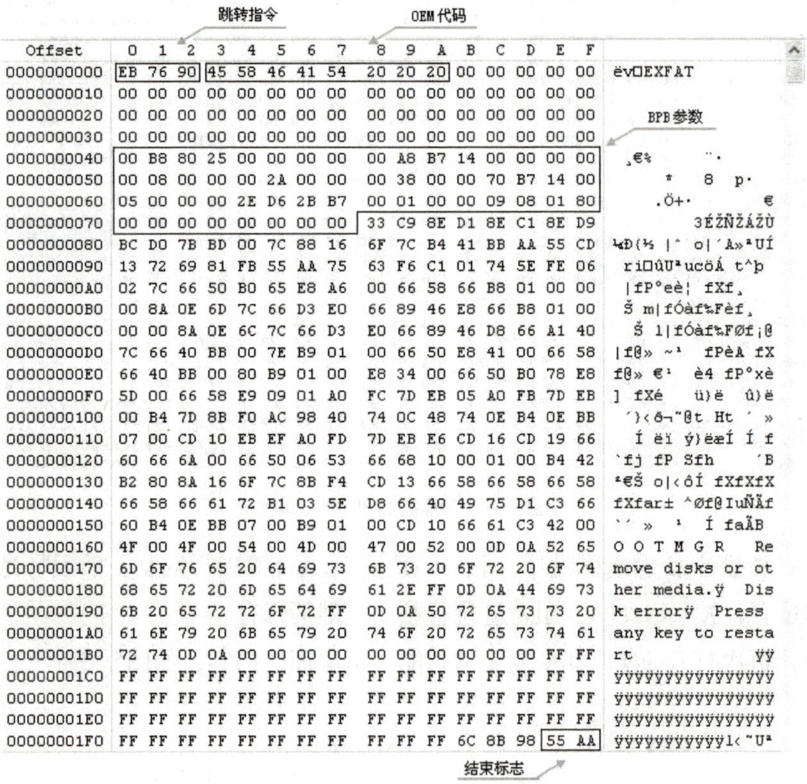

跳转指令　OEM 代码　BPB 参数　结束标志

```
Offset       0  1  2  3  4  5  6  7   8  9  A  B  C  D  E  F
0000000000  EB 76 90 45 58 46 41 54  20 20 20 00 00 00 00 00  ëv□EXFAT
0000000010  00 00 00 00 00 00 00 00  00 00 00 00 00 00 00 00
0000000020  00 00 00 00 00 00 00 00  00 00 00 00 00 00 00 00
0000000030  00 00 00 00 00 00 00 00  00 00 00 00 00 00 00 00
0000000040  00 B8 80 25 00 00 00 00  00 A8 B7 14 00 00 00 00   ¸€%      ¨·
0000000050  00 08 00 00 00 2A 00 00  00 38 00 00 70 B7 14 00       *   8  p·
0000000060  05 00 00 00 2E D6 2B B7  00 01 00 00 09 08 01 80      .Ö+·       €
0000000070  00 00 00 00 00 00 00 00  33 C9 8E D1 8E C1 8E D9          3ÉŽÑŽÁŽÙ
0000000080  BC D0 7B BD 00 7C 88 16  6F 7C B4 41 BB AA 55 CD  ¼Ð{½ |ˆ o|´A»ªUÍ
0000000090  13 72 69 81 FB 55 AA 75  63 F6 C1 01 74 5E FE 06   ri□ûUªucöÁ t^þ
00000000A0  02 7C 66 50 B0 65 E8 A6  00 66 58 66 B8 01 00 00   |fP°eè¦ fXf¸
00000000B0  00 8A 0E 6D 7C 66 D3 E0  66 89 46 E8 66 B8 01 00   Š m|fÓàf‰Fèf¸
00000000C0  00 00 8A 0E 6C 7C 66 D3  E0 66 89 46 D8 66 A1 40    Š l|fÓàf‰FØf¡@
00000000D0  7C 66 40 BB 00 7E B9 01  00 66 50 E8 41 00 66 58  |f@» ~¹  fPèA fX
00000000E0  66 40 BB 00 80 B9 01 00  E8 34 00 66 50 B0 78 E8  f@» €¹  è4 fP°xè
00000000F0  5D 00 66 58 E9 09 01 A0  FC 7D EB 05 A0 FB 7D EB  ] fXé   ü}ë  û}ë
0000000100  00 B4 7D 8B F0 AC 98 40  74 0C 48 74 0E B4 0E BB   ´}‹ð¬˜@t Ht ´ »
0000000110  07 00 CD 10 EB EF A0 FD  7D EB E6 CD 16 CD 19 66    Í ëï ý}ëæÍ Í f
0000000120  60 66 6A 00 66 50 06 53  66 68 10 00 01 00 B4 42  `fj fP Sfh    ´B
0000000130  B2 80 8A 16 6F 7C 8B F4  CD 13 66 58 66 58 66 58  ²€Š o|‹ôÍ fXfXfX
0000000140  66 58 66 61 72 B1 03 5E  D8 66 40 49 75 D1 C3 66  fXfar± ^Øf@IuÑÃf
0000000150  60 B4 0E BB 07 00 B9 01  00 CD 10 66 61 C3 42 00  `´ »  ¹  Í faÃB
0000000160  4F 00 4F 00 54 00 4D 00  47 00 52 00 0D 0A 52 65  O O T M G R   Re
0000000170  6D 6F 76 65 20 64 69 73  6B 73 20 6F 72 20 6F 74  move disks or ot
0000000180  68 65 72 20 6D 65 64 69  61 2E FF 0D 0A 44 69 73  her media.ÿ  Dis
0000000190  6B 20 65 72 72 6F 72 FF  0D 0A 50 72 65 73 73 20  k errorÿ  Press
00000001A0  61 6E 79 20 6B 65 79 20  74 6F 20 72 65 73 74 61  any key to resta
00000001B0  72 74 0D 0A 00 00 00 00  00 00 00 00 00 00 FF FF  rt            ÿÿ
00000001C0  FF FF FF FF FF FF FF FF  FF FF FF FF FF FF FF FF  ÿÿÿÿÿÿÿÿÿÿÿÿÿÿÿÿ
00000001D0  FF FF FF FF FF FF FF FF  FF FF FF FF FF FF FF FF  ÿÿÿÿÿÿÿÿÿÿÿÿÿÿÿÿ
00000001E0  FF FF FF FF FF FF FF FF  FF FF FF FF FF FF FF FF  ÿÿÿÿÿÿÿÿÿÿÿÿÿÿÿÿ
00000001F0  FF FF FF FF FF FF FF FF  FF FF FF 6C 8B 98 55 AA  ÿÿÿÿÿÿÿÿÿÿÿl‹˜Uª
```

图 5-6　ExFAT 文件系统的 DBR

（1）跳转指令

跳转指令本身占用2字节，它将程序执行流程跳转到引导程序处，紧接着是一条空指令NOP（90H）。其值固定是“EB7690”。

（2）OEM代号

这部分内容由创建该文件系统的OEM厂商具体安排，一般为文件系统类型，共占8字节。

（3）保留

0BH～3FH处是原来的FAT文件系统BPB所占用的空间，ExFAT文件系统不使用这些字节，全部为“00”。

（4）BPB参数

ExFAT的BPB参数从DBR的40H偏移处开始，占用56字节，记录了有关该文件系统的重要信息。

（5）引导程序

ExFAT的DBR引导程序占用390字节。这部分内容对于ExFAT来说很重要。如果这些数据被破坏，则文件系统将无法使用。

（6）结束标志

ExFAT的DBR结束标志与FAT的DBR结束标志一样，也是“55AA”。

2. BPB参数分析

ExFAT的BPB参数从40H偏移处开始，各个参数的含义见表5-2。

表5-2 BPB参数的含义

偏移量	长度/字节	含义
40H	8	隐藏扇区数
48H	8	本分区总扇区数
50H	4	FAT起始扇区号
54H	4	FAT占用的扇区数
58H	4	首簇起始扇区号
5CH	4	分区内总簇数
60H	4	根目录首簇号
64H	4	卷序列号
68H	2	文件系统版本
6AH	2	卷标志
6CH	1	每扇区字节数
6DH	1	每簇扇区数
6EH	1	FAT个数
6FH	1	介质描述符
70H	1	已用比例
71H	7	保留

1）40H～47H：8字节，隐藏扇区数，即本分区之前使用的扇区数。

2）48H～4FH：8字节，分区大小扇区数，即本分区大小。

小提示 上面这2个参数对手工恢复分区表很有帮助。

3）50H～53H：4字节，FAT起始扇区号。该值为相对于文件系统0号扇区而言。

4）54H～57H：4字节，FAT大小扇区数。

5）58H～5BH：4字节，首簇起始扇区号。该值用以描述文件系统中的第1个簇（即2号簇）的起始扇区号。通常2号簇分配给簇位图使用，因此该值也就是簇位图的起始扇区号。该簇跟在FAT后，但它并不一定等于FAT起始扇区号加上FAT的大小。

6）5CH～5FH：4字节，分区的总簇数。因为分区的总扇区数不一定正好是每簇扇区数的整数倍，所以总簇数×每簇扇区数得到的数值大多会小于分区的实际大小。

7）60H～63H：4字节，根目录起始簇号。

8）64H～67H：4字节，卷序列号即ID。

9）68H～69H：2字节，文件系统版本。

10）6AH～6BH：2字节，卷标志。

11）6CH：1字节，每扇区大小字节数。这个字节用来描述每扇区包含的字节数。描述方法：假设此处值为N，则每扇区大小字节数为2^N。例如，本例中该值为“09”，即每扇区大小字节数为2^9=512。

12）6DH：1字节，每簇扇区数。假设此处值为N，则每簇扇区数为2^N。例如，本例中该值为“08”，即每簇扇区数为2^8=256。

13）6EH：1字节，FAT个数。ExFAT文件系统一般只有一个FAT。

14）6FH：1字节，介质描述符。

15）70H：1字节，卷中已用簇空间的百分比。

16）71H～77H：7字节，保留。

小领悟　备份扇区的结构满足DBR的组成结构就可以了。

小提示　还要看几个关键的BPB参数是否与该分区的实际情况一致。

小疑问　如果DBR的备份也被破坏了该怎么办？

任务2　手工恢复ExFAT文件系统的DBR

任务情景

用户：我的移动硬盘在使用时系统提示需要格式化，分区中的数据无法访问。

工作人员：您的硬盘的这个分区是什么文件系统？

用户：是ExFAT的。

工作人员：请稍等，我看一下。

任务分析

恢复DBR最直接的方法就是利用其备份，由于DBR及其备份相距太近（与FAT文件系统类似），很容易两者同时被破坏。本案例中发现其备份DBR扇区全部为零，也被破坏了，这时要想恢复DBR就只能通过手工恢复了，也就是需要重建一个DBR。

小提示 DBR与其备份扇区很容易被同时破坏，所以手工恢复更重要。

通过对比两个相同版本不同ExFAT分区的DBR，可以发现二者以下8个关键参数存在不同。

- 隐藏扇区数（也就是分区的相对开始扇区号）。
- 扇区总数（也就是分区大小）。
- FAT起始扇区号。
- FAT扇区数。
- 首簇起始扇区号。
- 总簇数。
- 根目录首簇号。
- 每簇扇区数。

重建DBR的步骤如下：

1）复制一个相同版本的ExFAT文件系统的DBR。

2）计算并修改上面所说的8个重要的BPB参数。

小疑问 这么多参数，该如何计算呢？

必备知识

手工恢复比较麻烦，涉及的知识点也较多，下面一一介绍。

1. 8个关键的BPB参数

每个参数的含义参见任务1“知识拓展”部分。

2. FAT

ExFAT文件系统的FAT的作用与FAT文件系统基本相同，都是一张文件记录表，每个FAT项由4字节构成，也就是32位的表项。两者也有区别，ExFAT文件系统的FAT是以“F8FFFFFF”开始的，FAT32文件系统的FAT是以“F8FFFF0F”开始的。

3. 簇位图

FAT之后是簇位图文件，它是文件系统的第一簇。簇位图文件是ExFAT文件系统中的一个元文件，它管理着分区中簇的使用情况。簇位图文件中的每一个位对应着数据区中的一个簇。如果簇位图文件中的某二进制位为“1”，则表示该簇已经占用。没用使用的空簇在簇位图文件中对应的位就是“0”。簇位图文件的开始位置就是BPB参数“首簇起始扇区号”指示的位置。

小思考 如果分区里的文件和数据很多，那么簇位图开始的许多数据是什么？

4. 大写字符文件

簇位图之后是大写字符文件，它是ExFAT文件系统中的第2个元文件，大小固定为5836字节，占用一个簇，其前4字节是“00000100”。Unicode字母表中每一个字符在这个文件中都有一个对应的条目，用于比较、排序、计算Hash值等。

5. 用户数据区

大写字符文件之后是就是用户数据区了，是从根目录开始的。分区中的每个文件和文件夹（也称为目录）都被分配多个大小为32字节的目录项。

目录项分为4种类型：卷标目录项、簇位图文件的目录项、大写字符文件的目录项和用户文件的目录项，长度均为32字节。

卷标目录项、簇位图文件的目录项、大写字符文件的目录项的首字节用来描述目录项的类型，分别为“83H（有卷标）或03H（无卷标）”“81H”和“82H”。用户文件的目录项至少有3个，也被称为3个属性：第1个目录项（即“属性1”）首字节的特征值为“85H”；第2个目录项（即“属性2”）的特征值为“COH”；第3个目录项（即“属性3”）的特征值为“C1H”，见表5-3。

表 5-3　目录的特征值

目录项	长度/字节	特征值
卷标目录	1	83H（有卷标） 03H（无卷标）
簇位图目录	1	81H
大写字符目录	1	82H
用户文件目录	1	属性1：85H
	1	属性2：COH
	1~17	属性3：C1H

小疑问 仍然不知道该怎么计算？

小提示 先记住这些标志和特征值，继续往下看。

任务实施

第一步：复制同版本的ExFAT文件系统DBR到故障分区的第0扇区。

第二步：计算以下8个参数，并填入到DBR的相应位置。

(1) 隐藏扇区数

隐藏扇区数也就是分区的相对开始扇区号。如果硬盘的分区表没有被破坏，则这个参数可从分区表中查看。如果该分区是主分区，则可以通过其MBR查看；如果是扩展分区中的逻辑分区，则可以通过EBR查看。经查看该分区的隐藏扇区数为209 731 584。

（2）扇区总数

扇区总数也可以从分区表中直接得到，该值为104 865 792。

（3）FAT起始扇区号

FAT起始扇区号可以通过搜索FAT的方法获得。搜索FAT的具体方法是搜索FAT表头标志“F8FFFFFF”，搜索设置如图5-7所示。搜索的结果如图5-8所示，扇区号为2048。

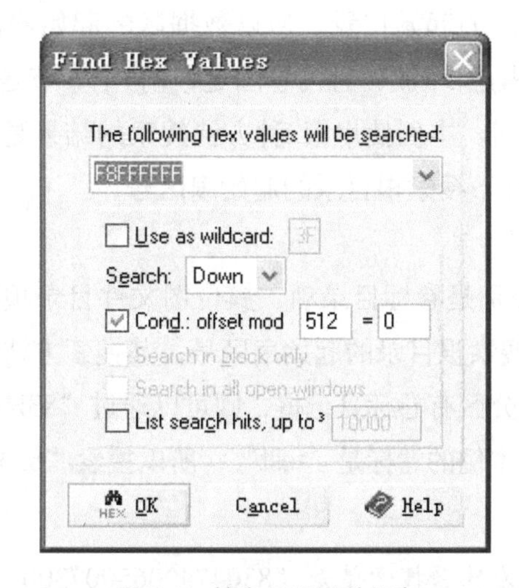

图 5-7 搜索 FAT 表头标志

```
000100000 | F8 FF FF FF FF FF FF FF  FF FF FF FF FF FF FF FF
000100010 | FF FF FF FF 00 00 00 00  00 00 00 00 00 00 00 00
000100020 | 00 00 00 00 00 00 00 00  00 00 00 00 00 00 00 00
000100030 | 00 00 00 00 00 00 00 00  00 00 00 00 00 00 00 00
```

图 5-8 搜索到的 FAT

（4）每簇扇区数

每簇扇区数的计算方法有以下两种。

1）第一种方法。

第一步：搜索簇位图文件的起始扇区号。

第二步：搜索大写字符文件的起始扇区号。

第三步：根据公式每簇扇区数=（大写字符文件的起始扇区号−首簇起始扇区号）/簇位图文件占用的簇数进行计算。

簇位图文件的起始扇区号也就是首簇起始扇区号，因为簇位图文件一般都占用第一个簇，数据区开始的一些簇一般都会被使用，所以簇位图文件的前几个字节大多都是“FF”，这样就可以通过搜索“FFFFFFFF”来找簇位图文件的开始地址。如果该分区的文件较少，占用的簇数也较少，则这种搜索方法可能就不合适了。这种情况下可以先搜索大写字符文件的位置。

2）第二种方法。

第一步：搜索大写字符文件的起始扇区号。

第二步：搜索数据区起始扇区号。

第三步：根据公式每簇扇区数=根目录的起始扇区号−大写字符文件的起始扇区号进行计算。

小提示 第一种方法适合于文件较多的情况，第二种情况适合于文件较少的情况。

因为根目录位于数据区的起始位置，所以数据区的起始扇区号即为根目录的起始位置。大写字符文件因为只占用1个簇，且内容固定，前4个字节是“00000100”，搜索方法与搜索FAT起始扇区号相同，本例使用第2种方法搜索的结果是大写字符文件的起始扇区号为6400，然后从此位置往下搜索根目录的起始扇区号。

（5）根目录起始扇区号

根目录的前3个目录分别是卷标目录项、簇位图文件目录项和大写字符文件目录项，可以根据目录项的特征值搜索根目录的起始扇区号，其搜索方法也有两种

1）第一种方法：如果分区有卷标且记得，则可以通过“83H+卷标的字符长度+卷标字符的Unicode”进行搜索。本例的卷标是“test”，所以搜索“83047400650073007400”，搜索设置如图5−9所示。

小思考 卷标是“test”，为什么搜索值是“83047400650073007400”？

如果忘记了卷标，则可以通过簇位图文件目录项的特征“81000000”搜索，搜索设置如图5−10所示。

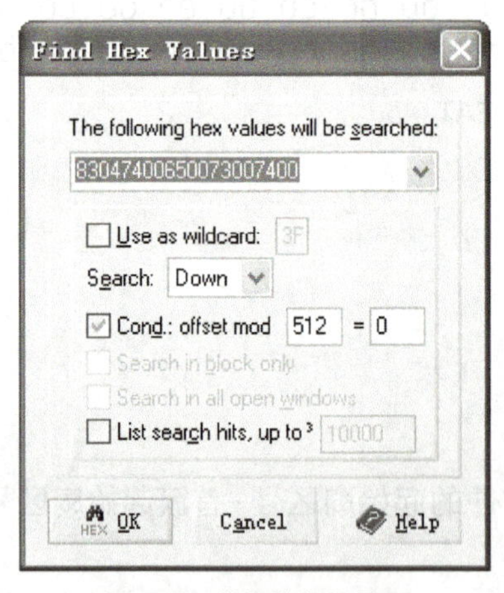

图5-9　卷标搜索设置

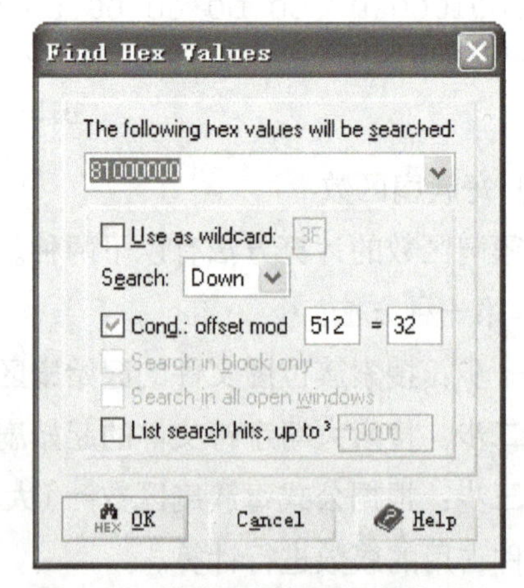

图5-10　簇位图文件目录项搜索设置

小思考 可不可以通过大写字符文件目录项的特征“82000000”进行搜索呢？

2）第二种方法：如果没有卷标，则可以通过“03000000”进行搜索，搜索方法与搜索FAT起始扇区号相同。

无论使用哪种方法进行搜索，搜索的结果是一样的。本例搜索的根目录的起始扇区号为6656，如图5−11所示。这样，每簇扇区数=6 656–6 400=256。

Offset	0	1	2	3	4	5	6	7	8	9	A	B	C	D	E	F	
000340000	83	04	74	00	65	00	73	00	74	00	00	00	00	00	00	00	f t e s t
000340010	00	00	00	00	00	00	00	00	00	00	00	00	00	00	00	00	
000340020	81	00	00	00	00	00	00	00	00	00	00	00	00	00	00	00	□
000340030	00	00	00	00	02	00	00	00	01	C8	00	00	00	00	00	00	È
000340040	82	00	00	00	0D	D3	19	E6	00	00	00	00	00	00	00	00	, Ó æ
000340050	00	00	00	00	03	00	00	00	CC	16	00	00	00	00	00	00	Ì

图5-11 搜索结果

（6）首簇起始扇区号与根目录首簇号

因为大写字符文件位于簇位图文件之后，前面已经知道大写字符文件起始扇区号为6400，所以自此位置往上搜索首簇起始扇区号，标志就是“FFFFFFFF”或者几个非零的数值。方法是每次往上跳转一个簇的大小即（256扇区），跳转设置如图5−12所示。搜索的结果是首簇起始扇区号为6144，如图5−13所示。根目录首簇号=（根目录起始扇区号–首簇扇区号）/每簇扇区数+2=（6 656–6 144）/256+2=4。

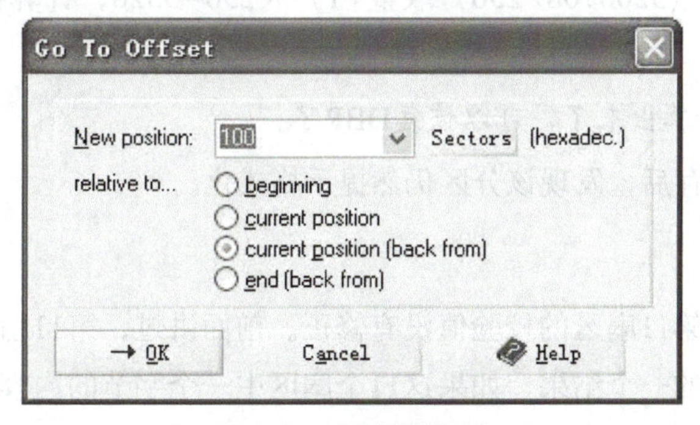

图5-12 相对跳转设置

	0	1	2	3	4	5	6	7	8	9	A	B	C	D	E	F
000300000	7F	00	00	00	00	00	00	00	00	00	00	00	00	00	00	00
000300010	00	00	00	00	00	00	00	00	00	00	00	00	00	00	00	00
000300020	00	00	00	00	00	00	00	00	00	00	00	00	00	00	00	00

Sector 6,144 of 104,865,792 | Offset: 300028

图5-13 搜索的结果

小思考 每簇为256扇区，为什么跳转设置里面的数值是100？

（7）总簇数

知道了簇大小，计算总簇数就很容易了。用数据区的总扇区数除以每簇扇区数，就可以得到分区的总簇数了。

因为当前分区大小为104 865 792扇区，分区首簇的开始扇区号是6144，所以数据区大小的总簇数为（104 865 792−6144）/256=409 608簇，即用数据区大小对每簇扇区数做取整运算。

（8）FAT扇区数

分区首簇的起始扇区号和FAT起始扇区号都已经知道了，且ExFAT系统中FAT后紧接着就是首簇的起始扇区号，所以FAT扇区数就可以计算出来了。

小领悟 FAT扇区数就是该分区首簇的起始扇区号减去FAT起始扇区号。

小提示 理论上说是可以的，但是因为在FAT之后往往还有很多保留扇区，所以这种计算就很容易不准确。

小疑问 既然不准确，又该如何计算？

可以用分区的总簇数来计算FAT扇区数。分区中的每一个簇在FAT中都对应着一个FAT项，刚才计算了分区中的总簇数为409 608，而FAT中还有2个保留的FAT项，即0号项和1号项，所以FAT中的FAT项总数为409 608+2=409 610。

ExFAT系统的每个FAT项占4B。FAT的总字节数为409 610×4=1 638 440。

1 638 440/512≈3200.08，在ExFAT文件系统中，FAT的大小都是每簇256扇区大小的整数倍。3200.08/256≈12.5，显然3200.08不是当前分区每簇256扇区的整数倍。

小疑问 应该怎么处理呢？

可以通过公式（（3200.08/256）取整+1）×256=3328，计算得知当前分区FAT大小是3328扇区。

小领悟 8个参数都计算出来了，可以恢复DBR了。

填入这些参数保存后，发现该分区仍然提示格式化。

小疑问 为什么？

这是因为分区的第11扇区的校验值没有修正。前面讲过，第11扇区的校验值是前11个扇区参与校验值计算的一个结果，如果这11个扇区中一个字节的内容发生改变，则该校验值都应该重新计算，否则还会提示格式化。

小疑问 把8个参数修改好之后该怎么办？

小提示 ExFAT的BPB参数不是只有8个。虽然这8个参数最为关键，但是其他参数并不是所有的DBR都相同，如64H～67H卷序列号就是创建文件系统时产生的一个随机数。

该校验值的计算方法可以通过以下的一段C++程序来完成。

```
UINT32  VBRChecksum(const unsigned char data[], long Length)
 {
  UINT32 Checksum=0;
  Long Index;
  for(Index=0;Index<Length;Index++)
  {
      if(Index==106||Index==107||Index==112)
      {continue;
```

```
        }
        Checksum=((Checksum <<31)|(Checksum>>1))+(UINT32)data[Index];
    }
    return Checksum
}
```

将计算的Checksum数值1001908F填充到整个第11扇区中并保存，如图5-14所示。再次双击该分区盘符，可以正常打开了，至此手工重建DBR的过程结束。

小提示 程序中数组data[ ]由前11个扇区中的每一个字节构成，Length是前11个扇区的字节数。

Offset	0	1	2	3	4	5	6	7	8	9	A	B	C	D	E	F	
0000001600	8F	90	01	10	8F	90	01	10	8F	90	01	10	8F	90	01	10	□□ □□ □□ □□
0000001610	8F	90	01	10	8F	90	01	10	8F	90	01	10	8F	90	01	10	□□ □□ □□ □□
0000001620	8F	90	01	10	8F	90	01	10	8F	90	01	10	8F	90	01	10	□□ □□ □□ □□
0000001630	8F	90	01	10	8F	90	01	10	8F	90	01	10	8F	90	01	10	□□ □□ □□ □□
0000001640	8F	90	01	10	8F	90	01	10	8F	90	01	10	8F	90	01	10	□□ □□ □□ □□
0000001650	8F	90	01	10	8F	90	01	10	8F	90	01	10	8F	90	01	10	□□ □□ □□ □□
0000001660	8F	90	01	10	8F	90	01	10	8F	90	01	10	8F	90	01	10	□□ □□ □□ □□
0000001670	8F	90	01	10	8F	90	01	10	8F	90	01	10	8F	90	01	10	□□ □□ □□ □□
0000001680	8F	90	01	10	8F	90	01	10	8F	90	01	10	8F	90	01	10	□□ □□ □□ □□
0000001690	8F	90	01	10	8F	90	01	10	8F	90	01	10	8F	90	01	10	□□ □□ □□ □□
00000016A0	8F	90	01	10	8F	90	01	10	8F	90	01	10	8F	90	01	10	□□ □□ □□ □□
00000016B0	8F	90	01	10	8F	90	01	10	8F	90	01	10	8F	90	01	10	□□ □□ □□ □□
00000016C0	8F	90	01	10	8F	90	01	10	8F	90	01	10	8F	90	01	10	□□ □□ □□ □□
00000016D0	8F	90	01	10	8F	90	01	10	8F	90	01	10	8F	90	01	10	□□ □□ □□ □□
00000016E0	8F	90	01	10	8F	90	01	10	8F	90	01	10	8F	90	01	10	□□ □□ □□ □□
00000016F0	8F	90	01	10	8F	90	01	10	8F	90	01	10	8F	90	01	10	□□ □□ □□ □□
0000001700	8F	90	01	10	8F	90	01	10	8F	90	01	10	8F	90	01	10	□□ □□ □□ □□
0000001710	8F	90	01	10	8F	90	01	10	8F	90	01	10	8F	90	01	10	□□ □□ □□ □□
0000001720	8F	90	01	10	8F	90	01	10	8F	90	01	10	8F	90	01	10	□□ □□ □□ □□
0000001730	8F	90	01	10	8F	90	01	10	8F	90	01	10	8F	90	01	10	□□ □□ □□ □□
0000001740	8F	90	01	10	8F	90	01	10	8F	90	01	10	8F	90	01	10	□□ □□ □□ □□
0000001750	8F	90	01	10	8F	90	01	10	8F	90	01	10	8F	90	01	10	□□ □□ □□ □□
0000001760	8F	90	01	10	8F	90	01	10	8F	90	01	10	8F	90	01	10	□□ □□ □□ □□
0000001770	8F	90	01	10	8F	90	01	10	8F	90	01	10	8F	90	01	10	□□ □□ □□ □□
0000001780	8F	90	01	10	8F	90	01	10	8F	90	01	10	8F	90	01	10	□□ □□ □□ □□
0000001790	8F	90	01	10	8F	90	01	10	8F	90	01	10	8F	90	01	10	□□ □□ □□ □□
00000017A0	8F	90	01	10	8F	90	01	10	8F	90	01	10	8F	90	01	10	□□ □□ □□ □□
00000017B0	8F	90	01	10	8F	90	01	10	8F	90	01	10	8F	90	01	10	□□ □□ □□ □□
00000017C0	8F	90	01	10	8F	90	01	10	8F	90	01	10	8F	90	01	10	□□ □□ □□ □□
00000017D0	8F	90	01	10	8F	90	01	10	8F	90	01	10	8F	90	01	10	□□ □□ □□ □□
00000017E0	8F	90	01	10	8F	90	01	10	8F	90	01	10	8F	90	01	10	□□ □□ □□ □□
00000017F0	8F	90	01	10	8F	90	01	10	8F	90	01	10	8F	90	01	10	□□ □□ □□ □□

图5-14 校验扇区

知识拓展

1. FAT分析

ExFAT文件系统的FAT只用于描述FAT链，不用以说明某个簇的分配情况，簇的分配情况使用簇位图进行描述，且ExFAT文件系统一般只有一个FAT，没有备份。其起始地址由BPB参数中偏移地址为50H～53H的4字节给出。

小提示 因为FAT文件系统的FAT都有备份，而ExFAT文件系统的FAT大多没有备份，所以如果FAT遭到破坏，数据就不可能正常读/写了。

（1）FAT的结构特点

以图5−6中的DBR所在分区为例，从偏移地址50H～53H处可以看到“FAT起始扇区号”是800H（即2048），跳转到2048扇区，FAT的结构特点如图5−15所示。

ExFAT文件系统的FAT结构与FAT32文件系统一样，每个FAT项也是由4B构成的，也就是32位的表项。其主要作用及结构特点如下：

Drive E: | Drive G: | Drive F:

0号FAT项　1号AT项　2号FAT项　3号FAT项　4号FAT项　5号FAT项

Offset	0	1	2	3	4	5	6	7	8	9	A	B	C	D	E	F
0000100000	F8	FF	FF	FF	FF	FF	FF	FF	03	00	00	00	FF	FF	FF	FF
0000100010	FF	FF	FF	FF	FF	FF	FF	FF	00	00	00	00	00	00	00	00
0000100020	00	00	00	00	00	00	00	00	00	00	00	00	00	00	00	00
0000100030	00	00	00	00	00	00	00	00	00	00	00	00	00	00	00	00
0000100040	00	00	00	00	00	00	00	00	00	00	00	00	00	00	00	00
0000100050	00	00	00	00	00	00	00	00	00	00	00	00	00	00	00	00
0000100060	00	00	00	00	00	00	00	00	00	00	00	00	00	00	00	00
0000100070	00	00	00	00	00	00	00	00	00	00	00	00	00	00	00	00
0000100080	00	00	00	00	00	00	00	00	00	00	00	00	00	00	00	00
0000100090	00	00	00	00	00	00	00	00	00	00	00	00	00	00	00	00
00001000A0	00	00	00	00	00	00	00	00	00	00	00	00	00	00	00	00
00001000B0	00	00	00	00	00	00	00	00	00	00	00	00	00	00	00	00
00001000C0	00	00	00	00	00	00	00	00	00	00	00	00	00	00	00	00
00001000D0	00	00	00	00	00	00	00	00	00	00	00	00	00	00	00	00
00001000E0	00	00	00	00	00	00	00	00	00	00	00	00	00	00	00	00
00001000F0	00	00	00	00	00	00	00	00	00	00	00	00	00	00	00	00
0000100100	00	00	00	00	00	00	00	00	00	00	00	00	00	00	00	00

图5−15　ExFAT文件系统的FAT结构

1）每个FAT项都有一个固定的编号，这个编号从0开始。也就是说，第1个FAT项是0号FAT项，第2个FAT项是1号FAT项，以此类推。

2）FAT的前两个FAT项有专门的用途，0号FAT项通常用来存放分区所在的介质类型，如硬盘的介质类型为“F8”，分区的FAT0号FAT项就以“F8”开始，即ExFAT文件系统的FAT是以“F8FFFFFF”开始（FAT32文件系统的FAT是以“F8FFFF0F”开始），1号FAT项通常是4个“FF”。

3）分区的数据区中的每一个簇都会映射到FAT中的唯一的一个FAT项，0号FAT项和1号FAT项的用途特殊，无法与数据区中的簇形成映射，所以数据区中的第一个簇只能从2号FAT项开始映射。这样数据区中的第一个簇就为2号簇，2号簇与2号FAT项映射，3号簇与3号FAT项映射，以此类推，直到数据区中的最后一个簇。

4）分区的两个元文件及用户文件都是以簇为单位存放在数据区中的，一个文件至少占用一个簇。当一个文件占用多个簇时，如同FAT文件系统一样，这些簇的簇号可能是连续的，也可能是不连续的。不同的是，不连续簇的簇号是以簇链的形式登记在FAT中，而连续的簇号，FAT则不予登记。

5）由此可以看出，ExFAT文件系统FAT的功能主要是记录不连续存储的文件的簇链，所以在FAT中看到数值为0的FAT项并不能说明该FAT项对应的簇是空簇。

（2）FAT表项取值的含义

- 00000000H：从未被分配使用。
- 00000001H：无效值。
- 00000002H～FFFFFFF6H：可用簇号。
- FFFFFFF7H：坏块。
- FFFFFFF8H：介质描述符。
- FFFFFFF9H～FFFFFFFEH：未定义。
- FFFFFFFFH：文件簇链结束，表示拥有该簇链的数据结束。

由图5–15可以看出，该分区目前的4、5号FAT项都是结束标志FFFFFFFFH，说明大写字符文件、根目录各占一个簇。2号FAT项为00000003H和结束标志FFFFFFFFH，说明簇位图文件占用了2个簇。

2. 簇位图分析

FAT之后就是簇位图文件了，它是文件系统的第一簇，也就是2号簇。簇位图文件的开始位置就是BPB参数“首簇起始扇区号”指示的位置。文件中每个字节的每个位对应文件系统中的一个簇。簇位图文件是在分区格式化时创建的，该文件不允许用户访问和修改。

簇位图文件是ExFAT文件系统中的一个元文件，它管理着分区中簇的使用情况。簇位图文件中的每一个位对应着数据区中的一个簇。由于簇号由2开始编号，所以簇位图中的最低位对应2号簇。要计算某个簇在簇位图中对应的位置，可以将该簇的簇号减去2，然后除以8得到的商即为该簇在位图中的字节号，余数为该簇在该字节中的位号。

例如，要计算12号簇在簇位图中对应的位置，可通过（12–2）/8=1余2。这样12号簇在簇位图中对应的位置是1号字节中的bit2。

下面来看一下具体的簇位图文件的结构。还是以图5–6中的DBR所在分区为例，从偏移地址58H～5BH处可以看到“首簇起始扇区号”是3800H（即14336），跳转到14 336扇区，内容如图5–16所示，数据为“FFH”的为已用簇。图5–17所示是分区只有一个小文件的簇位图，该扇区簇位图中只有1个字节“7FH”，即二进制“01111111”，从这个数值中能看出除了2、3、4这3个簇（分别对应簇位图文件、大写字符文件、根目录）被使用，还有其他4个簇也被其他文件使用了。图5–18所示是分区格式化后的簇位图。该扇区簇位图中也只有1个字节“07H”，也就是二进制“00000111”，由此可知只有2、3、4这3个簇被使用了。

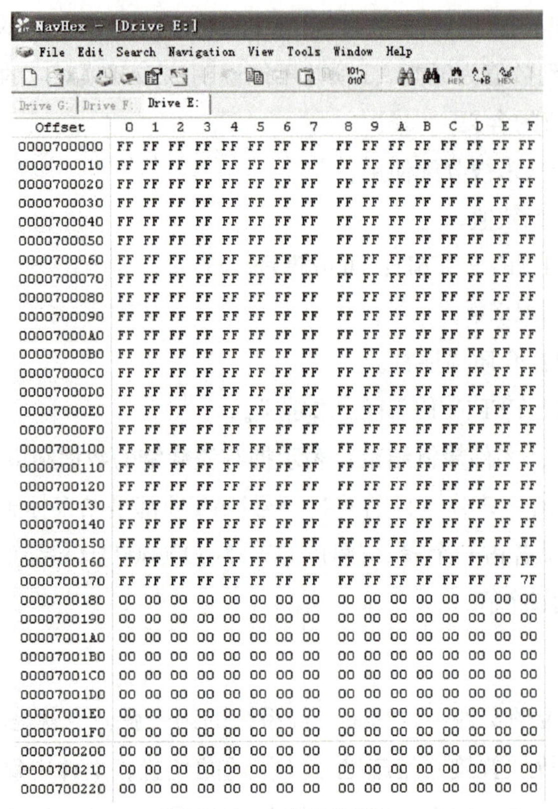

图 5-16　E 盘的簇位图

NavHex - [Drive G:]
File Edit Search Navigation View Tools Window Help
Drive G: Drive F: Drive E:

Offset	0	1	2	3	4	5	6	7	8	9	A	B	C	D	E	F
000300000	7F	00	00	00	00	00	00	00	00	00	00	00	00	00	00	00
000300010	00	00	00	00	00	00	00	00	00	00	00	00	00	00	00	00
000300020	00	00	00	00	00	00	00	00	00	00	00	00	00	00	00	00
000300030	00	00	00	00	00	00	00	00	00	00	00	00	00	00	00	00
000300040	00	00	00	00	00	00	00	00	00	00	00	00	00	00	00	00
000300050	00	00	00	00	00	00	00	00	00	00	00	00	00	00	00	00
000300060	00	00	00	00	00	00	00	00	00	00	00	00	00	00	00	00
000300070	00	00	00	00	00	00	00	00	00	00	00	00	00	00	00	00
000300080	00	00	00	00	00	00	00	00	00	00	00	00	00	00	00	00
000300090	00	00	00	00	00	00	00	00	00	00	00	00	00	00	00	00
0003000A0	00	00	00	00	00	00	00	00	00	00	00	00	00	00	00	00
0003000B0	00	00	00	00	00	00	00	00	00	00	00	00	00	00	00	00
0003000C0	00	00	00	00	00	00	00	00	00	00	00	00	00	00	00	00
0003000D0	00	00	00	00	00	00	00	00	00	00	00	00	00	00	00	00
0003000E0	00	00	00	00	00	00	00	00	00	00	00	00	00	00	00	00
0003000F0	00	00	00	00	00	00	00	00	00	00	00	00	00	00	00	00
000300100	00	00	00	00	00	00	00	00	00	00	00	00	00	00	00	00
000300110	00	00	00	00	00	00	00	00	00	00	00	00	00	00	00	00
000300120	00	00	00	00	00	00	00	00	00	00	00	00	00	00	00	00
000300130	00	00	00	00	00	00	00	00	00	00	00	00	00	00	00	00
000300140	00	00	00	00	00	00	00	00	00	00	00	00	00	00	00	00
000300150	00	00	00	00	00	00	00	00	00	00	00	00	00	00	00	00
000300160	00	00	00	00	00	00	00	00	00	00	00	00	00	00	00	00
000300170	00	00	00	00	00	00	00	00	00	00	00	00	00	00	00	00
000300180	00	00	00	00	00	00	00	00	00	00	00	00	00	00	00	00
000300190	00	00	00	00	00	00	00	00	00	00	00	00	00	00	00	00
0003001A0	00	00	00	00	00	00	00	00	00	00	00	00	00	00	00	00
0003001B0	00	00	00	00	00	00	00	00	00	00	00	00	00	00	00	00
0003001C0	00	00	00	00	00	00	00	00	00	00	00	00	00	00	00	00
0003001D0	00	00	00	00	00	00	00	00	00	00	00	00	00	00	00	00
0003001E0	00	00	00	00	00	00	00	00	00	00	00	00	00	00	00	00
0003001F0	00	00	00	00	00	00	00	00	00	00	00	00	00	00	00	00

图 5-17　分区只有一个文件的簇位图

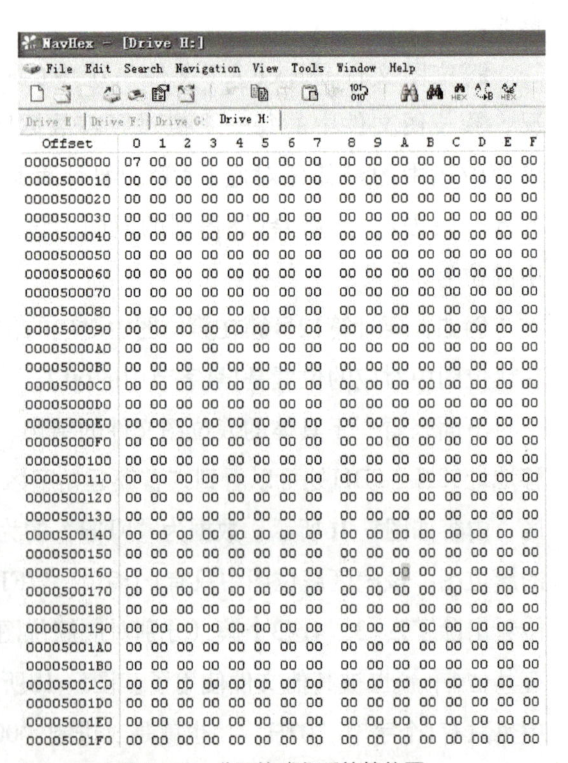

图 5-18　分区格式化后的簇位图

3. 大写字符文件分析

大写字符文件是ExFAT文件系统中的第2个元文件，位置可由根目录项中的簇位图目录的32位信息中得到。大写字符文件也是在分区格式化时创建的，该文件也不允许用户访问和修改。

大写字符文件首扇区的内容如图5-19所示。从图5-19中可以看出，其内容都是Unicode字母表中的字符，每一个字符占用2字节，其大小固定为5836字节。

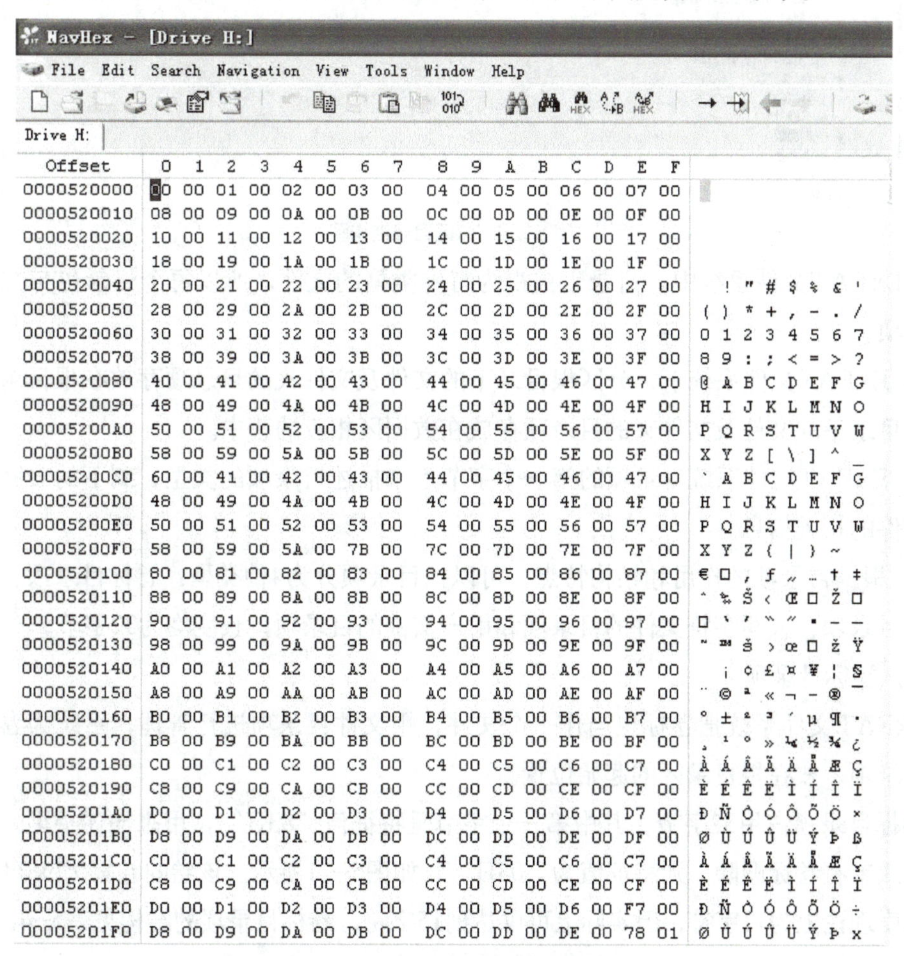

图5-19 大写字符文件第一个扇区的内容

4. 目录项分析

大写字符文件之后是就是用户数据区了，是从根目录开始的，位置可由DBR的BPB参数中得到。分区中的每个文件和文件夹（也称为目录）都被分配多个大小为32字节的目录项，用以描述文件或文件夹的属性、大小、起始簇号、时间、日期等信息，文件名或目录名也记录在目录项中。

ExFAT的目录项虽然仍保持32字节大小，但其结构已不再与FAT32中的目录项一样，而是采取了全新的结构。图5-20所示为硬盘的分区结构。

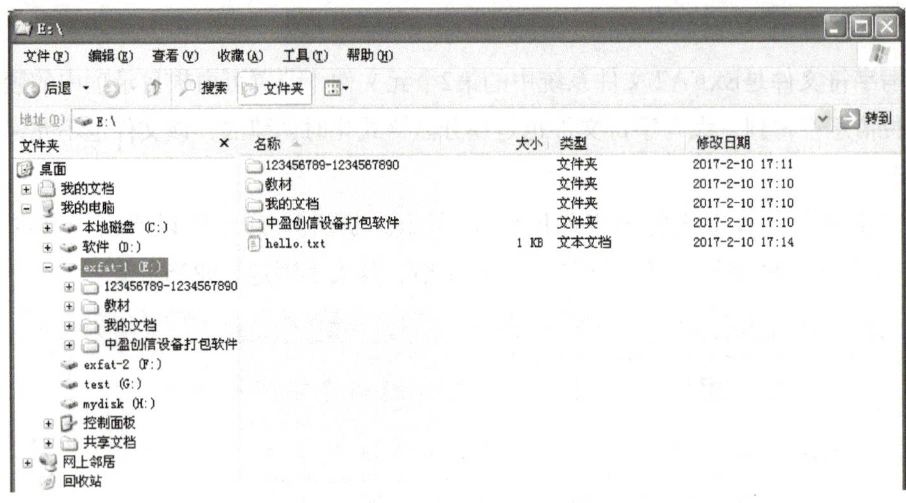

图 5-20 分区目录结构图

在ExFAT文件系统中，目录也被视为特殊类型的文件，所以每个目录也与文件一样有目录项。

1）ExFAT文件系统下，分区根目录下的文件及文件夹的目录项存放在根目录区中，分区子目录下的文件及文件夹的目录项存放在数据区相应的簇中。

2）ExFAT文件系统目录项的第一个字节用来描述目录项的类型，剩下的31字节用来记录文件的相关信息。

3）根据目录项的作用和结构特点，可以把目录项分为4种类型：卷标目录项、簇位图文件的目录项、大写字符文件的目录项和用户文件的目录项，长度均为32字节。

（1）卷标目录项

ExFAT文件系统把卷标也当作一个文件，用文件目录项进行管理，系统为卷标创建一个目录项，放在根目录区的起始位置。

卷标目录项占用32字节，其中第一个字节是特征值“83H”，用来描述类型。如果没有卷标或者将卷标删除，则特征值为“03H”，如图5–21所示。该卷的卷标为exfat–1。卷标的长度理论上为11字符，但实际上可以达到15字符。卷标目录项的结构见表5–4。

```
Offset      0  1  2  3  4  5  6  7   8  9  A  B  C  D  E  F
0000760000 83 07 65 00 78 00 66 00  61 00 74 00 2D 00 31 00   f e x f a t - 1
0000760010 00 00 00 00 00 00 00 00  00 00 00 00 00 00 00 00
```

图 5–21 E 盘的卷标目录项

表 5–4 卷标目录项的结构

偏移地址	长度/字节	含义
00H	1	卷标目录项特征值“83H”或“03H”
01H	1	卷标长度字符数
02H～17H	22	卷标，使用Unicode字符，每个字符占用2字节
18H～1FH	8	保留

(2) 簇位图文件的目录项

ExFAT文件系统也为簇位图文件创建一个目录项，放在根目录区中。其第一个字节是特征值为“81H”。簇位图目录项如图5-22所示，其结构见表5-5。

```
0000760020 | 81 00 00 00 00 00 00 00  00 00 00 00 00 00 00 00
0000760030 | 00 00 00 00 02 00 00 00  EE 96 02 00 00 00 00 00
```

图5-22 E盘的簇位图文件目录项

表5-5 簇位图目录项的结构

偏移地址	长度/字节	含义
00H	1	簇位图目录项特征值“81H”
01H	1	簇位图目录项标志
02H～13H	18	保留
14H～17H	4	簇位图的起始簇号，通常为2号簇
18H～1FH	8	簇位图的大小字节数

(3) 大写字符文件的目录项

ExFAT文件系统会为大写字符文件创建一个目录项，放在根目录区中。其第一个字节是特征值为“82H”。大写字符文件目录项如图5-23所示，其结构及含义见表5-6。其中，大写字符文件的起始簇号由偏移地址14H～17H给出，图5-23中的起始簇号为4号。

```
0000760040 | 82 00 00 00 0D D3 19 E6  00 00 00 00 00 00 00 00
0000760050 | 00 00 00 00 04 00 00 00  CC 16 00 00 00 00 00 00
```

图5-23 E盘的大写字符文件目录项

表5-6 大写字符文件目录项的结构及含义

偏移地址	长度/字节	含义
00H	1	大写字符文件目录项特征值“82H”
01H～03H	3	保留
04H～07H	4	表校验
08H～13H	12	保留
14H～17H	4	大写字符文件的起始簇号
18H～1FH	8	大写字符文件的大小字节数，固定为5836字节

(4) 用户文件的目录项

ExFAT文件系统中每个用户文件至少有3个目录项，也被称为3个属性：第1个目录项称为“属性1”，目录项首字节的特征值为“85H”；第2个目录项称为“属性2”，目录项首字节的特征值为“COH”；第3个目录项称为“属性3”，目录项首字节的特征值为“C1H”。3个属性的结构及含义见表5-7～表5-9。E盘文件的目录项如图5-24～图5-26所示。根目录文件“hello.txt”和文件夹“中盈创信设备打包软件”的目录项的属性都只有“85H”“COH”和“C1H”3个属性，但根目录文件夹“123456789-1234567890”的目录项的“C1H”属性项因为文件名长度超过15个字符而有2个。

表 5-7 属性“85H”的结构及含义

偏移地址	长度/字节	含义
00H	1	目录项特征值“85H”
01H	1	附属目录项数
02H～03H	2	校验和
04H～07H	4	文件属性
08H～0BH	4	文件创建时间。格式为32位的DOS时间，包括年、月、日、时、分、秒，与FAT格式相同
0CH～0FH	4	文件最后修改时间
10H～13H	4	文件最后访问时间
14H	1	文件创建时间
15H	1	文件最后修改时间
16H～18H	3	似乎与时区有关，具体含义尚不明确
19H～1FH	7	保留

表 5-8 属性“C0H”的结构及含义

偏移地址	长度/字节	含义
00H	1	目录项特征值“C0H”
01H	1	文件碎片标志。03H表示连续存放，文件没有碎片；01H表示不是连续存放，文件有碎片；00H表示空文件
02H	1	保留
03H	1	文件名的字符个数，文件名用Unicode码表示，每个字符占用2字节
04H～05H	2	文件名的Hash校验值
06H～07H	2	保留
08H～0FH	8	文件大小1，是文件的总字节数
10H～13H	4	保留
14H～17H	4	文件起始簇号
18H～1FH	8	文件大小2，也是文件的总字节数，是为NTFS的压缩属性准备的，一般情况下与“文件大小1”的数值保持一致

表 5-9 属性“C1H”的结构及含义

偏移地址	长度/字节	含义
00H	1	目录项特征值“C1H”
01H	1	保留
02H～1FH	30	文件名。文件名的每个字符占用2字节，故一个目录项最多容纳的文件名字符数为15个。如果超过了15个字符，则需要继续为其分配C1类型的目录项，最多可以有17个文件名目录项

```
85 02 13 B6 20 00 00 00  B8 89 4A 4A D6 89 4A 4A  …  ¶    ¸‰JJÖ‰JJ
D6 89 4A 4A A5 00 A0 A0  A0 00 00 00 00 00 00 00  Ö‰JJ¥
C0 03 00 09 46 30 00 00  11 00 00 00 00 00 00 00  À   F0
00 00 00 00 FF 0B 00 00  11 00 00 00 00 00 00 00      ÿ
C1 00 68 00 65 00 6C 00  6C 00 6F 00 2E 00 74 00  Á h e l l o . t
78 00 74 00 00 00 00 00  00 00 00 00 00 00 00 00  x t
```

图 5-24 E 盘的根目录文件“hello.txt”的目录项

```
85 02 44 65 10 00 00 00  5B 89 4A 4A 5B 89 4A 4A  ጊ 秎┼   褃□褃□
5B 89 4A 4A 86 86 A0 A0  A0 00 00 00 00 00 00 00  褃□蚆□
C0 03 00 0A 6B EC 00 00  00 00 02 00 00 00 00 00  π□       ┐
00 00 00 00 00 05 00 00  00 00 02 00 00 00 00 00      □    ┐
C1 00 2D 4E C8 76 1B 52  E1 4F BE 8B 07 59 53 62  Á 中盈创信设备打
05 53 6F 8F F6 4E 00 00  00 00 00 00 00 00 00 00  包软件
```

图 5-25 E 盘的根目录文件夹“中盈创信设备打包软件”的目录项

```
85 03 99 4F 10 00 00 00  6C 89 4A 4A 6C 89 4A 4A   … ™O    1‰JJ1‰JJ
6C 89 4A 4A A2 A2 A0 A0  A0 00 00 00 00 00 00 00   1‰JJ¢¢
C0 03 00 14 04 E3 00 00  00 00 02 00 00 00 00 00   À    ã
00 00 00 00 FD 0B 00 00  00 00 02 00 00 00 00 00       ý
C1 00 31 00 32 00 33 00  34 00 35 00 36 00 37 00   Á 1 2 3 4 5 6 7
38 00 39 00 2D 00 31 00  32 00 33 00 34 00 35 00   8 9 - 1 2 3 4 5
C1 00 36 00 37 00 38 00  39 00 30 00 00 00 00 00   Á 6 7 8 9 0
00 00 00 00 00 00 00 00  00 00 00 00 00 00 00 00
```

图 5-26 E盘的根目录文件夹“123456789-1234567890”的目录项

任务3 手工恢复ExFAT文件系统下的文件

任务情景

用户：我的U盘里面有一个很重要的文件不小心给删除了，能恢复出来吗？

工作人员：文件删除后，您又往里面写数据了吗？

用户：没有。

工作人员：我试一试吧。

任务分析

当文件删除后，最简单的恢复方法是先尝试使用一些反删除工具，但反删除工具并不能保证完全成功恢复。如果恢复失败，则可以利用中盈创信底层编辑软件根据存储介质的实际情况进行恢复。反删除工具的使用方法参见项目6中的任务1。本任务重点讲述手工恢复的方法。

将该盘连接至中盈创信数据恢复机上，双击该盘符，确实没有用户所说的那个文件，查看了回收站后也没有该文件。使用中盈创信底层编辑软件打开该盘，通过DBR得知该盘是ExFAT文件系统。

因为该盘可以正常打开，文件系统完好，所以结合任务2“知识拓展”部分讲述的目录项分析知识，可以先定位到该盘的根目录起始位置，然后向下搜索被删除文件的目录项，找到其对应的属性2中文件的存储位置和大小，就可将文件恢复出来。

必备知识

1. 根目录的管理分析

ExFAT文件系统对于根目录下文件的管理，统一在数据区中的根目录区为这些文件创建目录项，并由簇位图文件为用户文件的内容分配簇存放数据。而根目录区的首簇记录在DBR的BPB中。如果根目录下的文件数目过多，这些文件的目录项在根目录区的首簇存放不下，则簇位图文件就会为根目录分配新的簇来存放根目录下的文件及文件夹的目录项，并在FAT中记录其簇链。下面具体结合E盘根目录下的一个文件“hello.txt”来看一下ExFAT文件系统是如何管理文件的。该文件的内容如图5–27所示。

先定位到根目录起始位置，然后由图5–24中E盘的根目录文件“hello.txt”的目录项的“C0H”属性可知，该文件的起始簇号为3071（0BFFH），文件大小为17（11H）。3071号簇所对应的扇区号=首簇起始扇区号+（3071–2）×每簇扇区数=14 336（BPB参数的58H～5BH处）+（3071–2）×256（BPB参数的60H处）=800 000。

跳转到800 000扇区，内容如图5–28所示，其前17个字节的内容与文件实际内容相同。

图 5–27 E盘根目录文件“hello.txt”的内容

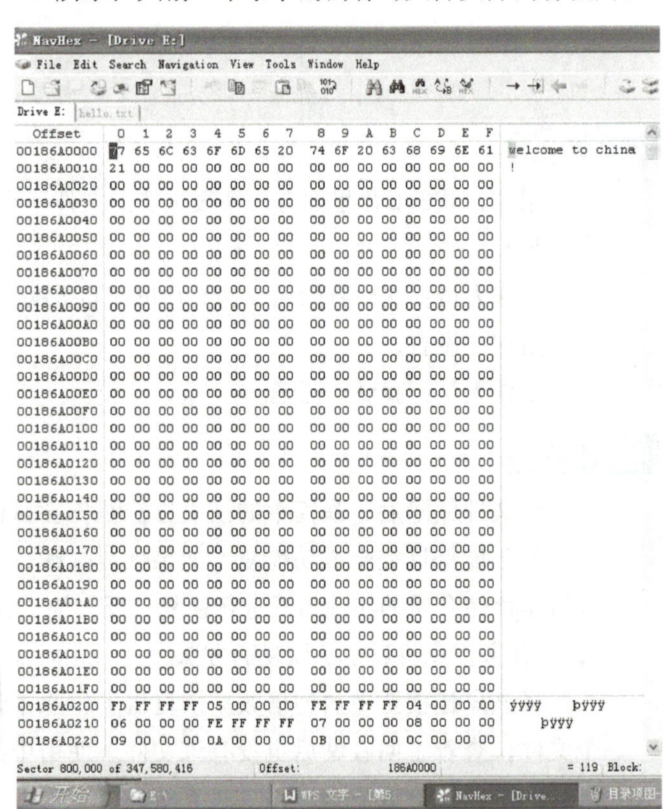

图 5–28 3071号簇的内容

2. 子目录的管理分析

ExFAT的根目录、子目录及数据都在数据区内。下面仍然以E盘为例分析子目录的管理方法，同时也能看出数据区中的根目录、子目录及数据的结构和关系。

E盘根目录下的文件夹（子目录）“123456789–123456789”下的文件夹“234”下的内容如图5–29所示。文件夹“234”下的文件“444.doc”的内容如图5–30所示。

由图5–26中E盘的根目录文件夹“123456789–1234567890”的目录项的“C0H”属性可知，该文件的起始簇号为3069（0BFDH），文件大小为131 072（20000H）。3069

号簇所对应的扇区号=首簇起始扇区号+（3069−2）×每簇扇区数=14 336（BPB参数的58H−5BH处）+（2301−2）×256=799 488。

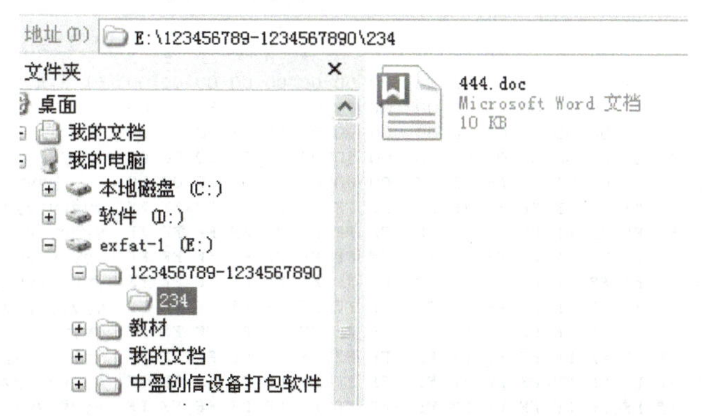

图5-29 E盘根目录下的“123456789-1234567890”文件夹

1234567890acbcdefgiklmn

图5-30 子目录“234”下“444.doc”文件的内容

跳转到799 488扇区，子目录“234”的属性如图5−31所示。由图5−31中的“C0H”属性可知，该文件的起始簇号为3070（0BFEH），文件大小仍为131 072（20000H）。

```
85 02 C9 4E 10 00 00 00  79 89 4A 4A 79 89 4A 4A   ÉN      y‰JJy‰JJ
79 89 4A 4A 00 00 A0 A0  A0 00 00 00 00 00 00 00  y‰JJ
C0 03 00 03 21 F0 00 00  00 00 02 00 00 00 00 00  À   !ð
00 00 00 00 FE 0B 00 00  00 00 02 00 00 00 00 00      þ
C1 00 32 00 33 00 34 00  00 00 00 00 00 00 00 00  Á 2 3 4
00 00 00 00 00 00 00 00  00 00 00 00 00 00 00 00
```

图5-31 子目录“234”的属性

再往后跳转一个簇到799 744扇区，文件“444.doc”的属性如图5−32所示。由图5−32中的“C0H”属性可知，该文件的起始簇号为3076（0C04H），文件大小为10 240（2800H）。

```
85 02 A7 75 20 00 00 00  82 89 4A 4A E4 6E 4D 4A  … §u    ‚‰JJänMJ
E4 6E 4D 4A 5D 00 A0 A0  A0 00 00 00 00 00 00 00  änMJ]
C0 03 00 07 4D FE 00 00  00 28 00 00 00 00 00 00  À   Mþ   (
00 00 00 00 04 0C 00 00  00 28 00 00 00 00 00 00           (
C1 00 34 00 34 00 34 00  2E 00 64 00 6F 00 63 00  Á 4 4 4 . d o c
00 00 00 00 00 00 00 00  00 00 00 00 00 00 00 00
```

图5-32 文件“444.doc”的属性

再往后跳转6个簇到801 280扇区，文件“444.doc”的第一个扇区的内容如图5−33所示。可以看到其内容与文件的实际内容毫不相同，这是因为Word文档都有一个文件头，且长度不定。从该扇区的首字节起将长度为10 240字节（即20个扇区）的数据块选中，复制为一个文件，保存为.doc格式，如图5−34和图5−35所示。打开该文件，其内容与文件实际内容完全相同。

```
NavHex - [Drive E:]
File  Edit  Search  Navigation  View  Tools  Window  Help
Drive E:  noname.doc

Offset      0  1  2  3  4  5  6  7   8  9  A  B  C  D  E  F
0018740000  D0 CF 11 E0 A1 B1 1A E1  00 00 00 00 00 00 00 00  ÐÏ à¡± á
0018740010  00 00 00 00 00 00 00 00  3E 00 03 00 FE FF 09 00          >   þÿ
0018740020  06 00 00 00 00 00 00 00  00 00 00 00 01 00 00 00
0018740030  01 00 00 00 00 00 00 00  00 10 00 00 02 00 00 00
0018740040  01 00 00 00 FE FF FF FF  00 00 00 00 00 00 00 00      þÿÿÿ
0018740050  FF FF FF FF FF FF FF FF  FF FF FF FF FF FF FF FF  ÿÿÿÿÿÿÿÿÿÿÿÿÿÿÿÿ
0018740060  FF FF FF FF FF FF FF FF  FF FF FF FF FF FF FF FF  ÿÿÿÿÿÿÿÿÿÿÿÿÿÿÿÿ
0018740070  FF FF FF FF FF FF FF FF  FF FF FF FF FF FF FF FF  ÿÿÿÿÿÿÿÿÿÿÿÿÿÿÿÿ
0018740080  FF FF FF FF FF FF FF FF  FF FF FF FF FF FF FF FF  ÿÿÿÿÿÿÿÿÿÿÿÿÿÿÿÿ
0018740090  FF FF FF FF FF FF FF FF  FF FF FF FF FF FF FF FF  ÿÿÿÿÿÿÿÿÿÿÿÿÿÿÿÿ
00187400A0  FF FF FF FF FF FF FF FF  FF FF FF FF FF FF FF FF  ÿÿÿÿÿÿÿÿÿÿÿÿÿÿÿÿ
00187400B0  FF FF FF FF FF FF FF FF  FF FF FF FF FF FF FF FF  ÿÿÿÿÿÿÿÿÿÿÿÿÿÿÿÿ
00187400C0  FF FF FF FF FF FF FF FF  FF FF FF FF FF FF FF FF  ÿÿÿÿÿÿÿÿÿÿÿÿÿÿÿÿ
00187400D0  FF FF FF FF FF FF FF FF  FF FF FF FF FF FF FF FF  ÿÿÿÿÿÿÿÿÿÿÿÿÿÿÿÿ
00187400E0  FF FF FF FF FF FF FF FF  FF FF FF FF FF FF FF FF  ÿÿÿÿÿÿÿÿÿÿÿÿÿÿÿÿ
00187400F0  FF FF FF FF FF FF FF FF  FF FF FF FF FF FF FF FF  ÿÿÿÿÿÿÿÿÿÿÿÿÿÿÿÿ
0018740100  FF FF FF FF FF FF FF FF  FF FF FF FF FF FF FF FF  ÿÿÿÿÿÿÿÿÿÿÿÿÿÿÿÿ
0018740110  FF FF FF FF FF FF FF FF  FF FF FF FF FF FF FF FF  ÿÿÿÿÿÿÿÿÿÿÿÿÿÿÿÿ
0018740120  FF FF FF FF FF FF FF FF  FF FF FF FF FF FF FF FF  ÿÿÿÿÿÿÿÿÿÿÿÿÿÿÿÿ
0018740130  FF FF FF FF FF FF FF FF  FF FF FF FF FF FF FF FF  ÿÿÿÿÿÿÿÿÿÿÿÿÿÿÿÿ
0018740140  FF FF FF FF FF FF FF FF  FF FF FF FF FF FF FF FF  ÿÿÿÿÿÿÿÿÿÿÿÿÿÿÿÿ
0018740150  FF FF FF FF FF FF FF FF  FF FF FF FF FF FF FF FF  ÿÿÿÿÿÿÿÿÿÿÿÿÿÿÿÿ
0018740160  FF FF FF FF FF FF FF FF  FF FF FF FF FF FF FF FF  ÿÿÿÿÿÿÿÿÿÿÿÿÿÿÿÿ
0018740170  FF FF FF FF FF FF FF FF  FF FF FF FF FF FF FF FF  ÿÿÿÿÿÿÿÿÿÿÿÿÿÿÿÿ
0018740180  FF FF FF FF FF FF FF FF  FF FF FF FF FF FF FF FF  ÿÿÿÿÿÿÿÿÿÿÿÿÿÿÿÿ
0018740190  FF FF FF FF FF FF FF FF  FF FF FF FF FF FF FF FF  ÿÿÿÿÿÿÿÿÿÿÿÿÿÿÿÿ
00187401A0  FF FF FF FF FF FF FF FF  FF FF FF FF FF FF FF FF  ÿÿÿÿÿÿÿÿÿÿÿÿÿÿÿÿ
00187401B0  FF FF FF FF FF FF FF FF  FF FF FF FF FF FF FF FF  ÿÿÿÿÿÿÿÿÿÿÿÿÿÿÿÿ
00187401C0  FF FF FF FF FF FF FF FF  FF FF FF FF FF FF FF FF  ÿÿÿÿÿÿÿÿÿÿÿÿÿÿÿÿ
00187401D0  FF FF FF FF FF FF FF FF  FF FF FF FF FF FF FF FF  ÿÿÿÿÿÿÿÿÿÿÿÿÿÿÿÿ
00187401E0  FF FF FF FF FF FF FF FF  FF FF FF FF FF FF FF FF  ÿÿÿÿÿÿÿÿÿÿÿÿÿÿÿÿ
00187401F0  FF FF FF FF FF FF FF FF  FF FF FF FF FF FF FF FF  ÿÿÿÿÿÿÿÿÿÿÿÿÿÿÿÿ
```

图 5-33　文件“444.doc”的第 1 个扇区的内容

```
Drive E:  noname.doc

Offset    0  1  2  3  4  5  6  7   8  9  A  B  C  D  E  F
00000000  D0 CF 11 E0 A1 B1 1A E1  00 00 00 00 00 00 00 00  ÐÏ à¡± á
00000010  00 00 00 00 00 00 00 00  3E 00 03 00 FE FF 09 00          >   þÿ
00000020  06 00 00 00 00 00 00 00  00 00 00 00 01 00 00 00
00000030  01 00 00 00 00 00 00 00  00 10 00 00 02 00 00 00
00000040  01 00 00 00 FE FF FF FF  00 00 00 00 00 00 00 00      þÿÿÿ
00000050  FF FF FF FF FF FF FF FF  FF FF FF FF FF FF FF FF  ÿÿÿÿÿÿÿÿÿÿÿÿÿÿÿÿ
00000060  FF FF FF FF FF FF FF FF  FF FF FF FF FF FF FF FF  ÿÿÿÿÿÿÿÿÿÿÿÿÿÿÿÿ
00000070  FF FF FF FF FF FF FF FF  FF FF FF FF FF FF FF FF  ÿÿÿÿÿÿÿÿÿÿÿÿÿÿÿÿ
00000080  FF FF FF FF FF FF FF FF  FF FF FF FF FF FF FF FF  ÿÿÿÿÿÿÿÿÿÿÿÿÿÿÿÿ
```

图 5-34　将 20 个扇区内容保存为一个“noname”Word 文档

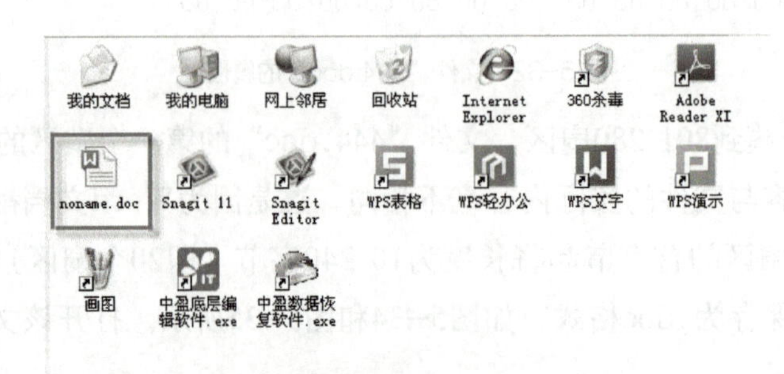

图 5-35　保存至桌面的“noname”Word 文档

3. 文件删除后的分析

在ExFAT中建立文件时，系统会尽可能找到足够的空间，以使整个文件连续地存储在一起，减少碎片的存在。当系统可以将一个文件连续存储在一起时，会在其所在路径下建立相应的目录项，将簇位图中该数据占用簇对应的位设置为1，表示该簇已分配使用，而不在FAT中为其建立FAT链。

如果系统无法为文件找到完全可以容纳下它的连续空间，则对其进行碎片式存储。这种情况下，除在簇位图中设置相应的位以外，还需要在FAT中为其建立FAT链，以描述文件各个碎片间的关系。

文件被删除时，其各个文件目录项首字节的高位会由1变为0，表示该目录项描述的数据已被删除，而目录项中诸如起始簇号、文件大小、文件名及时间信息等均不做任何改动，甚至校验值也不进行重新计算。如图5-36所示，图中上半部分为“hello.txt”文件删除前的状态，下半部分是删除后的状态。

```
85 02 13 B6 20 00 00 00  B8 89 4A 4A D6 89 4A 4A  …  ¶    ¸‰JJÖ‰JJ
D6 89 4A 4A A5 00 A0 A0  A0 00 00 00 00 00 00 00  Ö‰JJ¥
C0 03 00 09 46 30 00 00  11 00 00 00 00 00 00 00  À    F0
00 00 00 00 FF 0B 00 00  11 00 00 00 00 00 00 00      ÿ
C1 00 68 00 65 00 6C 00  6C 00 6F 00 2E 00 74 00  Á h e l l o . t
78 00 74 00 00 00 00 00  00 00 00 00 00 00 00 00  x t

05 02 13 B6 20 00 00 00  B8 89 4A 4A D6 89 4A 4A     ¶    ¸‰JJÖ‰JJ
D6 89 4A 4A A5 00 A0 A0  A0 00 00 00 00 00 00 00  Ö‰JJ¥
40 03 00 09 46 30 00 00  11 00 00 00 00 00 00 00  @    F0
00 00 00 00 FF 0B 00 00  11 00 00 00 00 00 00 00      ÿ
41 00 68 00 65 00 6C 00  6C 00 6F 00 2E 00 74 00  A h e l l o . t
78 00 74 00 00 00 00 00  00 00 00 00 00 00 00 00  x t
```

图 5-36 “hello.txt”文件删除前后的对比

通过对ExFAT文件系统的文件删除前后的目录项进行对比，可以发现文件删除后只是每个目录项的首字节发生了变化，3个属性由原来的“85H”“C0H”和“C1H”改变为“05H”“40H”和“41H”，其他字节没有任何改变。文件的起始簇号、大小、文件名这些关键信息都完好地存在。跳转到该文件的起始簇号3071（0BFFH）处，发现文件内容完好无损，依然存在，即文件删除并没有清空其数据区，这为文件的恢复提供了可能。

小提示 如果文件删除后，又向该分区中进行过写操作，那么新写入的数据将有可能覆盖被删除文件的数据，这样文件就不可能恢复了。所以，恢复被删除文件的前提是删除后千万不要再写入数据。

任务实施

第一步：打开该U盘的逻辑磁盘盘符，查看DBR中根目录的起始位置，如图5-37所示，由图中的60H～63H偏移地址处得到根目录起始簇号为4。

```
000000000  EB 76 90 45 58 46 41 54  20 20 20 00 00 00 00 00
000000010  00 00 00 00 00 00 00 00  00 00 00 00 00 00 00 00
000000020  00 00 00 00 00 00 00 00  00 00 00 00 00 00 00 00
000000030  00 00 00 00 00 00 00 00  00 00 00 00 00 00 00 00
000000040  3F 00 00 00 00 00 00 00  C1 AF EE 00 00 00 00 00
000000050  00 08 00 00 80 07 00 00  00 10 00 00 7F BA 03 00
000000060  04 00 00 00 B1 F8 3C 12  00 01 00 00 09 06 01 80
000000070  00 00 00 00 00 00 00 00  33 C9 8E D1 BC F0 7B 8E
000000080  D9 A0 FB 7D B4 7D 8B F0  AC 98 40 74 0C 48 74 0E
000000090  B4 0E BB 07 00 CD 10 EB  EF A0 FD 7D EB E6 CD 16
```

图 5-37　DBR 中根目录的起始位置图

第二步：跳转到根目录起始位置，向下搜索文件名“4208”，搜索设置如图5-38所示。搜索结果如图5-39所示。

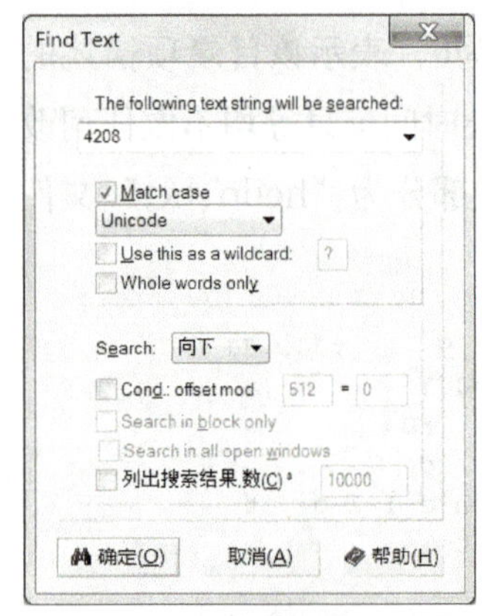

图 5-38　文件名搜索设置图

```
0002103A0  05 02 1B B9 20 00 00 00  75 73 D6 4A A1 5C 58 49      ¹    usÖJ¡\XI
0002103B0  75 73 D6 4A 53 00 A0 A0  A0 00 00 00 00 00 00 00  usÖJS
0002103C0  40 03 00 08 25 E0 00 00  00 5E 00 00 00 00 00 00  @   %à   ^
0002103D0  00 00 00 00 85 00 00 00  00 5E 00 00 00 00 00 00      …    ^
0002103E0  41 00 34 00 32 00 30 00  38 00 2E 00 64 00 6F 00  A 4 2 0 8 . d o
0002103F0  63 00 00 00 00 00 00 00  00 00 00 00 00 00 00 00  c
```

图 5-39　文件的属性图

第三步：由图5-39中“C0H”（图中因文件删除属性特征值变为40H）属性中的偏移地址14H～17H、18H～1FH处分别得到该文件存储的起始簇号85H（133）和文件的大小5E00H（24064）字节。

小提示 鼠标定位在14H或者18H处，通过“数据解释器”窗口可以迅速得到其对应的8位、16位和32位的十进制数字。

第四步：跳转到该文件存储的起始地址，选中240642字节，按<Ctrl+C>组合键进行复制，然后选择“编辑”→“复制块选”→“至新文件”命令，在弹出的对话框中输入文件名并选择保存路径，然后保存，这样删除的文件就恢复出来了。

小思考 知道了簇号之后，怎么跳转？

小疑问 如果该盘格式化了还能将数据恢复出来吗？

知识拓展

1. 格式化后分区FAT、簇位图、根目录分析

将某个根目录下既有文件也有文件夹的ExFAT分区格式化，可以发现有以下特点。

(1) FAT变化

分区的FAT与格式化前完全一样，这并不是说ExFAT格式化后不改变FAT，事实上

ExFAT格式化会把FAT第1个扇区的原有数据清零，并写入元文件和根目录对应的FAT项。该分区的FAT的第1个扇区的数据格式化前后没有变化是因为元文件及根目录所占的位置及大写字符文件在格式化前后并没有发生改变。

(2) 簇位图的改变

簇位图的改变较小，只是最后一个非零的字节数值改变了。

(3) 根目录的改变

根目录改变最大，只剩下3个目录项，分别是卷标的目录项、簇位图文件的目录项和大写字符文件的目录项，其他目录项全被清零，但根目录下文件的内容依然存在，且文件夹下的子目录及文件的目录项依然存在，没有任何破坏，内容也完好无损。所以这也为文件的恢复提供了可能。

结合图5-40进一步说明根目录的变化，E盘原来根目录下有4个文件夹和一个文件。其中，文件夹“123456789-1234567890”里包括一个子目录“234”，子目录“234”里包括一个文件。重新格式化后，根目录只剩下3个目录项，分别是卷标的目录项、簇位图文件的目录项和大写字符文件的目录项，但子目录“234”及子目录“234”里的文件“444.doc”的目录项依然存在，且文件“444.doc”的内容也依然存在。虽然根目录下的文件“hello.txt”的内容也存在，但其目录项已被清除。

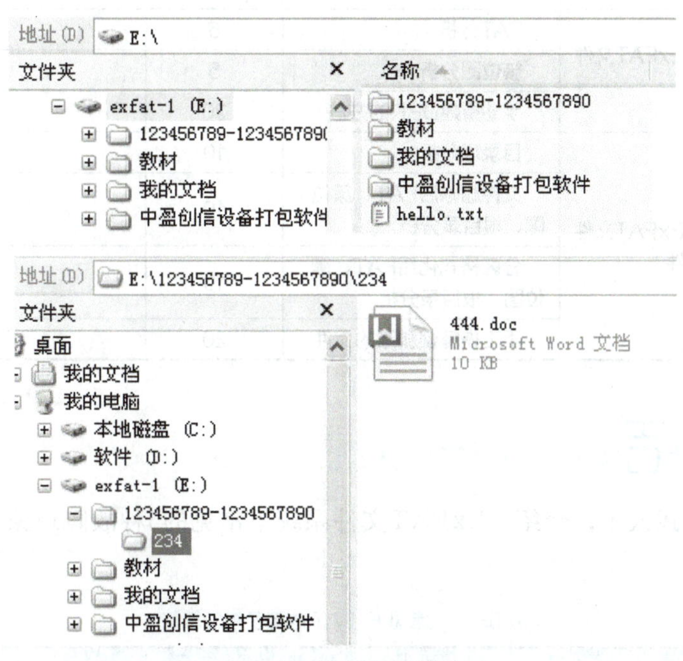

图5-40 E盘的目录结构

2. 格式化后分区文件属性分析

ExFAT文件系统格式化之后，FAT中如果有簇链，第1个扇区的簇链会清零，根目录区中的用户文件目录项也被清零，所以根目录的文件就很难被恢复了。因为没有目录项就无法知道这些文件名及它们存放的地址，但子目录的目录项还保存着，所以子目录下的文件是有机会恢复的。

小提示 如果文件原来没有连续存放，而是存在碎片，那么该文件在FAT中就有簇链。当文件被删除或被格式化后，这些簇链会被清零，所以有碎片的文件被删除或被格式化后都不容易恢复。

项目评价 PROJECT EVALUATION

项目评价表见表5-10。

表5-10 项目评价表

序号	任务名称	评价内容	评价分值	具体评分	
				教师	学生
1	利用备份恢复ExFAT文件系统的DBR	ExFAT的数据分布结构	5		
		DBR的组成	5		
		关键BPB参数分析	5		
		DBR修复方法	5		
2	手工恢复ExFAT文件系统的DBR	FAT分析	5		
		簇位图分析	5		
		手动重建DBR的方法	20		
3	手工恢复ExFAT文件系统下的文件	目录项分析	10		
		文件删除后FAT、簇位图、根目录分析	10		
		分区格式化后FAT、簇位图、根目录分析	10		
		手工恢复误删除的文件	20		

项目总结 PROJECT SUMMARY

本项目从实践入手，介绍了ExFAT文件系统下常见的3种故障现象及其数据恢复方法，见表5-11。

表5-11 常见ExFAT故障及修复思路

序号	常见ExFAT故障	修复思路
1	DBR被破坏	利用备份DBR修复分区
2	DBR与备份DBR被破坏	手工重建DBR扇区
3	文件丢失	利用ExFAT文件系统管理方式进行数据恢复

每个任务由任务情景、任务分析、必备知识、任务实施及知识拓展几部分组成，由浅

入深地讲解了ExFAT文件系统下的数据恢复技术，见表5-12。

表 5-12 修复思路与相关的数据恢复技术知识

序号	修复思路	相关的数据恢复技术知识
1	利用备份DBR修复分区	ExFAT的数据分布结构
		DBR的结构与关键BPB参数分析
2	手工重建DBR分区	FAT分析、簇位图分析、目录项介绍
		手动重建DBR方法
3	利用ExFAT文件系统管理方式进行数据恢复	目录项分析
		文件删除、磁盘格式化后FAT、簇位图、根目录分析

课后练习 EXERCISES

结合前面所学知识、任务分析及任务实施过程，设置如下故障。

1）将一个根目录下存有的几个文件（文本和Word）以及几个文件夹（文件夹里也有文件）的U盘格式化。

2）将一个根目录下存有的几个文本和Word文件的U盘的MBR、DBR及其备份清零。

要求：分别观察故障现象，并分别恢复根目录、子目录中的一个文件。

PROJECT 6

PROJECT 6

项目 6

使用其他技术恢复数据

项目概述

在数据恢复领域，通常所说的数据恢复主要是指与磁盘数据和文件系统相关的一些问题和相应的解决方法。从更广义的角度来讲，在计算机的使用过程中任何使用户数据不能正常使用的问题都是数据恢复问题。

本项目介绍了其他的数据恢复技术。

职业能力目标

- 掌握利用工具软件恢复已删除文件、已格式化分区文件的方法。
- 掌握管理员密码、办公文档密码遗失的处理方法。
- 掌握其他存储介质上数据的恢复方法。
- 掌握办公文档不同的修复方法。

任务1 恢复已删除文件、已格式化分区的文件

子任务1 使用中盈创信数据恢复工具恢复数据

任务情景

用户：我的U盘不小心格式化了，里面有几个很重要的文件，还能恢复出来吗？

工作人员：格式化后，您又往里面写东西了吗？

用户：没有。

工作人员：我试一试吧。

任务分析

当分区格式化后，可以根据分区文件系统的类型使用中盈创信底层编辑软件手工进行恢复。手工恢复需要具备一些相关的知识才能完成，最简单的恢复方法是先尝试使用一些恢复工具软件，如中盈创信数据恢复工具和EasyRecovery，也可以使用其他工具软件。先使用中盈创信数据恢复工具软件进行数据恢复。

将该盘连接至中盈创信数据恢复机上，打开该盘符发现确实什么文件也看不到了。

必备知识

中盈创信数据恢复软件R−Studio是一款功能超强的数据恢复工具。它采用全新的恢复技术，为使用FAT、NTFS、ExFAT、Ext2、Ext3、Ext4、UFS及HFS等文件系统的磁盘提供完整的数据维护解决方案。其功能主要如下：

- 恢复误格式化磁盘文件。
- 恢复误删除的文件数据。
- 创建硬盘镜像。
- 查看和编辑硬盘。
- 查找无法打开的分区中的文件数据。

任务实施

第一步：打开中盈创信数据恢复工具软件，主界面如图6-1所示。选中格式化的盘符，单击工具栏中的“扫描”按钮，弹出如图6-2所示的“扫描”对话框。

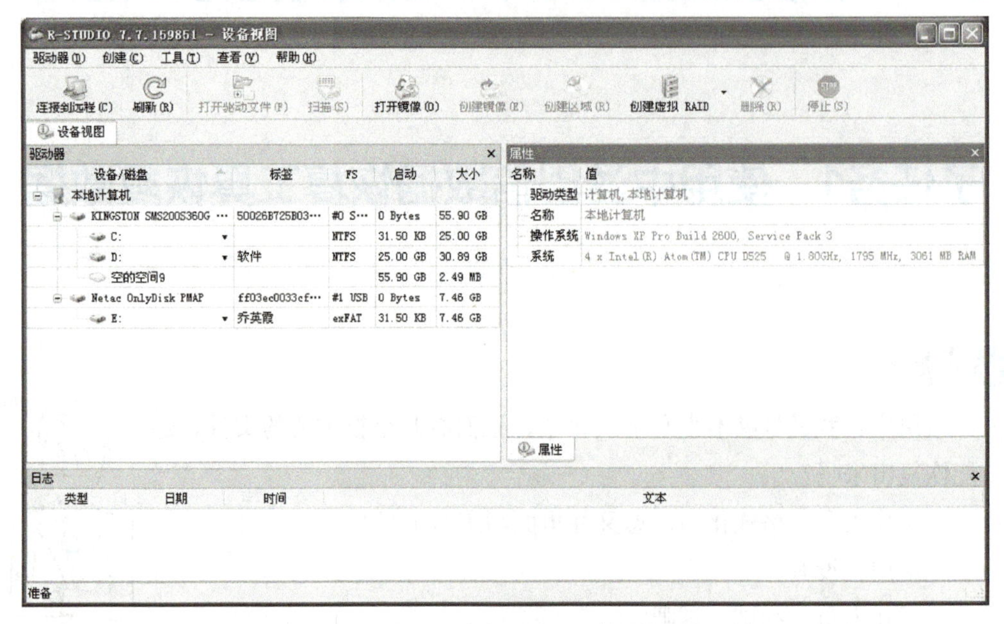

图6-1 中盈创信数据恢复工具软件主界面

扫描
扫描区域
磁盘大小：7.46 GB (15642624 Sectors)
所选磁盘尚未扫描或扫描信息没有加载。您可扫描整个磁盘，或者手动指定扫描参数。
启动(S)：0 Bytes
大小(I)：7.46 GB
文件系统(F)：Ext2/Ext3/Ext4 更改...
☑ 另外搜索已知文件类型(E) 已知文件类型(F)...
☑ 保存到文件(T)：D:\2\WD My Passport 0827 1012_8_1.scn ...
(推荐较大的对象。只保存对象扫描期间收集的磁盘数据结构的信息，而不是实际的对象数据。)
扫描视图：
○ 简单(仅扫描进度。更快。)
◉ 详细(扫描进度并发现对象。更慢。)
○ 无(在扫描期间完全不使用扫描查看进度。最快。)
高级 >> 扫描(S) 取消(N)

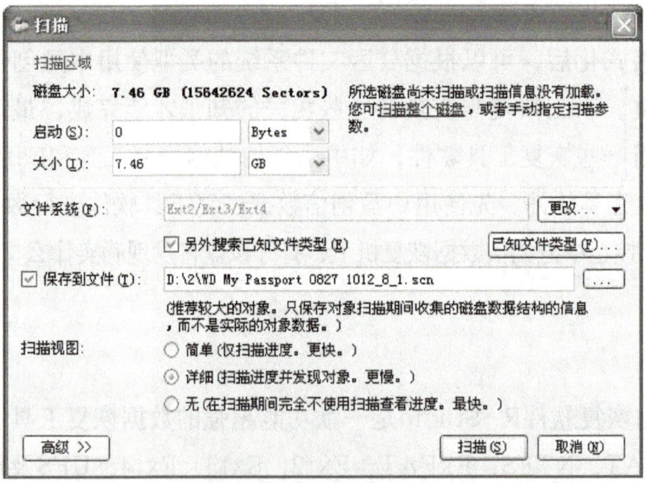

图6-2 “扫描”对话框

第二步：单击“更改”按钮旁边的箭头，选择格式化分区的文件系统类型；选中“另外搜索已知文件类型”复选框；单击“已知文件类型”按钮，选择要搜索的文件类型，以节省扫描时间，最后选择扫描状态文件的保存路径。“保存到文件”复选框主要是指保存扫描硬盘的状态信息，如果要扫描的硬盘或者分区比较大，建议选中该复选框，以防止断电或者机器重启，避免从开始处重新“扫描”。

第三步：扫描设置好后，单击“扫描”按钮，弹出扫描过程面板。扫描结束后，有时会识别到1个或多个分区，通常排名前面的分区是最贴近需要恢复的分区，也是最有可能的格式化之前的分区。本例的搜索结果如图6-3所示。

第四步：双击展开分区E，核实要恢复的分区数据，如图6-4所示。将需要恢复的数据选中，或者直接选中左侧窗口的Root目录将所有文件选中，然后单击鼠标右键，在弹出的快捷菜单中选择“恢复标记”命令，或者直接单击工具栏中的“恢复标记的”按钮。

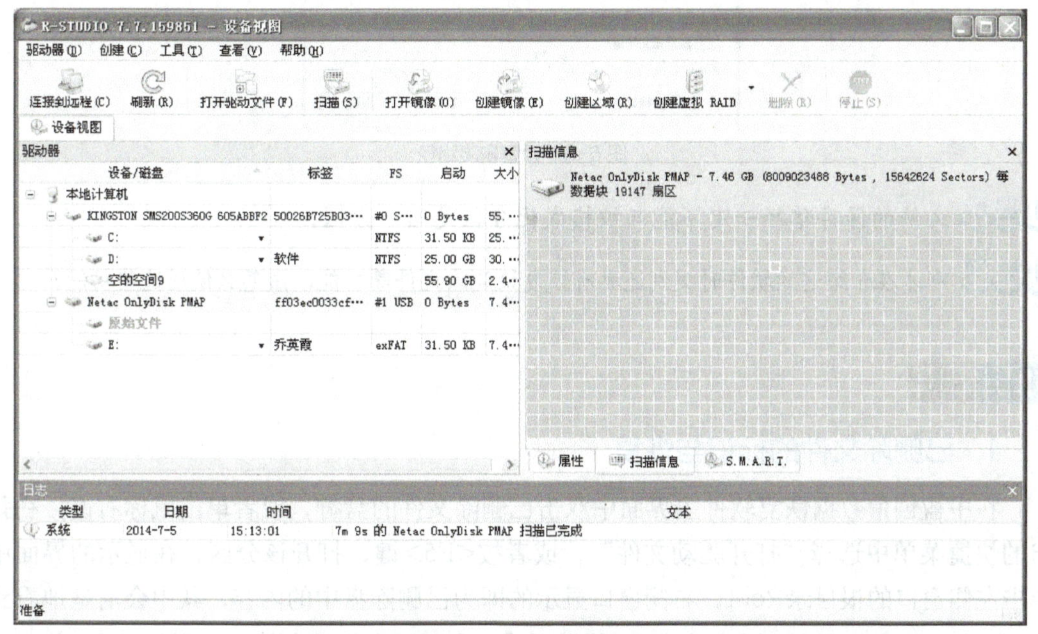

图6-3 文件扫描结束

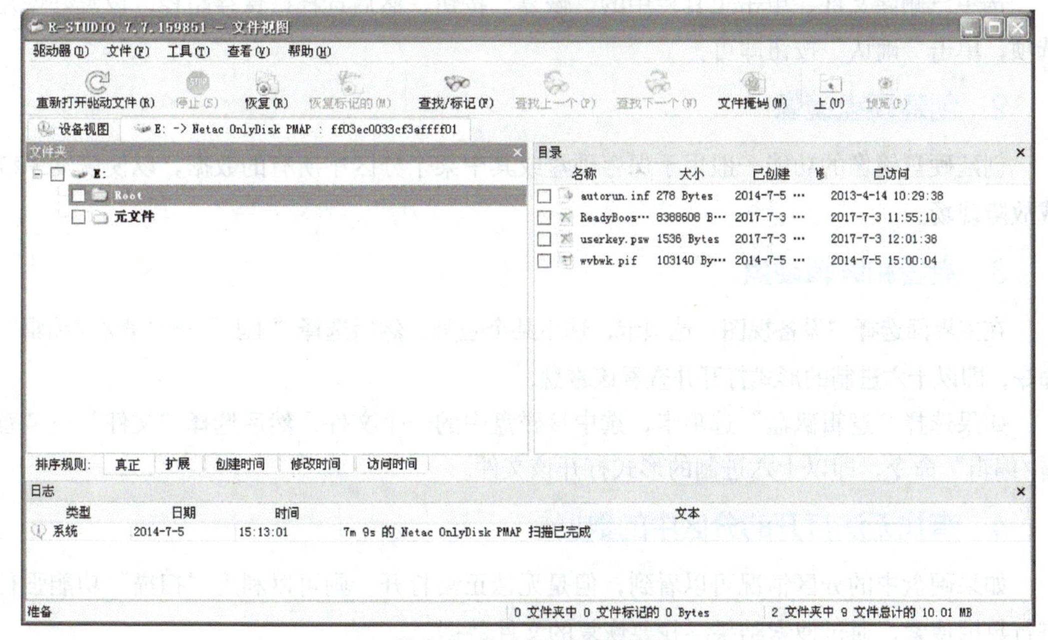

图6-4 格式化后的扫描结果

第五步：在弹出图6-5所示的窗口中，选择好保存路径，设置好恢复选项，单击“确认”按钮即可。

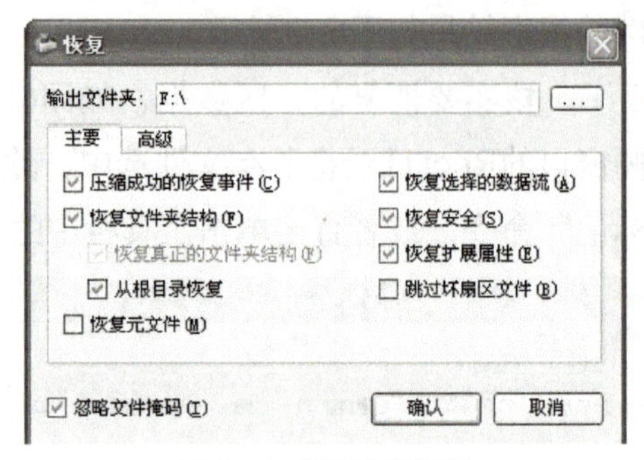

图6-5　设置恢复路径

小提示　文件的保存路径一定不能与被格式化分区是同一分区。

小疑问　刚才在介绍这款软件时提到还具有恢复误删除文件等功能，该怎么使用这些功能？

知识拓展

1. 已删除文件的标识与恢复

在中盈创信数据恢复软件主界面中双击已删除文件的盘符，或者单击鼠标右键，在弹出的快捷菜单中选择“打开驱动文件”，或者按<F5>键，打开该分区，在显示的界面中单击左侧窗口的根目录Root，右侧窗口显示的即为已删除盘中的内容，其中会清楚地看到有些文件和文件夹的前面有红色打叉的标记，表明该文件或文件夹被删除了。

选中已删除文件，单击工具栏中的“恢复”按钮，然后选择好保存路径，设置好恢复选项，单击“确认”按钮即可。

2. 创建硬盘镜像

创建硬盘镜像的功能一般用于保存硬盘或其中某个分区中所有的数据，以便恢复系统或故障现场。

3. 查看和编辑硬盘

在主界面选择“设备视图”选项卡，选中某个磁盘，然后选择“工具”→“查看/编辑”命令，即以十六进制的形式打开并查看该磁盘。

如果选择“逻辑磁盘”选项卡，选中该磁盘中的一个文件，然后选择“文件”→“查看/编辑”命令，即以十六进制的形式打开该文件。

4. 查找无法打开的分区中的数据

如果硬盘中的分区情况可以看到，但是无法正常打开，则可以利用“扫描”功能强行进行数据搜索，通过搜索结果寻找要恢复的文件数据。

小提示 该功能在数据恢复技术中是很常用的。

子任务2 使用EasyRecovery恢复数据

任务情景

用户：我的U盘不小心格式化了，里面有几个很重要的文件，还能恢复出来吗？

工作人员：格式化后，您又往里面写东西了吗？

用户：没有。

工作人员：我试一试吧。

任务分析

格式化恢复工具软件有很多，刚才介绍了中盈创信数据恢复工具的使用方法，下面再介绍另外一款工具软件EasyRecovery。

将该盘连接至中盈创信数据恢复机上，打开该盘符，发现什么文件也看不到了。

必备知识

EasyRecovery文件数据恢复软件可以同时支持Windows及Mac平台从硬盘、光盘、U盘、数字照相机、手机及其他多媒体移动设备恢复删除或者丢失的各种文件，如文档、表格、图片、音视频等。EasyRecovery的功能主要有磁盘诊断、数据恢复、文档修复和邮件修复。

任务实施

第一步：打开EasyRecovery软件，其主界面如图6–6所示，其中“数据恢复”选项卡中是需要的功能。

小提示 EasyRecovery软件的安装路径不能是格式化的分区。

第二步：单击“格式化恢复”按钮，弹出如图6–7所示的对话框。选择要恢复的分区，确认好其格式化前的文件系统，单击“下一步”按钮，然后开始扫描，如图6–8所示。扫描结束后的结果如图6–9所示。

小思考 图6–6中的“继续恢复”按钮具有什么功能？

第三步：最后进行数据恢复。在图6–9的右框中选中要恢复的文件，单击“下一步”

按钮，在弹出的对话框中设置好保存路径，再单击“下一步”按钮，弹出如图6-10所示的窗口，提示已恢复到桌面一个文件。单击“完成”按钮，弹出一个对话框，提示“是否要保存恢复状态以便今后继续？”，这与R-Studio中的保存扫描状态文件功能类似。

查看恢复出来的文件，内容完整存在。

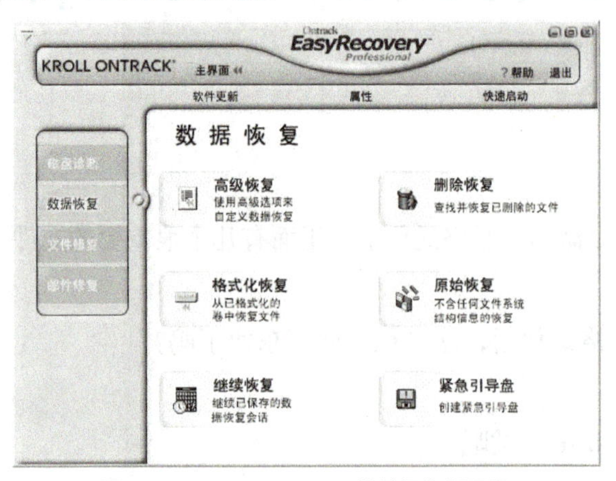

图6-6　EasyRecovery的数据恢复界面

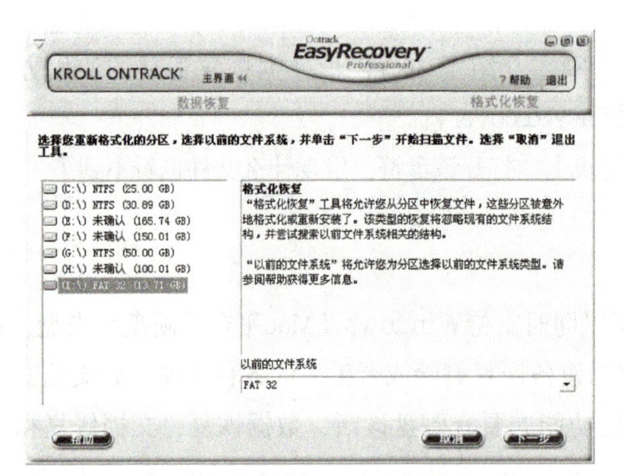

图6-7　恢复分区及文件系统的确认

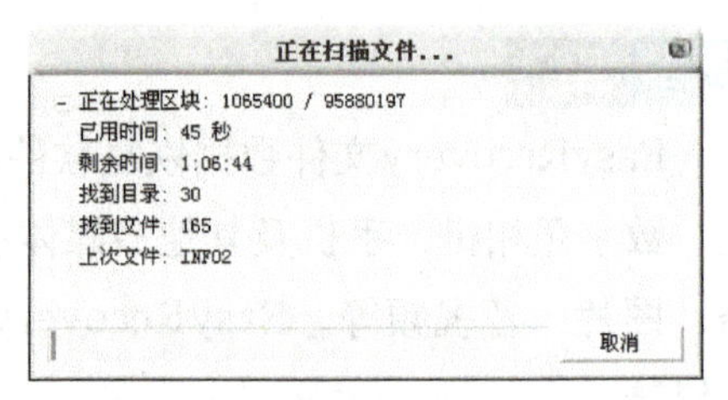

图6-8　格式化分区的扫描过程

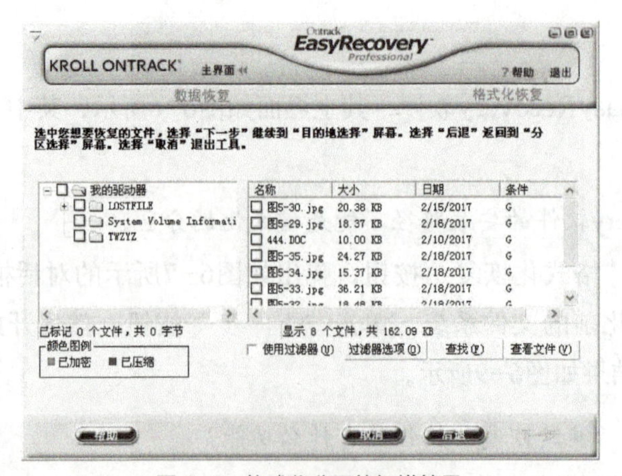

图6-9　格式化分区的扫描结果

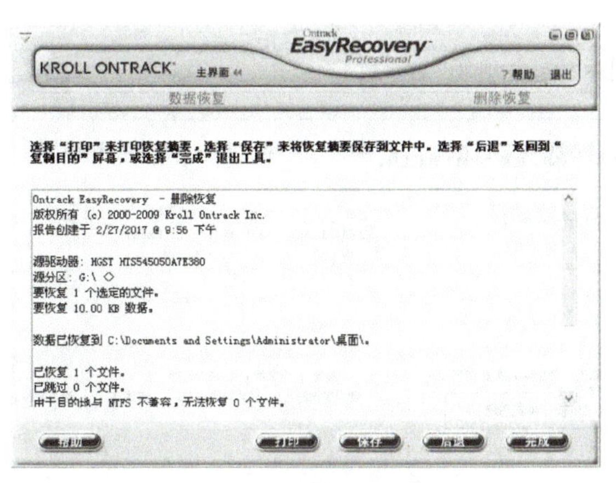

图 6-10　恢复结束提示窗口

小提示 格式化操作的数据恢复因平时的数据删除操作都有残留，所以搜索的结果极易出现这些残留的数据，而真正需要恢复的数据也很有可能搜索不到。如果没有需要的数据，则可以到“LOSTFILE”文件夹中去查找。

小疑问 这款软件的其他功能是怎样的？

任务实施

1. 已删除文件的恢复

第一步：单击图6−6中的“删除恢复”按钮，弹出如图6−11所示的对话框。

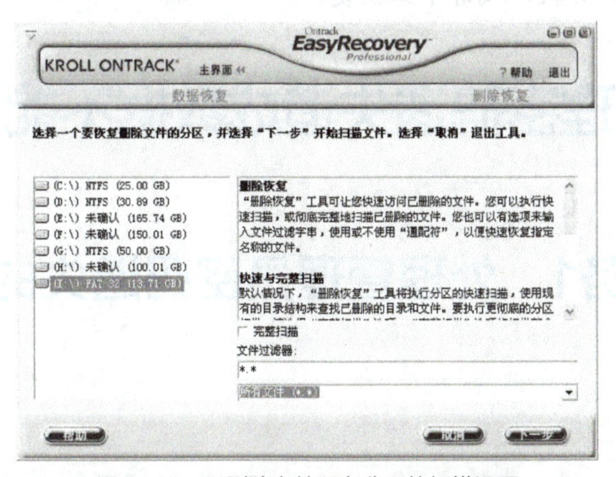

图 6-11　已删除文件所在分区的扫描设置

第二步：选中已删除文件所在的分区，然后进行必要的设置。单击图6−11中的“文件过滤器”的下拉按钮，可以设置扫描文件的类型以缩短扫描过程，如果不设置，则是通配符“*.*”，即扫描所有类型的文件。如果想完整扫描，则可以选中“完整扫描”复选框，但此时的扫描过程会耗用较长时间，通常可以不选此项。

第三步：单击“下一步”按钮，弹出一个扫描进度图，扫描结束后，弹出如图6−12所示的结果。

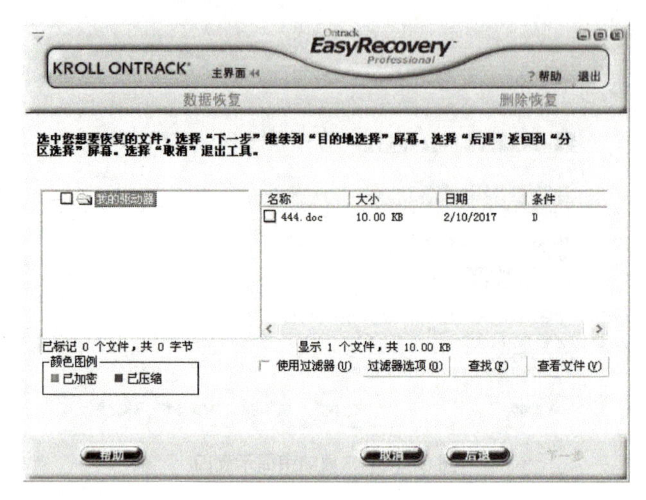

图6-12　扫描结果

选中右边窗口要恢复的文件，单击“下一步”按钮，后面的操作与格式化恢复相同。

2. 磁盘诊断、文档修复、邮件修复

磁盘诊断主要是进行硬盘硬件故障的诊断；文档修复是针对Office文档和zip压缩文档的修复；邮件修复是针对通过邮箱管理器下载的邮件进行修复。

小提示　任何数据恢复工具都不能保证完全成功恢复数据，EasyRecovery也不例外。如果没有找到需要的数据，则可以使用“高级恢复”功能试一试。如果还不行，则可以考虑其他工具软件或者手工恢复。

任务2　处理密码遗失造成数据不能访问的问题

子任务1　处理管理员密码遗失的故障

任务情景

用户：我的计算机不知道谁设置了管理员密码，现在无法访问里面的数据了。

工作人员：别着急，我来给您处理一下。

任务分析

如果设置了操作系统的管理员密码，开机时系统就会要求输入密

码，否则无法进入操作系统，当然数据也就无法访问了。解决管理员密码问题的方法一般有两种：利用Windows自带的功能提前制作好密码重置盘，然后启动系统时利用密码重置盘重新设置密码，或者利用Windows PE启动U盘直接清除密码。

小疑问 怎么制作重置密码盘，如何利用Windows PE启动U盘呢？

必备知识

1）Windows操作系统的“控制面板”下的“用户账号”下有许多功能，如图6-13所示。其中左侧的“创建密码重设盘”功能就可以完成重置密码的操作。

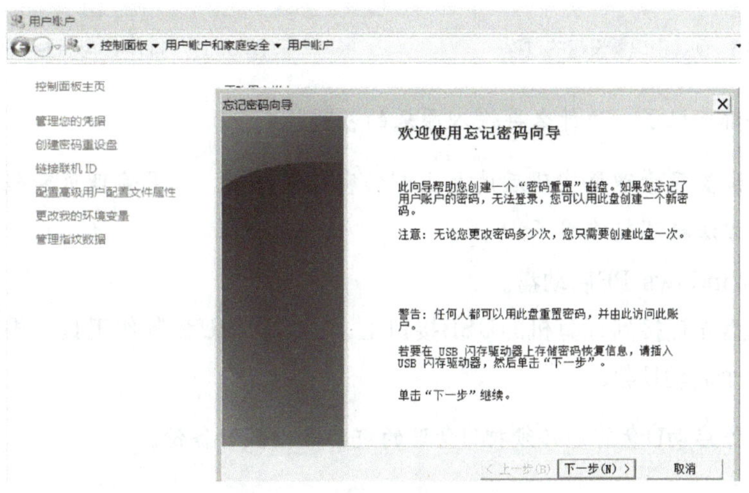

图6-13　创建密码重设盘的向导

2）创建密码重设盘的过程如下。

选择“创建密码重设盘”命令，弹出如图6-14所示的窗口，选择要制作密钥盘的U盘符，然后单击“下一步”按钮，在弹出的图6-15所示的对话框中输入现在的管理员密码，单击“下一步”按钮，弹出如图6-16所示的对话框，创建完成后单击“下一步”按钮，即可完成密码重设盘的制作。打开U盘可以看到里面多了一个“userkey.psw”文件，如图6-17所示。

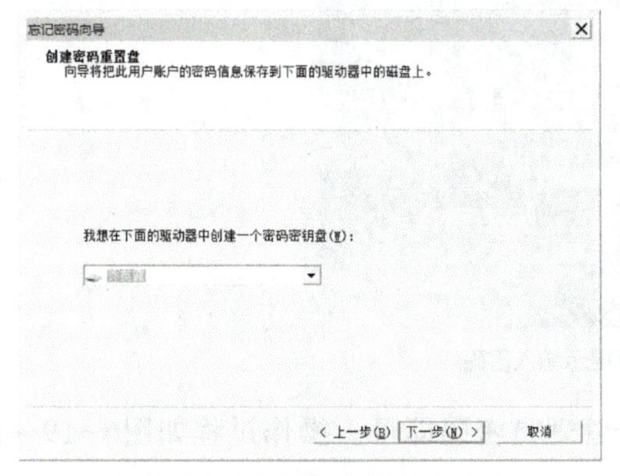

图6-14　选择密码重设盘的U盘

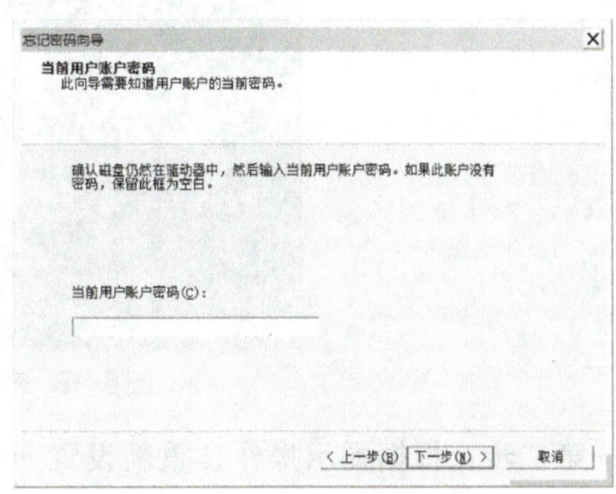

图6-15　输入当前的管理员密码

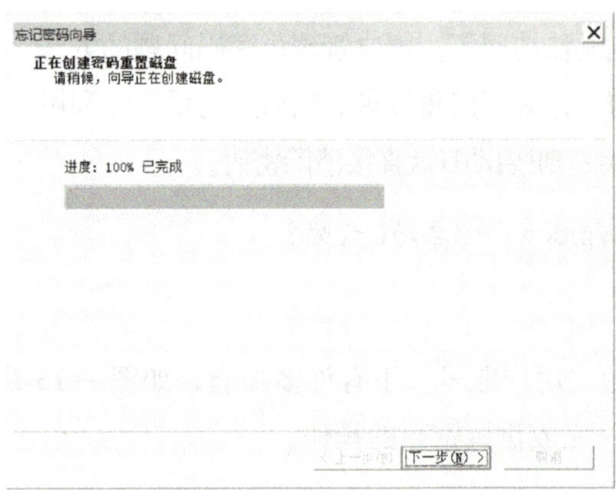

图6-16　创建密码重设盘的过程

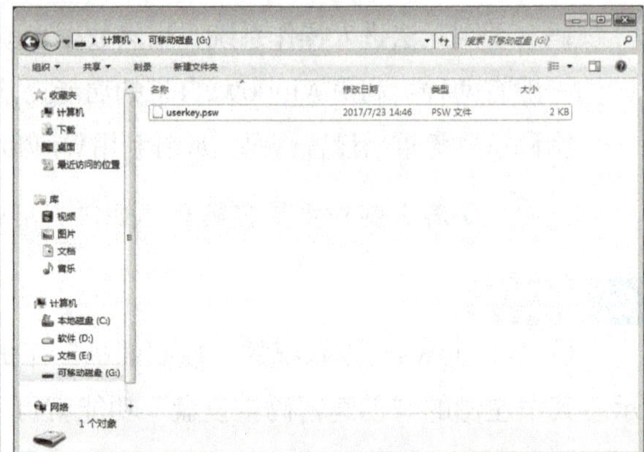

图6-17　打开U盘后显示的文件

小疑问　密码都忘记了，为什么再输入原来的密码？

小提示　在刚设置了管理员密码后请马上制作密码重设盘。如果管理员密码已经忘记了，这个方法就不起作用了。

3）制作Windows PE启动盘。

把一个U盘先连接到计算机的USB接口上，运行启动U盘制作工具，根据提示进行操作即可制作一个启动U盘。

小提示　在制作启动U盘前，必须把U盘里的重要数据做好备份。

任务实施

第一种方法：使用“密码重设盘”重新设置管理员密码。

第一步：在如图6-18所示的界面中单击“密码”文本框旁边的箭头“→”，然后单击“重设密码”，插入密码重置U盘，弹出如图6-19所示的界面。

图6-18　开机提示输入密码

第二步：根据提示操作，重新设置一个管理员密码即可。操作过程如图6-19～图6-22所示。

小思考 如果想重新设置但没有密码该怎么办？

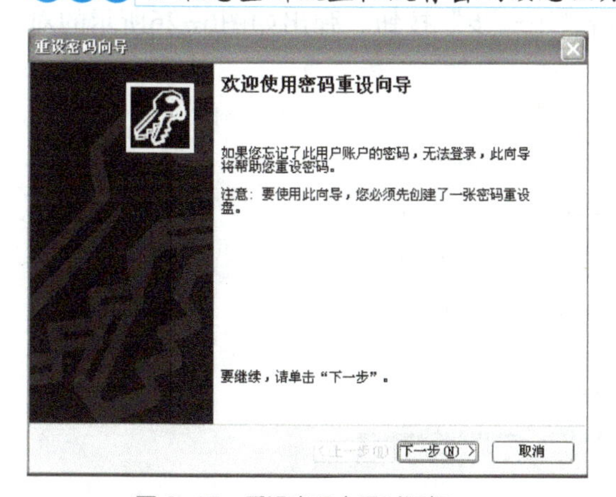

图6-19 重设密码向导对话框

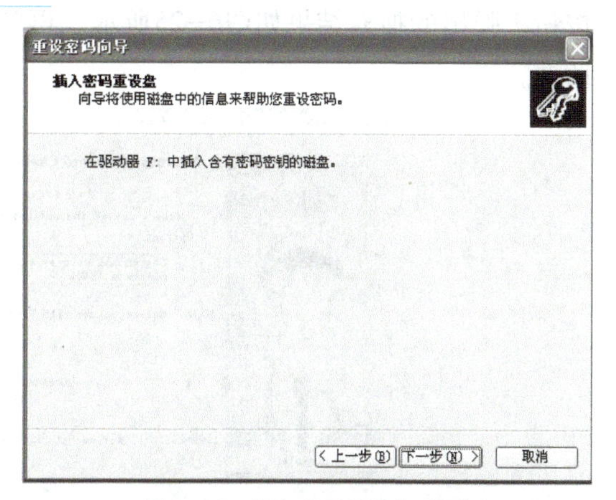

图6-20 插入密码重设盘对话框

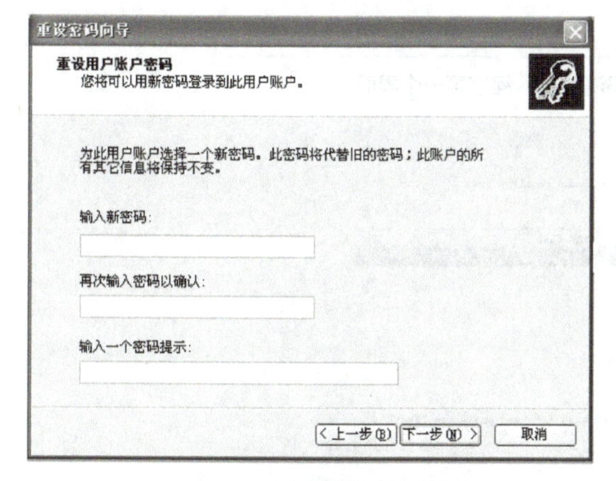

图6-21 重新设置密码对话框

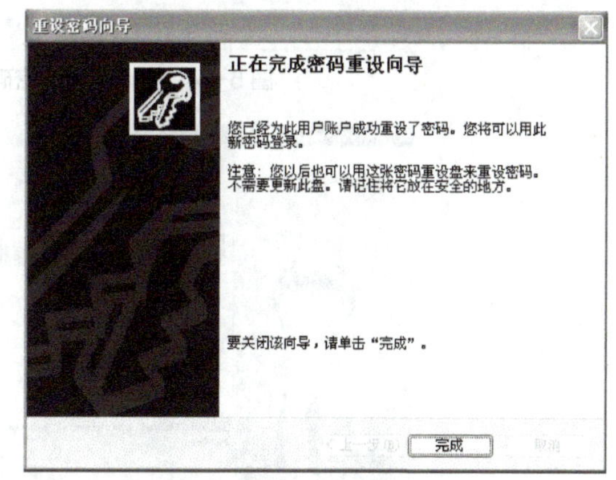

图6-22 密码设置完成对话框

第二种方法：利用Windows PE启动U盘直接清除密码。

第一步：先使用Windows PE启动U盘，进入Windows PE环境，然后单击“开始”→“程序”→“密码管理”→“Windows密码清除器”命令，如图6-23所示。

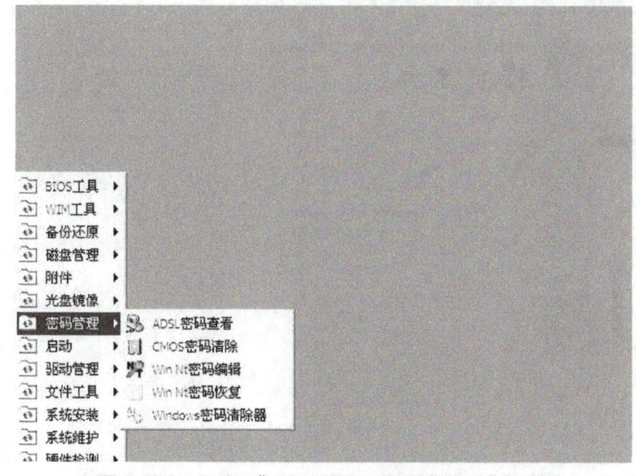

图6-23 运行“Windows密码清除器”程序

第二步：该程序的第1个界面如图6-24所示。选中第1个单选按钮，单击“下一步”按钮，弹出的搜索结果如图6-25所示。再单击“下一步”按钮，弹出如图6-26所示的对话框。

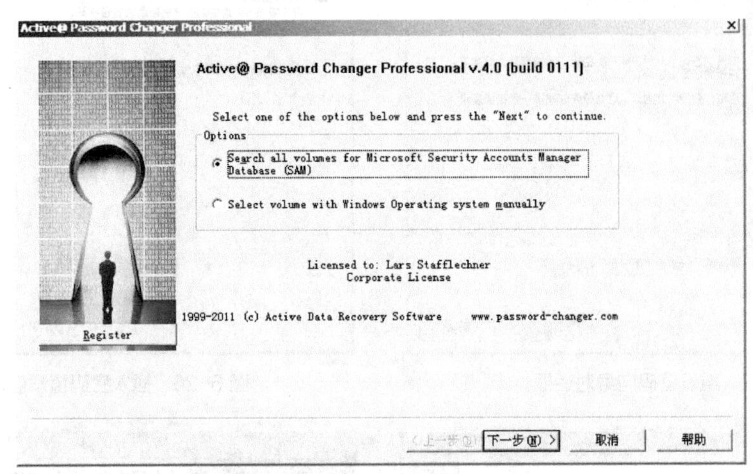

图 6-24 “Windows 密码清除器”程序第一个界面

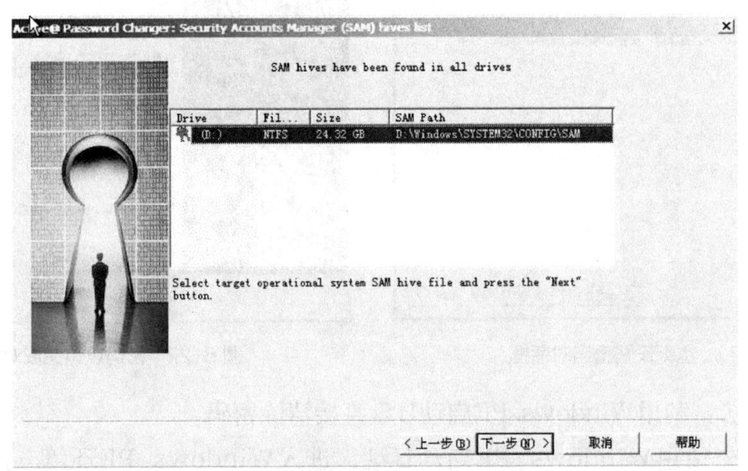

图 6-25 搜索 SAM 文件的结果

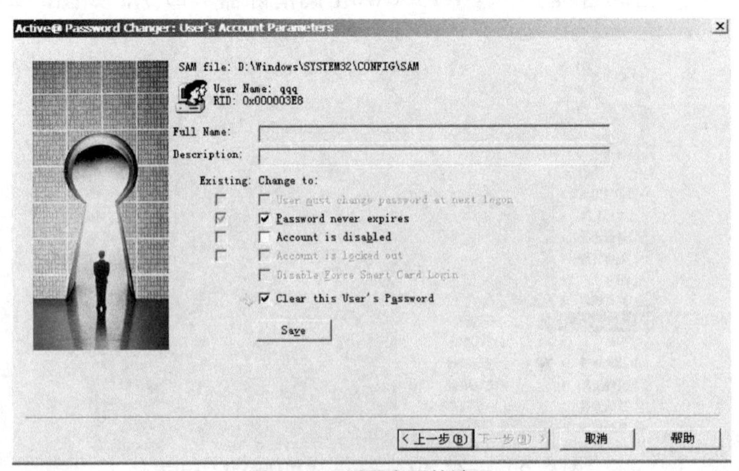

图 6-26 设置必要的选项

第三步：选中第2个和第6个复选项，单击“下一步”按钮，在弹出的图6–27所示的对话框中单击“是”按钮，弹出如图6–28所示的面板，提示“已成功改变用户的属性”，至此管理员密码已清除完毕。密码清除后，启动Windows时再无输入密码之忧了。

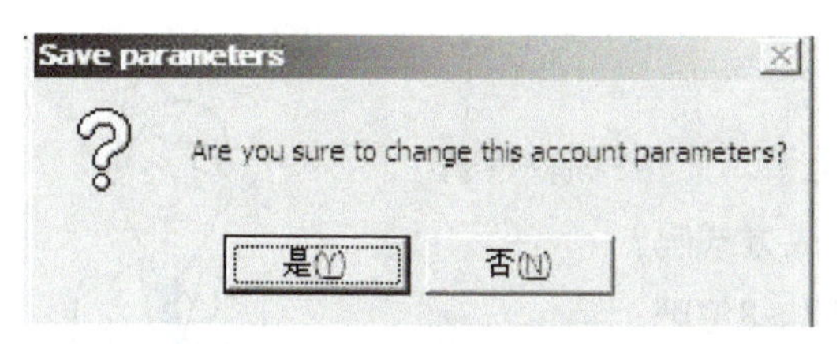

图 6–27　确认改变这个参数

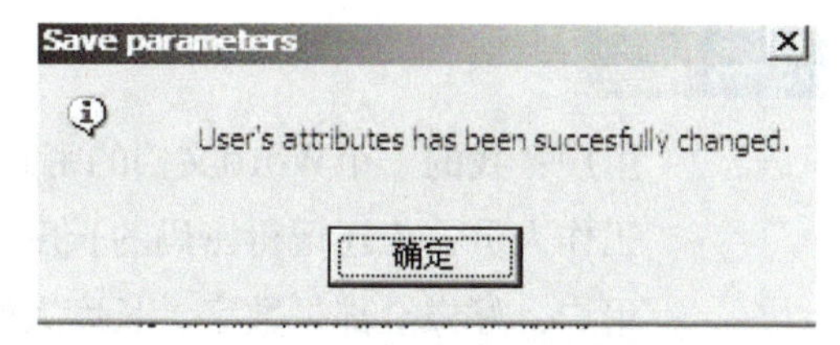

图 6–28　已成功改变用户的属性

小领悟 使用“密码重设盘”需要在记得管理员密码时提前制作好，而Windows PE启动U盘则无论何时都可以清除管理员密码。显然第2种方法更便利。

小疑问 “密码重设盘”的制作过程讲解得很详细，那么启动U盘该如何制作呢？

知识拓展

启动U盘的制作过程非常简单。首先从网上下载一个启动U盘制作工具。然后运行该工具软件，根据提示制作即可。下面结合一个实例说明制作过程。

先将下载的制作工具安装好，把一个空U盘连接到计算机的USB接口，然后运行制作工具软件，出现如图6–29所示的界面。在该界面中，选择好U盘的盘符，选中“USB–HDD”单选按钮，然后单击“开始制作U盘启动盘”按钮即可。

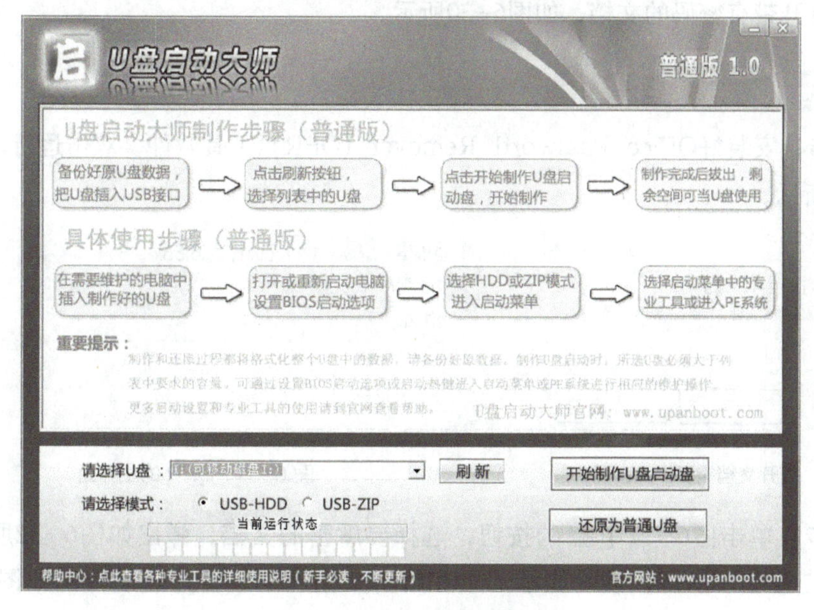

图 6–29　启动 U 盘制作界面

子任务2　处理办公文档密码遗失的故障

任务情景

用户：我的一个Word文档的密码忘记了，能帮我解决吗？

工作人员：您还记得密码的长度和组成方式吗？

用户：好像全部是数字，长度大概是7～8位吧。

工作人员：好，我试一试吧。

任务分析

这个任务涉及了密码破解的问题，破解密码常用的方法有字典破解、带掩码的暴力破解和纯粹的暴力破解，最为常用的方法是暴力破解（即穷举法）。多数解密工具软件大都使用穷举法，如Office Password Remover。

必备知识

Office Password Remover（OPR）是一款可以快速破解 Word、Excel和Access文档密码的工具，一般情况下解密过程不超过5s，而且操作简单，无须设置。使用本软件需要连接到互联网，因为要向软件服务器发送少量的数据并解密，不过本软件不会泄露任何个人隐私，请放心使用。

双击打开带有密码的文档，如图6–30所示。

任务实施

第一步：安装好Office Password Remover（OPR）工具软件，双击运行，其主界面如图6–31所示。

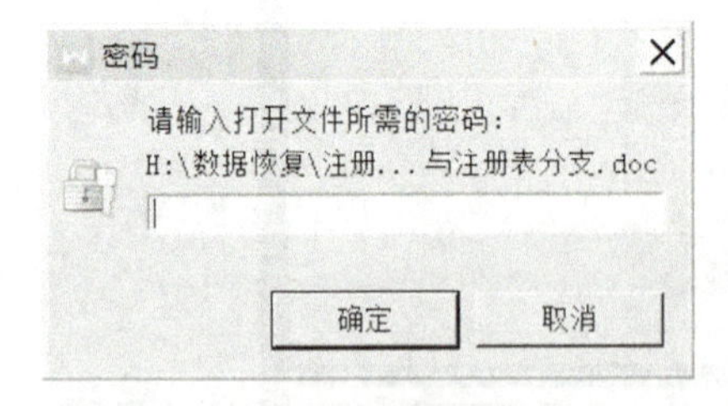

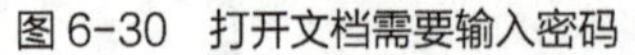

图6-30　打开文档需要输入密码

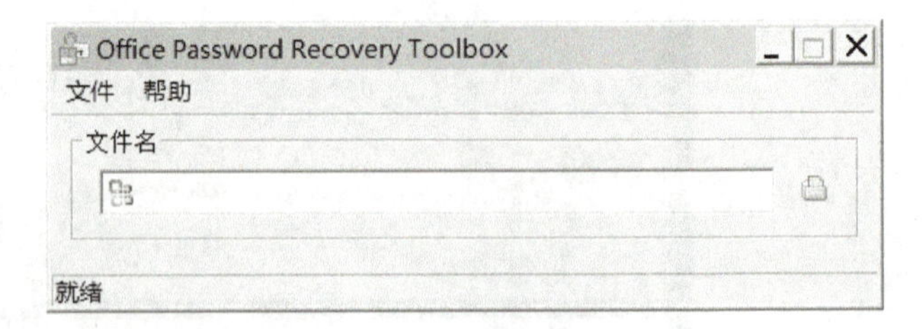

图6-31　OPR的主界面

第二步：单击图6–31中 的按钮，选择要解密的文档，弹出如图6–32所示的对话框。单击“确定”按钮，接着显示“正在解密文档”，解密完成后弹出如图6–33所示的提示。

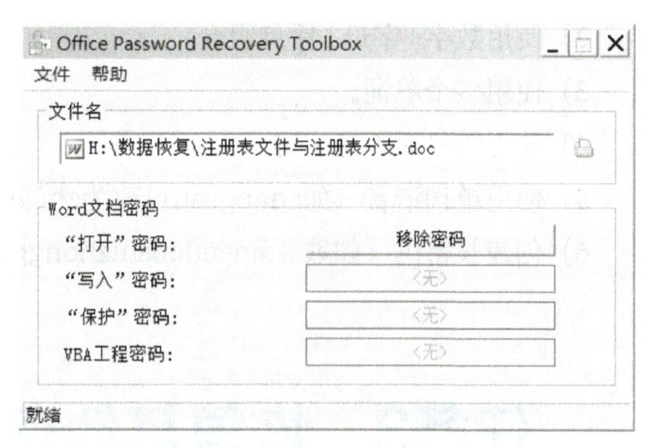

图 6-32 移除密码窗口　　图 6-33 成功解密提示

第三步：查看保存原文件的地方，发现除了原文件还多了一个文件“注册表文件与注册表分支_NESOY.doc”，如图6-34所示。双击该文件，可以直接打开，密码已经清除，但原文件密码仍然存在。

注册表文件与注册表分支 _NESOY.doc
注册表文件与注册表分支.doc

图 6-34 无密码文件“注册表文件与注册表分支 _NESOY.doc”

小领悟 该工具软件只是又生成了一个无密码文件，而原文件并没有改变。

小疑问 密码破解这么容易，那该如何保证密码的安全性？

知识拓展

1. 密码的设置技巧

密码的设置有很多技巧和方法。密码的遗失除了自己忘记外，主要是遭到了破解。破解者一般采用暴力破解（穷举法）对密码进行攻击，所以密码越简单越容易被破解。

表6-1是一组关于密码被破解的测试数据（使用双核CPU进行破解）

表 6-1 破解密码的测试数据

密码复杂程度	6位密码的破解时间	8位密码的破解时间
最简单的数字密码	0s	348m
数字+字母	1.5h	253天
数字+字母+标点	22h	23年

小领悟 由此来看，纯数字的短密码安全性最差，“数字+字母+标点”的密码安全性最好。

2. 安全密码的设置建议

1）密码长度至少为7位，但不要超过16位（便于记忆）。

2）使用数字+字母+标点组合。

3）使用多个单词。

4）使用符号而不是字符。

5）使用单词谐音（如zhangsan可改为zh@ngs@n，或者zhangsin）。

6）创建长密码（如取womendoushizhongguoren的首字母wmdszgr）。

任务3　恢复其他存储介质上的数据

子任务1　恢复光盘数据

任务情景

用户：我的光盘打不开了，能帮我把里面重要的文件取出来吗？

工作人员：我先看看吧。

任务分析

随着刻录机的普及，光盘被广泛地用于数据备份。由于各种原因，备份的数据可能无法在光盘驱动器中被正常读取，而针对光盘的手工恢复方法几乎没有，这时可以利用一些工具软件进行数据恢复，以降低损失，如IsoBuster、BadCopy等。

必备知识

IsoBuster是一款光盘数据恢复工具，能够将ISO、BIN、IMG、TAO、DAO、CIF、FCD等光盘镜像文件中的内容直接抓取恢复出来。另外，它还可以将Video CD的DAT文件格式转换成MPG文件格式。

BadCopy软件可以在不需要人工干预的情况下读出光盘或磁盘上的坏文件，还具有智能修复的功能，可有效恢复或挽救硬盘、软盘、光存储介质、数码闪存卡、ZIP/MO/USB 磁盘以及其他非主流存储介质上的受损或丢失数据。

任务实施

第一步：将受损光盘放到光驱中，运行IsoBuster，单击如图6-35所示的主界面左边窗口的中“DVD”下的“Session1”标签，然后单击鼠标右键，在弹出快捷菜单中选择

“查找遗失的文件和文件夹”命令。

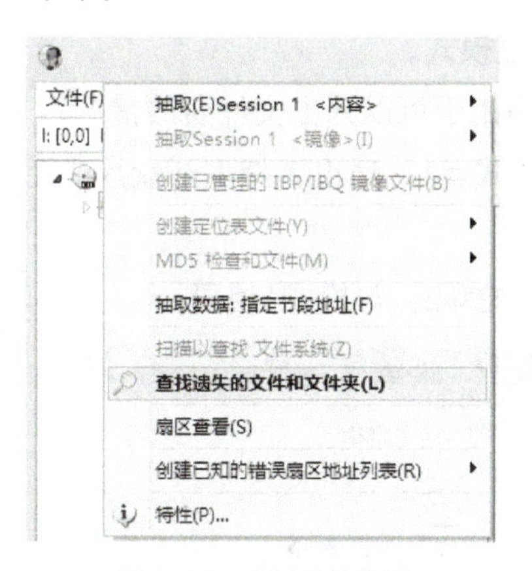

图 6-35 右键快捷菜单

第二步：接下来弹出一个提示对话框，询问是否创建光盘镜像文件，选择后出现查找丢失数据的进度条。查找结束后，如果找到丢失的数据（见图6-36），单击“遗失和找到的”目录，右边窗口就会列出丢失的文件和文件夹。这时只需选中要恢复的文件或文件夹，单击鼠标右键，在弹出的快捷菜单中选择“抽取***文件”，然后设置好保存路径，将文件恢复到指定位置即可。若在“遗失和找到的”目录下没有找到任何文件，则有可能是把要恢复的文件列在了“经由其签署找到文件”目录下，恢复方法与前面所述相同。

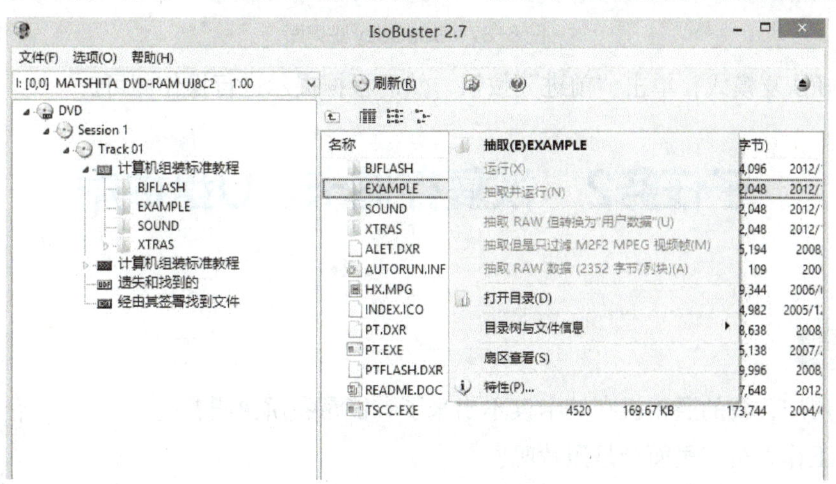

图 6-36 抽取所需的数据文件

小疑问 这种方法能保证完全将数据恢复出来吗？如果不行该怎么办？

任何一款工具软件的成功率都不可能是百分之百成功，遇到这种情况可以再尝试一下其他的工具软件。

知识拓展

下面介绍BadCopy的使用方法。

1）打开BadCopy，其主界面如图6–37所示。

2）该软件有以下3种恢复模式。

● 挽救受损的文件：适用于可以列出文件名的情况。

● 挽救丢失的文件–模式#1：适用于打不开盘片或无文件列表，或者提示格式化盘片的情况。

● 挽救丢失的文件–模式#2：与模式1相同。

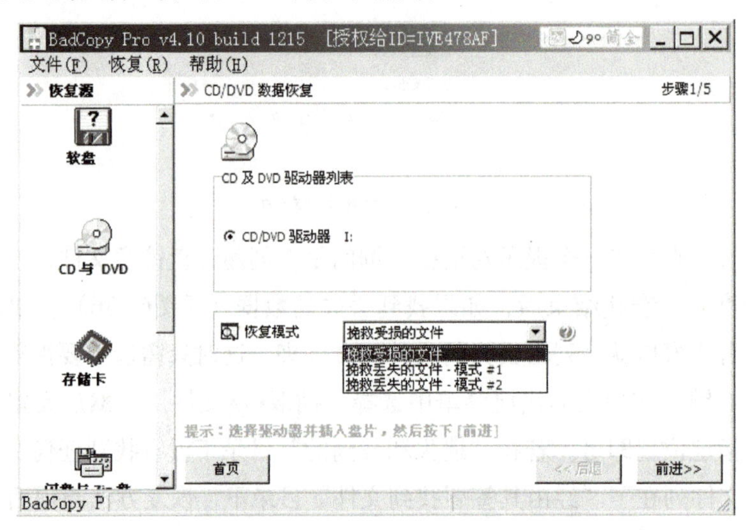

图 6–37 BadCopy 主界面

选择好恢复模式，单击“前进”按钮，然后根据提示进行操作即可。

子任务2 恢复存储卡、U盘数据

任务情景

用户：我的照相机存储卡读不出来了，能帮我解决吗？

工作人员：里面全是照片吗？

用户：好像还有几段视频。

工作人员：请等一下。

任务分析

随着数字照相机、DV及U盘的普及，各种存储卡中的数据安全性变得越来越重要，当其中的媒体文件或其他数据文件无法正常读取时，伴随而来的数据恢复显得很有必要。

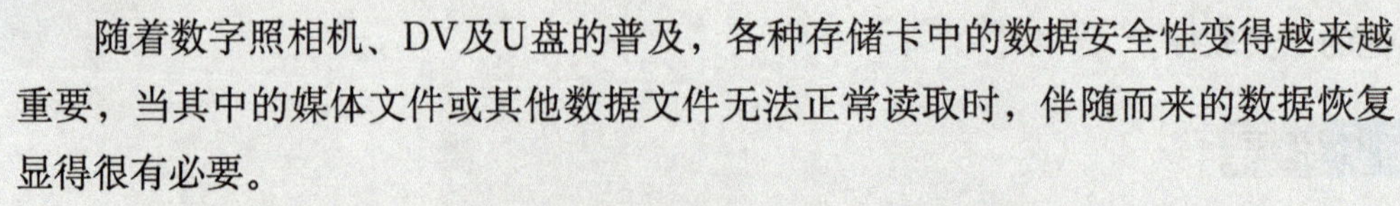

这种情况下可以先利用工具软件试一试，如RescuePRO。

必备知识

RescuePRO是一款媒体和数据文件的恢复工具，可恢复图像、视频、音频或其他格式的标准数据（如文档、邮件等），并可以预览可修复的数据，还能备份和擦除存储介质。

任务实施

第一步：先将存储设备与计算机连接好，ResuePRO主界面如图6−38所示。

第二步：首先在主界面上选择需要执行的操作“照片图像”，之后在弹出的如图6−39所示的窗口中选择需要恢复的设备，单击“开始”按钮，然后开始进行扫描。

第三步：扫描完成后弹出如图6−40所示的窗口，单击信息提示条中的“确定”按钮。因为恢复出来的文件不是原来的文件名称，而是一些文件编号，为确保数据恢复的正确性，可先单击恢复出来的数据进行预览，确定无误后，单击“输出文件夹”按钮，即可将刚预览的数据恢复到指定的路径“计算机→文档→已恢复→2017−03−05 13.28”下。其中“2017−03−05 13.28”是随机的，为当时恢复的时间和日期。如果无法预览，则说明该数据已经无法正确恢复。

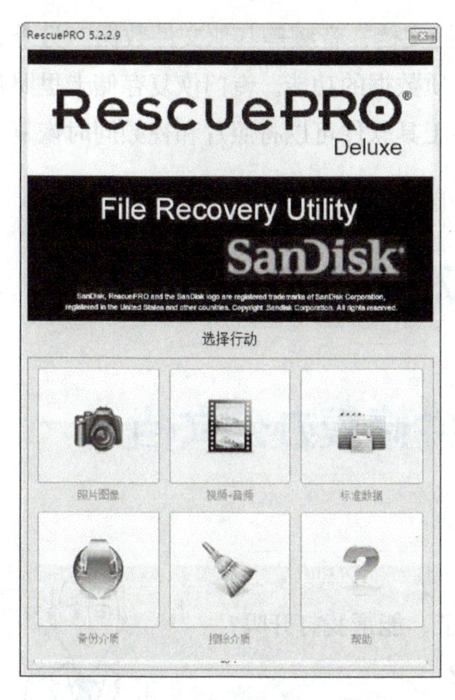

图6−38 RescuePRO主界面

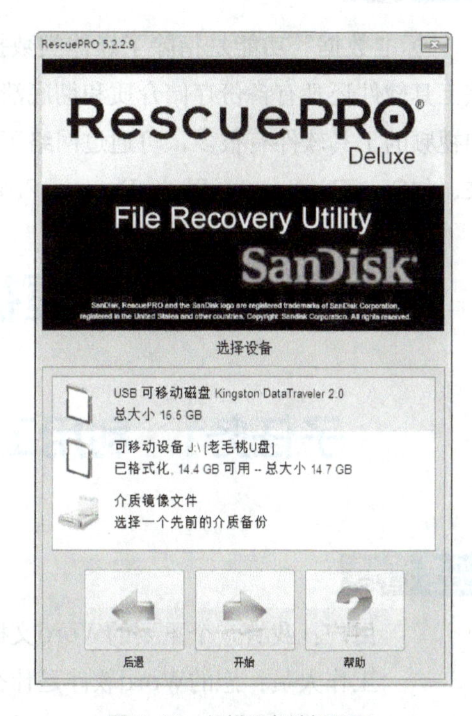

图6−39 扫描设备选择界面

小提示 如果要恢复存储卡上的视频，则可单击“视频+音频”按钮。另外，如果该软件是试用版，则不能保存搜索到的文件。

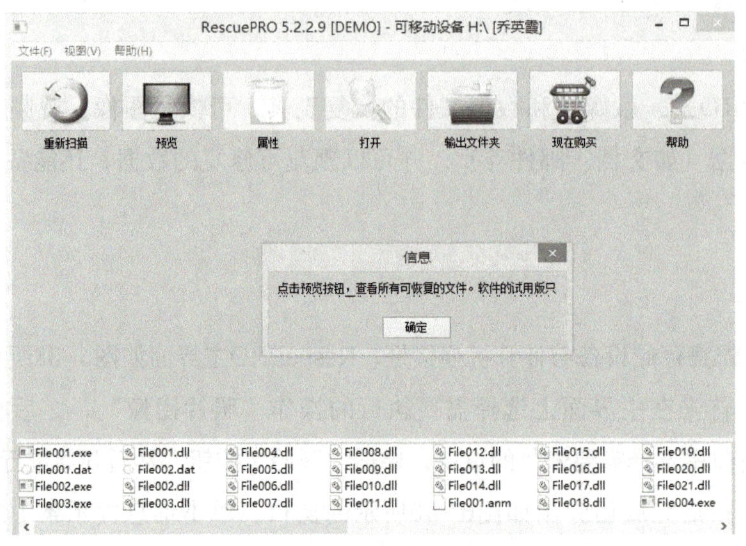

图 6-40　扫描完成后的窗口

小领悟　如果要恢复存储卡上的照片和视频需要分别进行操作。

小疑问　这款工具软件的主界面上还有“标准数据”功能，这指的是什么？

知识拓展

“标准数据”功能是指除了媒体类数据，还包括文档、音频等其他文件数据。另外，该工具软件还具有备份存储介质和彻底清除存储介质数据的功能。专门恢复存储卡里照片和视频的工具软件有很多，可通过网络下载。许多工具软件可以将照片和视频同时恢复出来，如CardRecovery、PhotoRescue Pro等。

任务4　修复被破坏的办公文档

子任务1　利用工具软件修复办公文档

任务情景

用户：我有一个重要的Word文档打不开了，能帮我打开吗?

工作人员：您的Word软件是什么版本的?

用户：是2003版的。

工作人员：好，我试一试吧。

任务分析

双击Word文档“4208.doc”，弹出的对话框如图6-41所示，表明该文档已损坏，不能正常打开。

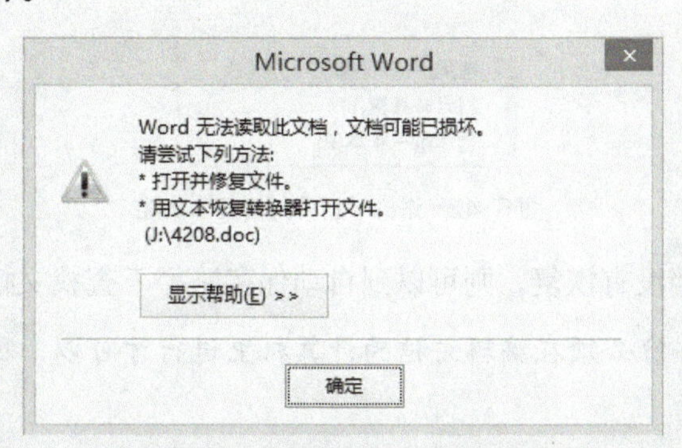

图6-41 提示文档“4208.doc”已损坏

使用Word打开一个文件，常会出现“文件损坏，无法打开”，或者打开时要求选择字符集，而打开后呈现乱码，或者不出现任何提示，直接在打开后出现乱码等情况。遇到这些问题时，可以试着采用以下步骤来修复文档。

- Office本身提供了一个恢复受损文档的方法，Word也不例外。
- 如果文档仍然不能正常打开，则可以利用Office的自动保存功能，将其自动备份的恢复文档找回。
- 如果上述两种方法仍然不能解决问题，则可以试着利用一些工具软件进行恢复，如EasyRecovery。
- 如果利用工具软件也不能成功修复，则可以利用中盈创信底层编辑软件尝试手工修复办公文档。

必备知识

在一个Word文档中，文字是按如下顺序存储的：正文内容、脚注、页眉和页脚、批注、尾注、文本框、页眉文本框。

其中正文内容最为重要，如果这一部分损坏了，就容易导致“文件损坏，无法打开”，或者打开时要求选择字符集，而打开后呈现乱码，或者不出现任何提示，直接在打开后出现乱码等情况。这时可以按照“任务分析”中的思路试着进行恢复。

任务实施

第一步：打开Word软件，选择“文件”→“打开”命令，如图6-42所示。在选择文档的窗口中选择受损文档，然后单击“打开”按钮旁边的下拉箭头，选择“打开并修复”功能，有时就可以解决问题。

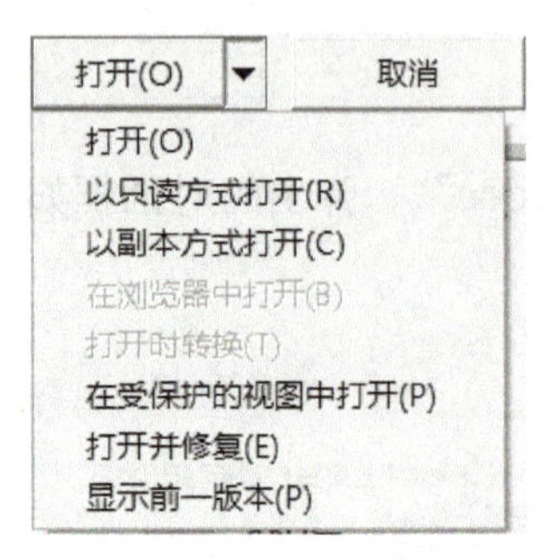

图6-42　选择“打开并修复”功能

第二步：如果文档没有恢复，则可以到自动保存路径下查找文档的备份。

小提示　查找文档的备份必须在编辑文档的计算机里进行才可以，因为备份是编辑过程中自动生成的。

第三步：如果仍然不成功，则可以使用EasyRecovery这类的工具软件。

单击图6-6中的“文件修复”选项卡，弹出如图6-43所示的界面，单击“Word修复”。

第四步：在弹出的图6-44所示的对话框中单击“浏览文件”按钮，添加欲修复的文档，设置好恢复后的保存路径，单击“下一步”按钮。显示正在修复，修复完成后，弹出如图6-45所示的对话框。

图6-46所示为保存修复文档路径的部分内容，发现有两个文件，一个是“4208.doc”，另一个是“4208_SAL.txt”。其中“4208.doc”是修复后的文档，“4208_SAL.txt”是一个“抢救的”文档。双击打开修复后的文档，一切恢复正常。打开“4208_SAL.txt”，可以发现也是正常的，内容与文档“4208.doc”相同。

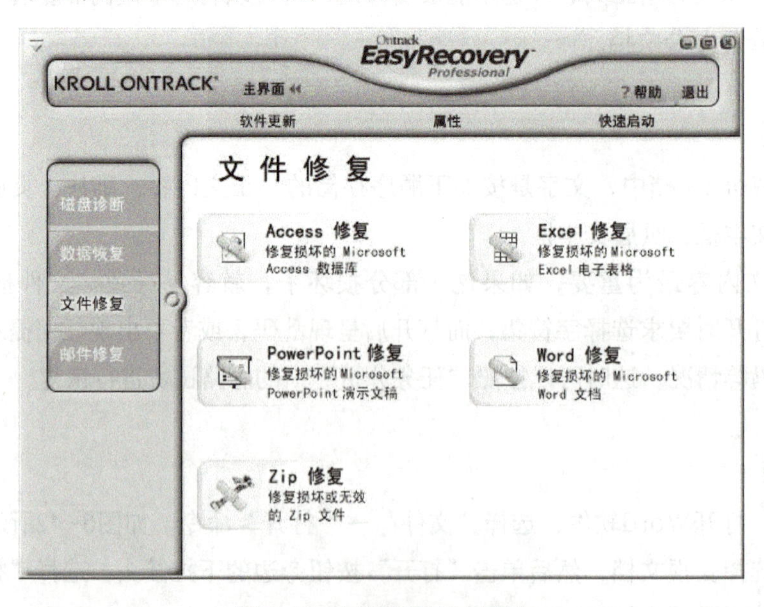

图6-43　文件修复选项卡界面

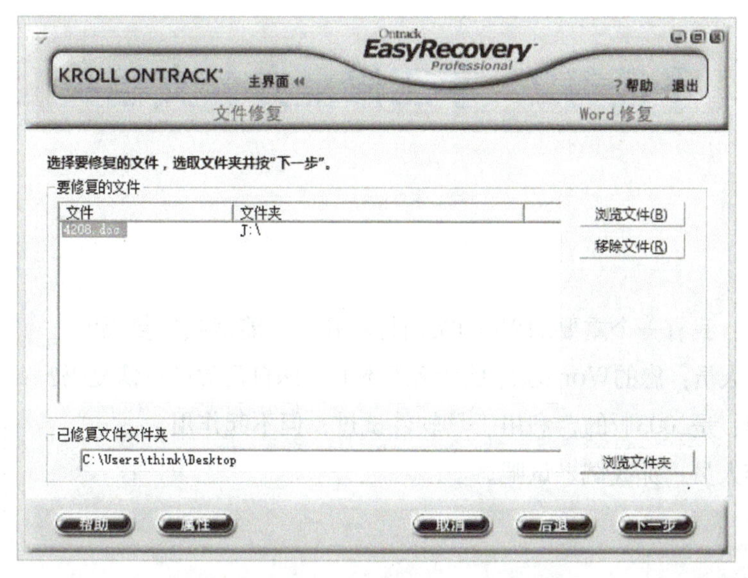

图6-44 选择修复文档名及恢复路径对话框

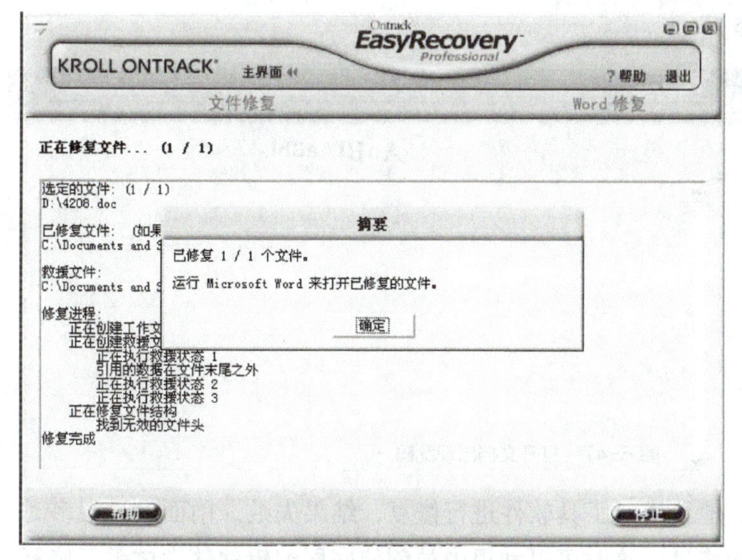

图6-45 修复结束的提示对话框

图6-46 修复保存后的文档

知识拓展

由于Office版本不断地更新，使用时必须考虑所使用的修复工具能否支持需要修复的文档的版本，否则容易误认为所用的修复工具不起作用。

如EasyRecovery对“.doc”文档适用，对“.docx”肯定无效。一般可以通过查看修复工具的推出年份来估计它能否较好地修复损坏文档。任何一款修复软件都不能保证完全成功，可以尝试使用其他修复工具进行修复。

小疑问 如果这些方法都不能修复这个文档，还有其他方法吗？

子任务2 手工修复办公文档头

任务情景

用户：我有一个重要的Word文档打不开了，能帮我恢复吗？

工作人员：您的Word软件是什么版本的？您自己尝试过修复吗？

用户：是2003版的，利用工具软件试过，但不起作用。

工作人员：那我试一试吧。

任务分析

双击Word文档“444.doc”，文件打开后如图6-47所示，表明该文档已损坏，不能正常显示内容。

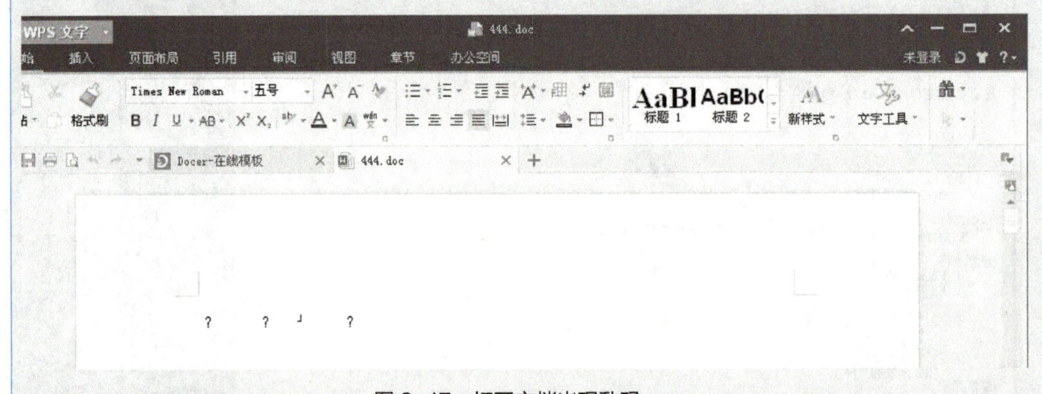

图6-47 打开文档出现乱码

根据用户的描述，他使用过工具软件进行修复，结果失败。前面讲过很多时候工具软件也不能成功修复，这时可以利用中盈创信底层编辑软件尝试手工修复办公文档。大多数情况下，出现“文档打不开”或打开是乱码的原因是文件头受到破坏，只需手工恢复文件头即可达到修复文档的目的。

必备知识

小提示 使用中盈创信底层编辑软件打开Word文档，文档是按页显示的，每页560字节，与一个扇区值512字节不同，当然也可以按扇区显示。

下面按照页显示的方式讲解手工修复Word文档的过程。

手工修复复合Word文档，需要修改文件头的以下组成部分：

1）偏移地址00H～2BH的内容。这部分内容所有的Office文档都一样，可以通过新建一个Word文档，将其复制过来。

2）偏移地址2CH～2FH的内容，即扇区分配表SAT的扇区总数。

扇区总数=(文档总页码×560/512/128）取整+1，其中560是一页的字节数。

3）偏移地址30H～33H的内容，即目录流的第一个扇区数SID。

4）偏移地址34H～37H的内容。

5）偏移地址38H～3BH的内容，即标注流。

6）偏移地址3CH～3FH的内容，即短流扇区分配表SSAT的起始扇区号SID。

7）偏移地址40H～43H的内容，即短流扇区分配表SSAT所占用的扇区总数。

8）偏移地址44H～47H的内容，即主扇区分配表MSAT的起始扇区号SID。

9）偏移地址48H～4BH的内容，即主扇区分配表MSAT占用的扇区总数。

10）偏移地址4CH～1FFH的内容，即主扇区配置表MSAT的第一部分，每4个字节为一项。

小疑问 这么复杂。具体该怎么计算和修改呢？

任务实施

使用中盈创信底层编辑软件打开该文档，如图6-48所示。

第一步：重建偏移地址00H～2BH的内容。这部分内容所有的Office文档都一样，可以通过新建一个Word文档，将其复制过来。

第二步：重建偏移地址2CH～2FH的内容，即扇区分配表SAT的扇区数。

扇区数=(文档总页码×560/512/128）取整+1，其中560是一页的字节数。

本例中文档的总页码从图6-48中屏幕下方的状态栏可知为136，经过计算得到扇区数为2。

第三步：重建偏移地址30H～33H的内容，即目录流的第一个扇区数SID。方法是先搜索字符串“root”或“root.entry”所在的页码，然后通过公式（该页码数×560/512）取整后减1计算出所需要的扇区数。搜索字符串的设置如图6-49所示，搜索的结果如图6-50所示。从图6-50中可知该页码为2，经过计算得到的扇区数是1。请注意图中红色方框里的内容，后面会用到。

第四步：重建偏移地址34H～37H的内容，通常为00000000H。

第五步：重建偏移地址38H～3BH的内容，即标注流，通常为4096。

第六步：重建偏移地址3CH～3FH的内容，即短流扇区分配表SSAT的起始扇区号SID。将图6-50中红色方框里的内容（对应偏移地址最后两位为74H）减1即可得到起始扇区号。本例中红色方框里的内容是“00000003H”，减1为“00000002H”。

第七步：重建偏移地址40H～43H的内容，即短流扇区分配表SSAT所占用的扇区总数，一般为“01000000H”。

第八步：重建偏移地址44H～47H的内容，即主扇区分配表MSAT的起始扇区号SID，一般为“FEFFFFFFH”。

第九步：重建偏移地址48H～4BH的内容，即主扇区分配表MSAT占用的扇区总数，一般为“00000000H”。

第十步：重建偏移地址4CH～1FFH的内容，即主扇区配置表MSAT的第一部分，每4字节为一项。方法是从文档开始处搜索其中所有的十六进制数“FDFFFFFF”的位置，根据搜索到的位置前后数据的规律，找到缺少的数据项，然后按照搜索到的先后顺序将缺少的数据项依次填入4CH后的位置，剩余的位置都填充上“FF”即可。

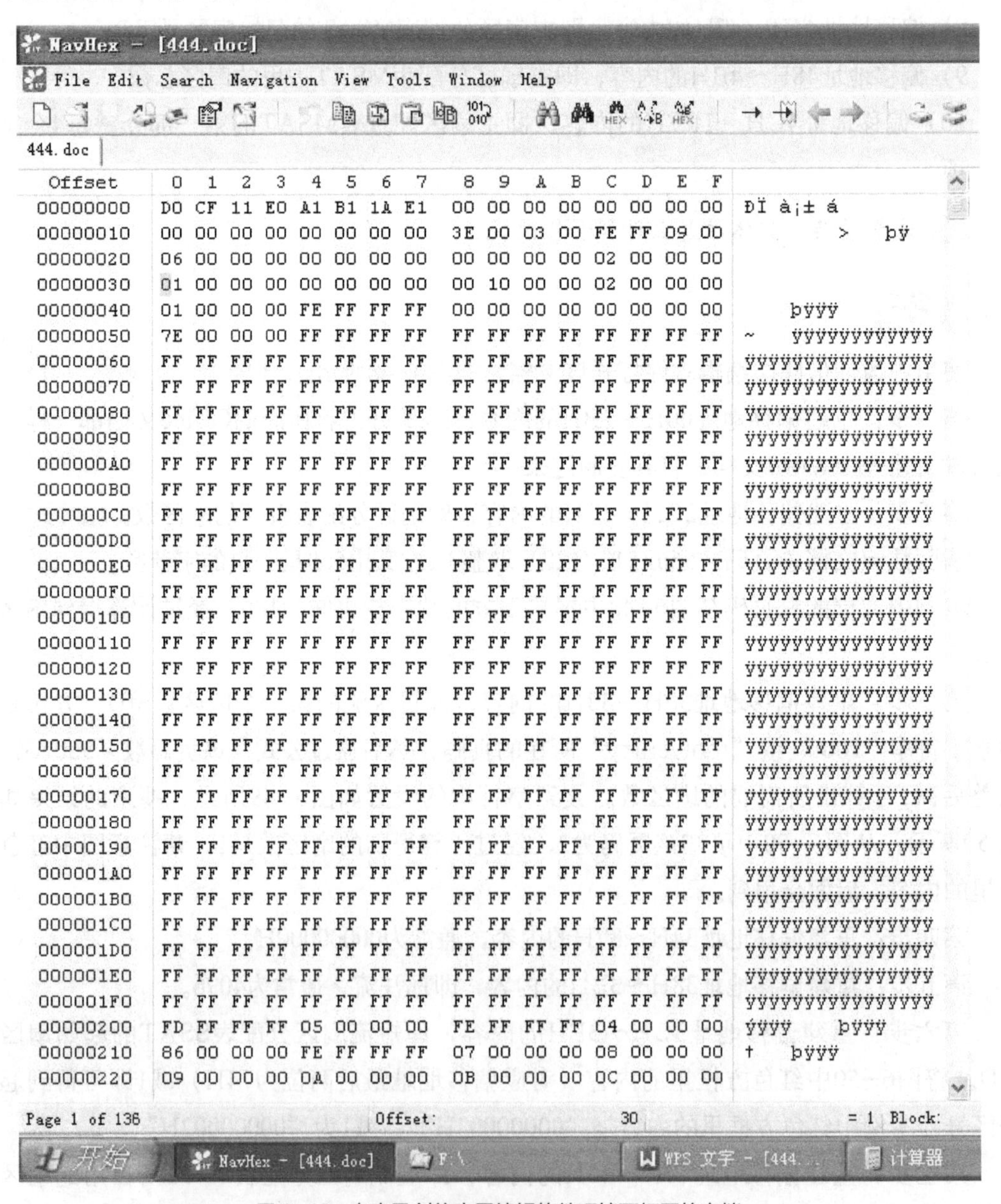

图6-48　在中盈创信底层编辑软件环境下打开的文档

```
Find Text
The following text string will be searched:
root
[ ] Match case
Unicode
[ ] Use this as a wildcard: ?
[ ] Whole words only
Search: Down
[ ] Cond.: offset mod 512 = 0
[ ] Search in block only
[ ] Search in all open windows
[ ] List search hits, up to 10000
OK    Cancel    Help
```

图6-49 搜索字符串的设置

```
444.doc | 新建 Microsoft Word 文档.doc |
Offset     0  1  2  3  4  5  6  7   8  9  A  B  C  D  E  F
000002F0  3D 00 00 00 3E 00 00 00  3F 00 00 00 40 00 00 00  =   >   ?   @
00000300  41 00 00 00 42 00 00 00  43 00 00 00 44 00 00 00  A   B   C   D
00000310  45 00 00 00 46 00 00 00  47 00 00 00 48 00 00 00  E   F   G   H
00000320  49 00 00 00 4A 00 00 00  4B 00 00 00 4C 00 00 00  I   J   K   L
00000330  4D 00 00 00 4E 00 00 00  4F 00 00 00 50 00 00 00  M   N   O   P
00000340  51 00 00 00 52 00 00 00  53 00 00 00 54 00 00 00  Q   R   S   T
00000350  55 00 00 00 56 00 00 00  57 00 00 00 58 00 00 00  U   V   W   X
00000360  59 00 00 00 5A 00 00 00  5B 00 00 00 5C 00 00 00  Y   Z   [   \
00000370  5D 00 00 00 5E 00 00 00  5F 00 00 00 60 00 00 00  ]   ^   _   `
00000380  61 00 00 00 62 00 00 00  63 00 00 00 64 00 00 00  a   b   c   d
00000390  65 00 00 00 66 00 00 00  67 00 00 00 68 00 00 00  e   f   g   h
000003A0  69 00 00 00 6A 00 00 00  6B 00 00 00 6C 00 00 00  i   j   k   l
000003B0  6D 00 00 00 6E 00 00 00  6F 00 00 00 70 00 00 00  m   n   o   p
000003C0  71 00 00 00 72 00 00 00  73 00 00 00 74 00 00 00  q   r   s   t
000003D0  75 00 00 00 76 00 00 00  77 00 00 00 78 00 00 00  u   v   w   x
000003E0  79 00 00 00 7A 00 00 00  7B 00 00 00 7C 00 00 00  y   z   {   |
000003F0  7D 00 00 00 7F 00 00 00  FD FF FF FF 80 00 00 00  }       ýÿÿÿ€
00000400  52 00 6F 00 6F 00 74 00  20 00 45 00 6E 00 74 00  R o o t   E n t
00000410  72 00 79 00 00 00 00 00  00 00 00 00 00 00 00 00  r y
00000420  00 00 00 00 00 00 00 00  00 00 00 00 00 00 00 00
00000430  00 00 00 00 00 00 00 00  00 00 00 00 00 00 00 00
00000440  16 00 05 00 FF FF FF FF  FF FF FF FF 01 00 00 00      ÿÿÿÿÿÿÿÿ
00000450  06 09 02 00 00 00 00 00  C0 00 00 00 00 00 00 46          À       F
00000460  00 00 00 00 00 00 00 00  00 00 00 00 90 F5 C0 A0                 □õÀ
00000470  41 99 D2 01 03 00 00 00  80 1C 00 00 00 00 00 00  A™Ò     €
00000480  05 00 53 00 75 00 6D 00  6D 00 61 00 72 00 79 00    S u m m a r y
00000490  49 00 6E 00 66 00 6F 00  72 00 6D 00 61 00 74 00  I n f o r m a t
000004A0  69 00 6F 00 6E 00 00 00  00 00 00 00 00 00 00 00  i o n
000004B0  00 00 00 00 00 00 00 00  00 00 00 00 00 00 00 00
000004C0  28 00 02 01 04 00 00 00  02 00 00 00 FF FF FF FF  (             ÿÿÿÿ
000004D0  00 00 00 00 00 00 00 00  00 00 00 00 00 00 00 00
000004E0  00 00 00 00 00 00 00 00  00 00 00 00 00 00 00 00
000004F0  00 00 00 00 00 00 00 00  CC 01 00 00 00 00 00 00          Ì
00000500  05 00 44 00 6F 00 63 00  75 00 6D 00 65 00 6E 00    D o c u m e n
00000510  74 00 53 00 75 00 6D 00  6D 00 61 00 72 00 79 00  t S u m m a r y
Page 2 of 136    Offset:    400    = 82  Block:
```

图6-50 搜索的结果

本例中搜索十六进制数“FDFFFFFF”的设置如图6-51所示。搜索的结果有两处，分别如图6-52和图6-53所示。

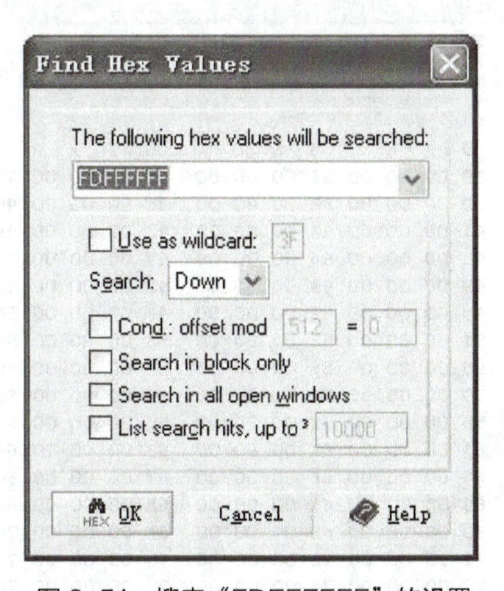

图6-51 搜索“FDFFFFFF”的设置

第1处的位置在文档的首页，通常此处的数据项为“00000000”，第2处的位置不在文档的首页，根据图6-53中方框“FDFFFFFF”的前后数据项的规律，发现缺少“7E000000”项。

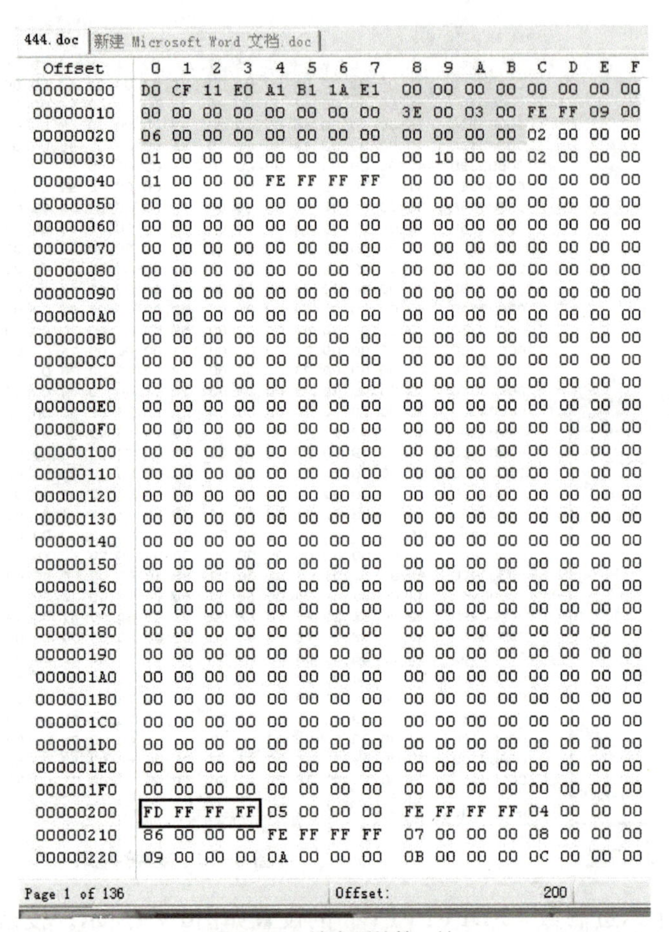

444.doc | 新建 Microsoft Word 文档.doc

Offset	0	1	2	3	4	5	6	7	8	9	A	B	C	D	E	F
00000000	D0	CF	11	E0	A1	B1	1A	E1	00	00	00	00	00	00	00	00
00000010	00	00	00	00	00	00	00	00	3E	00	03	00	FE	FF	09	00
00000020	06	00	00	00	00	00	00	00	00	00	00	00	02	00	00	00
00000030	01	00	00	00	00	00	00	00	00	10	00	00	02	00	00	00
00000040	01	00	00	00	FE	FF	FF	FF	00	00	00	00	00	00	00	00
00000050	00	00	00	00	00	00	00	00	00	00	00	00	00	00	00	00
00000060	00	00	00	00	00	00	00	00	00	00	00	00	00	00	00	00
00000070	00	00	00	00	00	00	00	00	00	00	00	00	00	00	00	00
00000080	00	00	00	00	00	00	00	00	00	00	00	00	00	00	00	00
00000090	00	00	00	00	00	00	00	00	00	00	00	00	00	00	00	00
000000A0	00	00	00	00	00	00	00	00	00	00	00	00	00	00	00	00
000000B0	00	00	00	00	00	00	00	00	00	00	00	00	00	00	00	00
000000C0	00	00	00	00	00	00	00	00	00	00	00	00	00	00	00	00
000000D0	00	00	00	00	00	00	00	00	00	00	00	00	00	00	00	00
000000E0	00	00	00	00	00	00	00	00	00	00	00	00	00	00	00	00
000000F0	00	00	00	00	00	00	00	00	00	00	00	00	00	00	00	00
00000100	00	00	00	00	00	00	00	00	00	00	00	00	00	00	00	00
00000110	00	00	00	00	00	00	00	00	00	00	00	00	00	00	00	00
00000120	00	00	00	00	00	00	00	00	00	00	00	00	00	00	00	00
00000130	00	00	00	00	00	00	00	00	00	00	00	00	00	00	00	00
00000140	00	00	00	00	00	00	00	00	00	00	00	00	00	00	00	00
00000150	00	00	00	00	00	00	00	00	00	00	00	00	00	00	00	00
00000160	00	00	00	00	00	00	00	00	00	00	00	00	00	00	00	00
00000170	00	00	00	00	00	00	00	00	00	00	00	00	00	00	00	00
00000180	00	00	00	00	00	00	00	00	00	00	00	00	00	00	00	00
00000190	00	00	00	00	00	00	00	00	00	00	00	00	00	00	00	00
000001A0	00	00	00	00	00	00	00	00	00	00	00	00	00	00	00	00
000001B0	00	00	00	00	00	00	00	00	00	00	00	00	00	00	00	00
000001C0	00	00	00	00	00	00	00	00	00	00	00	00	00	00	00	00
000001D0	00	00	00	00	00	00	00	00	00	00	00	00	00	00	00	00
000001E0	00	00	00	00	00	00	00	00	00	00	00	00	00	00	00	00
000001F0	00	00	00	00	00	00	00	00	00	00	00	00	00	00	00	00
00000200	FD	FF	FF	FF	05	00	00	00	FE	FF	FF	FF	04	00	00	00
00000210	86	00	00	00	FE	FF	FF	FF	07	00	00	00	08	00	00	00
00000220	09	00	00	00	0A	00	00	00	0B	00	00	00	0C	00	00	00

Page 1 of 136 | Offset: 200

图6-52 搜索到的第一处

NavHex - [444.doc]

File Edit Search Navigation View Tools Window Help

444.doc | 新建 Microsoft Word 文档.doc

Offset	0	1	2	3	4	5	6	7	8	9	A	B	C	D	E	F
000002E0	39	00	00	00	3A	00	00	00	3B	00	00	00	3C	00	00	00
000002F0	3D	00	00	00	3E	00	00	00	3F	00	00	00	40	00	00	00
00000300	41	00	00	00	42	00	00	00	43	00	00	00	44	00	00	00
00000310	45	00	00	00	46	00	00	00	47	00	00	00	48	00	00	00
00000320	49	00	00	00	4A	00	00	00	4B	00	00	00	4C	00	00	00
00000330	4D	00	00	00	4E	00	00	00	4F	00	00	00	50	00	00	00
00000340	51	00	00	00	52	00	00	00	53	00	00	00	54	00	00	00
00000350	55	00	00	00	56	00	00	00	57	00	00	00	58	00	00	00
00000360	59	00	00	00	5A	00	00	00	5B	00	00	00	5C	00	00	00
00000370	5D	00	00	00	5E	00	00	00	5F	00	00	00	60	00	00	00
00000380	61	00	00	00	62	00	00	00	63	00	00	00	64	00	00	00
00000390	65	00	00	00	66	00	00	00	67	00	00	00	68	00	00	00
000003A0	69	00	00	00	6A	00	00	00	6B	00	00	00	6C	00	00	00
000003B0	6D	00	00	00	6E	00	00	00	6F	00	00	00	70	00	00	00
000003C0	71	00	00	00	72	00	00	00	73	00	00	00	74	00	00	00
000003D0	75	00	00	00	76	00	00	00	77	00	00	00	78	00	00	00
000003E0	79	00	00	00	7A	00	00	00	7B	00	00	00	7C	00	00	00
000003F0	7D	00	00	00	7F	00	00	00	FD	FF	FF	FF	80	00	00	00
00000400	52	00	6F	00	6F	00	74	00	20	00	45	00	6E	00	74	00

图6-53 搜索到的第二处

将上述确定好的数据依次填入第1扇区的相应位置，并把该扇区的剩余部分全部填充为FF，如图6-54所示，然后单击“保存”按钮。再次打开文档“444.doc”，显示的内容与破坏前完全相同，至此手工重建文档头的过程结束。

444.doc | 新建 Microsoft Word 文档.doc

Offset	0	1	2	3	4	5	6	7	8	9	A	B	C	D	E	F
00000000	D0	CF	11	E0	A1	B1	1A	E1	00	00	00	00	00	00	00	00
00000010	00	00	00	00	00	00	00	00	3E	00	03	00	FE	FF	09	00
00000020	06	00	00	00	00	00	00	00	00	00	00	00	02	00	00	00
00000030	01	00	00	00	00	00	00	00	00	10	00	00	02	00	00	00
00000040	01	00	00	00	FE	FF	FF	FF	00	00	00	00	00	00	00	00
00000050	7E	00	00	00	FF	FF	FF	FF	FF	FF	FF	FF	FF	FF	FF	FF
00000060	FF	FF	FF	FF	FF	FF	FF	FF	FF	FF	FF	FF	FF	FF	FF	FF
00000070	FF	FF	FF	FF	FF	FF	FF	FF	FF	FF	FF	FF	FF	FF	FF	FF
00000080	FF	FF	FF	FF	FF	FF	FF	FF	FF	FF	FF	FF	FF	FF	FF	FF
00000090	FF	FF	FF	FF	FF	FF	FF	FF	FF	FF	FF	FF	FF	FF	FF	FF
000000A0	FF	FF	FF	FF	FF	FF	FF	FF	FF	FF	FF	FF	FF	FF	FF	FF
000000B0	FF	FF	FF	FF	FF	FF	FF	FF	FF	FF	FF	FF	FF	FF	FF	FF
000000C0	FF	FF	FF	FF	FF	FF	FF	FF	FF	FF	FF	FF	FF	FF	FF	FF
000000D0	FF	FF	FF	FF	FF	FF	FF	FF	FF	FF	FF	FF	FF	FF	FF	FF
000000E0	FF	FF	FF	FF	FF	FF	FF	FF	FF	FF	FF	FF	FF	FF	FF	FF
000000F0	FF	FF	FF	FF	FF	FF	FF	FF	FF	FF	FF	FF	FF	FF	FF	FF
00000100	FF	FF	FF	FF	FF	FF	FF	FF	FF	FF	FF	FF	FF	FF	FF	FF
00000110	FF	FF	FF	FF	FF	FF	FF	FF	FF	FF	FF	FF	FF	FF	FF	FF
00000120	FF	FF	FF	FF	FF	FF	FF	FF	FF	FF	FF	FF	FF	FF	FF	FF
00000130	FF	FF	FF	FF	FF	FF	FF	FF	FF	FF	FF	FF	FF	FF	FF	FF
00000140	FF	FF	FF	FF	FF	FF	FF	FF	FF	FF	FF	FF	FF	FF	FF	FF
00000150	FF	FF	FF	FF	FF	FF	FF	FF	FF	FF	FF	FF	FF	FF	FF	FF
00000160	FF	FF	FF	FF	FF	FF	FF	FF	FF	FF	FF	FF	FF	FF	FF	FF
00000170	FF	FF	FF	FF	FF	FF	FF	FF	FF	FF	FF	FF	FF	FF	FF	FF
00000180	FF	FF	FF	FF	FF	FF	FF	FF	FF	FF	FF	FF	FF	FF	FF	FF
00000190	FF	FF	FF	FF	FF	FF	FF	FF	FF	FF	FF	FF	FF	FF	FF	FF
000001A0	FF	FF	FF	FF	FF	FF	FF	FF	FF	FF	FF	FF	FF	FF	FF	FF
000001B0	FF	FF	FF	FF	FF	FF	FF	FF	FF	FF	FF	FF	FF	FF	FF	FF
000001C0	FF	FF	FF	FF	FF	FF	FF	FF	FF	FF	FF	FF	FF	FF	FF	FF
000001D0	FF	FF	FF	FF	FF	FF	FF	FF	FF	FF	FF	FF	FF	FF	FF	FF
000001E0	FF	FF	FF	FF	FF	FF	FF	FF	FF	FF	FF	FF	FF	FF	FF	FF
000001F0	FF	FF	FF	FF	FF	FF	FF	FF	FF	FF	FF	FF	FF	FF	FF	FF

图6-54 将确定好的数据依次填入到第一扇区的相应位置

小提示 此种重建文档头的方法仅适用于Office 97～Office 2003及以前的版本（即“doc”文档）。

小领悟 手工恢复的过程很复杂，所以遇到文档损坏首先还是使用工具软件。

小疑问 恢复过程确实很复杂，需要修改的参数很多，怎样才能更好地理解和记忆？

知识拓展

首先分析复合文档的文件头的主要数值，如图6-55所示。根据刚才的修复过程可以发现，红色框中的值是固定值；当文件头损坏时，主要是通过计算回填蓝色框中的数值实现文档的恢复。

蓝色框中的4项数值的地址为2CH～2FH、30H～33H、3CH～3FH、4CH～1FFH。

小提示 虽然00H～2BH处的值是固定的，但如果文档头这部分内容不正确，则需要复制一个正确的才行。

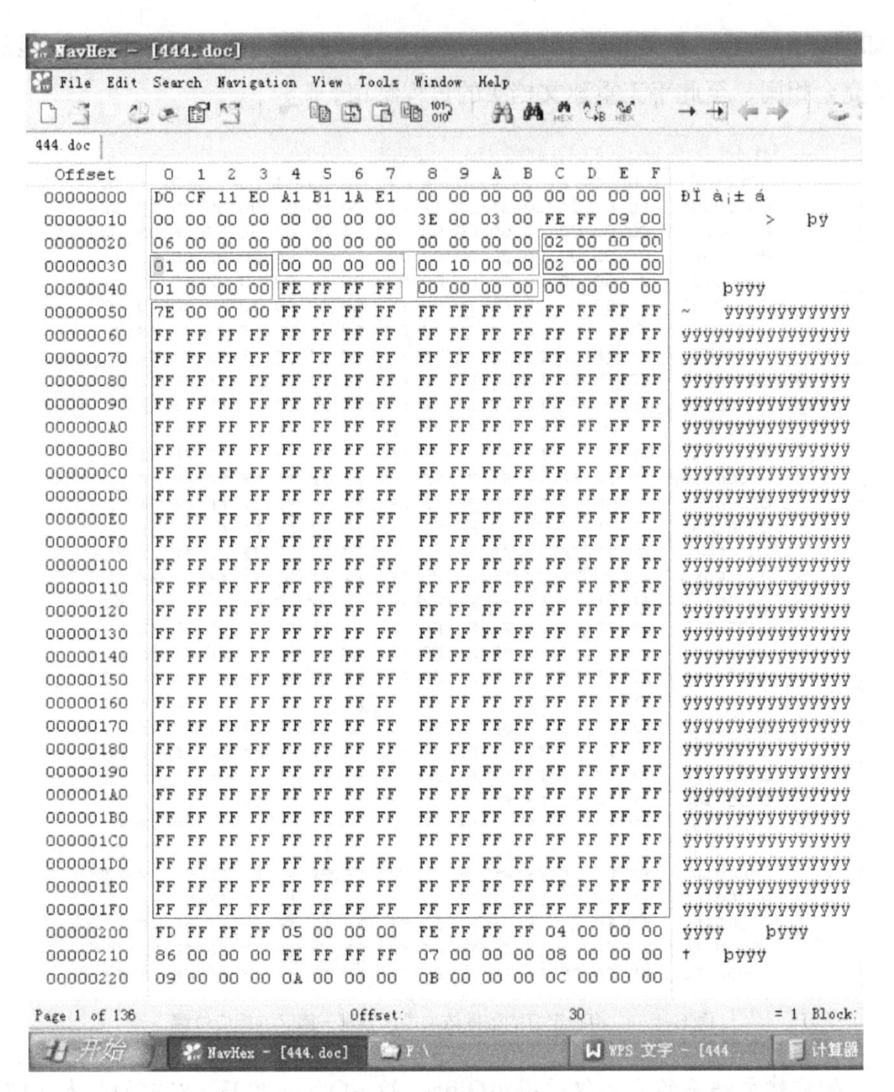

图6-55　复合文档头

下面按照扇区显示文档的方式讲解手工修复Word文档的过程。

第一步：确定目录流起始扇区SID。通过搜索字符串“root”或“root.entry”确定目录流起始扇区号S1，并记录下该扇区的偏移地址74H处的数值A。

第二步：确定扇区分配表SAT的起始扇区。从第一步的搜索结果处向上搜索十六进制数值“0100000002000000”，搜索设置如图6-56所示，记录搜索结果的扇区号S2。

第三步：计算文件头中需要填写的4项数值。

1）2CH～2FH：数值S=S1−S2。

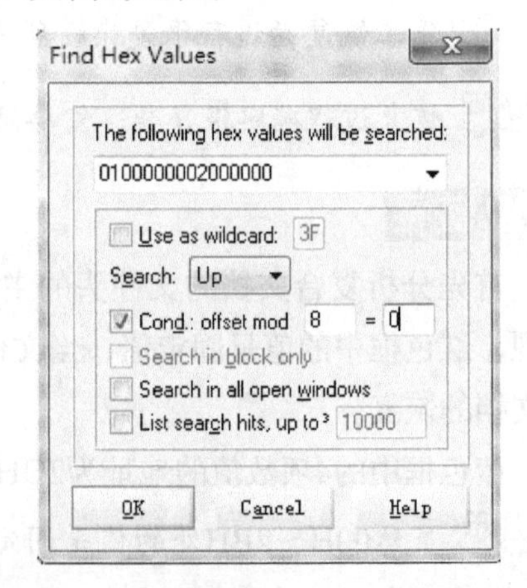

图6-56　从当前位置向上搜索16进制数值的设置

2）30H～33H：数值B=A−S−1。

3）3CH～3FH：数值C=A−1。

4）4CH～1FFH：具体需要填写多少个MSID主要由第1项值来确定，即需要填写S个MSID，每个MSID为4B，4CH处的数值为B−S。其余的数值确定的方法是从文档开始处搜索其中所有的十六进制数“FDFFFFFF”的位置，根据搜索到的位置前后数据的规律，找到缺少的数据项，然后按照搜索到的先后顺序将缺少的数据项依次填入4CH后的位置，剩余的位置都填充上“FF”即可。

第四步：将计算好的这4项值分别填写到文件头的相应偏移地址处，然后保存。文件乱码的问题得以修复。

小领悟 这种按扇区显示文档，然后进行修复的方法看来更为简单。

项目评价 PROJECT EVALUATION

项目评价表见表6−2。

表6−2 项目评价表

序号	任务名称	评价内容	评价分值	具体评分	
				教师	学生
1	恢复已删除文件、已格式化分区的文件	使用中盈创信数据恢复工具恢复已格式化分区的数据	10		
		使用中盈创信数据恢复工具恢复已删除文件	5		
		使用EasyRecovery恢复已格式化分区的数据	10		
		使用EasyRecovery恢复已删除文件	5		
2	处理密码遗失造成数据不能访问的问题	管理员密码遗失的处理	10		
		办公文档密码遗失的处理	5		
		密码设置的技巧	5		
3	恢复其他存储介质上的数据	光盘数据的恢复	5		
		存储卡、U盘数据的恢复	10		
4	修复被破坏的办公文档	利用工具软件修复办公文档	5		
		手工修复办公文档	30		

项目总结 PROJECT SUMMARY

本项目从实践入手，介绍了其他数据恢复技术，重点是利用工具软件进行数据恢复，见表6−3。

表 6-3 常见的其他故障与修复思路

序号	常见的其他故障	修复思路
1	文件删除、分区格式化	利用不同的工具软件进行恢复
2	密码遗失	利用不同的方法清除、重置或破解密码
3	其他存储介质上的数据被破坏	利用不同的工具软件进行恢复
4	办公文档被破坏	利用工具软件或手工修复

每个任务由任务情景、任务分析、必备知识、任务实施及知识拓展几部分组成，分别介绍了其他数据恢复技术，见表6-4。

表 6-4 修复思路与相关的数据恢复技术知识

序号	修复思路	相关的数据恢复技术知识
1	利用不同的工具软件恢复文件删除、分区格式化的数据丢失问题	使用中盈创信数据恢复工具恢复数据
		使用EasyRecovery恢复数据
2	利用不同的方法清除、重置或破解密码	利用密码重设盘和Windows PE启动U盘处理管理员密码遗失的问题
		利用破解法处理办公文档密码遗失的问题
3	利用不同的工具软件恢复其他存储介质上的数据	使用IsoBuster恢复光盘数据
		使用RescuePRO恢复存储卡、U盘数据
4	利用工具软件或手工修复办公文档	使用EasyRecovery修复办公文档
		手工修复办公文档

课后练习 EXERCISES

结合前面所学任务分析及任务实施的过程，设置如下故障。

1）将硬盘某分区里的几个文件彻底删除，然后利用工具软件恢复出来。

2）再将该分区格式化，然后利用工具软件恢复出来。

3）先设置管理员密码，然后分别利用密码重设盘和Windows PE启动U盘处理管理员密码遗失的问题。

4）给某个Word文档加密，然后利用工具软件处理办公文档密码遗失的问题。

5）利用不同的工具软件恢复光盘数据和存储卡、U盘的数据。

6）利用中盈创信底层编辑工具将某个“.doc”格式的文档头清零保存，然后分别利用工具软件或手工的方法修复该文档（要求：分别使用按页/扇区的形式显示，然后手工恢复）。

附录　其他系统介绍

Linux是一个支持多用户、多进程、多线程、实时性较好的功能强大而稳定的操作系统，它可以运行在x86 PC、Sun Sparc、Digital Alpha、6800、Power PC、MIPS等平台上，是目前运行硬件平台最多的操作系统。

Mac OS是苹果公司为Mac系列产品开发的专属操作系统，是苹果Mac系列产品的预装系统，处处体现着简洁的宗旨。Mac OS是全世界第一个基于FreeBSD系统采用“面向对象”的操作系统。

本附录介绍了Linux系统和Mac系统的发展及版本，以及两个系统的分区结构和文件系统结构。

1．Linux系统

（1）Linux系统简介

Linux是一个诞生于网络、成长于网络且成熟于网络的操作系统。1991年，芬兰大学生Linus Torvalds萌发了开发一个自由的UNIX操作系统的想法，Linux就诞生了，为了不让这个羽翼未丰的操作系统夭折，Linus将自己的作品Linux通过Internet发布。从此一大批知名的、不知名的计算机黑客、编程人员加入开发过程中来，Linux逐渐成长起来。

Linux凭借优秀的设计、不凡的性能，加上IBM、Intel、CA、CORE、ORACLE等国际知名企业的大力支持，市场份额逐步扩大，逐渐成为主流操作系统之一。

Linux是一套免费使用和自由传播的类UNIX操作系统，是一个基于POSIX和UNIX的多用户、多任务、支持多线程和多CPU的操作系统。它能运行主要的UNIX工具软件、应用程序和网络协议，它支持32位和64位CPU。Linux继承了UNIX以网络为核心的设计思想，是一个性能稳定的多用户网络操作系统。它主要用于基于Intel x86系列CPU的计算机上。这个系统由世界各地的成千上万的程序员设计和实现，其目的是建立不受任何商品化软件的版权制约的、全世界都能自由使用的UNIX兼容产品。

Linux以它的高效性和灵活性著称。其模块化的设计结构，使得它既能在价格昂贵的工作站上运行，也能够在廉价的计算机上实现全部的UNIX特性，具有多任务、多用户的能力。Linux操作系统软件包不仅包括完整的Linux操作系统，而且还包括了文本编辑器、高级语言编译器等应用软件。它还包括带有多个窗口管理器的X-Windows图形用户界面，如同人们使用Windows NT一样，允许使用窗口、按钮和菜单对系统进行操作。

Linux的发行版本大体可以分为以下两类：一类是商业公司维护的发行版本，另一类是社区组织维护的发行版本，前者以著名的Red Hat（RHEL）为代表，后者以Debian为代表。

发行版本为许多不同的目的而制作，包括对不同计算机结构的支持，已经有超过300个发行版本被积极地开发，最普遍使用的发行版本有12个。

1）Fedora Core。Fedora Core（自第7版直接更名为Fedora）是众多Linux发行版本之一。它是从Red Hat Linux发展出来的免费Linux系统，它可运行的体系结构包括x86、x86-64和Power PC。Fedora是Linux发行版中更新最快的版本之一，通常每6个月发布一个正式的新版本。

2）Debian。Debian Project的目标是提供一个稳定容错的Linux版本。作为服务器平台，Debian以其稳定性著称。

3）Mandrake。Mandrake是在桌面市场中较好的Linux版本，也可作为一款优秀的服务器系统，尤其适合Linux新手使用。

4）Ubuntu。Ubuntu是一个以桌面应用为主的Linux操作系统，它基于Debian发行版和Unity桌面环境，与Debian的不同在于它每6个月会发布一个新版本。

5）Red Hat Linux（红帽）。这应该是最著名的Linux版本，Red Hat Linux已经创造了自己的品牌。它是公共环境中表现上佳的服务器，特别适合在公共网络中使用。

6）SuSE。SuSE AG一直致力于创建一个连接数据库的最佳Linux版本。它拥有界面友好的安装过程，还有图形管理工具，可方便地访问Windows磁盘，是一个强大的服务器平台。

7）Linux Mint。Linux Mint是一个为个人计算机和x86计算机设计的操作系统，是既有Windows又有Linux系统的“双系统”。

8）Gentoo。Gentoo是Linux世界最年轻的发行版本，正因为年轻，所以能吸取在它之前的所有发行版本的优点，于2002年发布了首个稳定版本。

9）CentOS。CentOS（Community Enterprise Operating System）来自于Red Hat Enterprise Linux。由于出自同样的源代码，因此有些要求高度稳定性的服务器以CentOS来替代商业版的Red Hat Enterprise Linux。

（2）Linux系统分区结构简介

大多数Linux系统的发行版主要应用于x86平台，使用MBR磁盘结构，故Linux系统支持MBR磁盘分区和GPT磁盘分区。

1）MBR磁盘分区结构介绍。

Linux系统的MBR磁盘分区结构与Windows的MBR磁盘分区结构完全一样，这里就不再重复讲解。

2）GPT磁盘分区结构介绍。

GPT（GUID Partition Table，全局唯一标识磁盘分区表）是可扩展固件接口（EFI）标准（被Intel用于替代个人计算机的BIOS）的一部分，被用于替代BIOS系统中的以32位来存储逻辑块地址和大小信息的主引导记录（MBR）分区表。

① 基本特点。

- 与支持最大卷为2TB的MBR磁盘分区的格式相比，GPT磁盘分区理论上支持的最大卷可由2^{64}个逻辑块构成。以常见的每扇区512字节磁盘为例，最大卷容量可达18EB。

- 相对于每个磁盘最多有4个主分区（或3个主分区，1个扩展分区和无限制的逻辑驱动器）的MBR分区结构，GPT磁盘最多可划分128个分区（1个系统保留分区及127个用户定义分区）。
- 与MBR分区的磁盘不同，GPT磁盘分区至关重要的平台操作数据位于分区内部，而不是位于非分区或隐藏扇区。另外，GPT分区磁盘可通过主要及备份分区表的冗余，来提高分区数据的完整性和安全性。
- 支持唯一的磁盘标识符和分区标识符（GUID）。

② GPT磁盘分区的结构。

GPT磁盘由6部分结构组成，如附图1所示。

保护MBR	GPT头	分区表	分区区域	分区表备份	GPT头备份

附图 1　GPT 磁盘的结构

- 保护MBR。保护MBR位于GPT磁盘的第1个扇区，也就是0号扇区，由磁盘签名、MBR磁盘分区表和结束标志组成，没有引导代码。分区表内只有一个分区表项，这个表项GPT不用，只是为了让系统认为这个磁盘是合法的。
- GPT头。GPT头位于GPT磁盘的第2个扇区，也就是1号扇区。该扇区是在创建GPT磁盘时生成的，GPT头会定义分区表的起始位置、分区表的结束位置、每个分区表项的大小、分区表项的个数及分区表的校验和等信息。
- 分区表。分区表位于GPT磁盘的2～33号扇区，一共占用32个扇区，能够容纳128个分区表项。每个分区表项大小为128字节。因为每个分区表项管理一个分区，所以Windows操作系统允许GPT磁盘创建128个分区。每个分区表项中记录着分区的起始与结束地址、分区类型的GUID、分区的名字、分区属性和分区GUID。
- 分区区域。GPT分区区域就是用户使用的分区，也是用户进行数据存储的区域。分区区域的起始地址和结束地址由GPT头定义。
- GPT头备份。GPT头有一个备份，放在GPT磁盘的最后一个扇区，但这个GPT头备份并非完全GPT头备份，某些参数有些不一样。复制的时候根据实际情况更改一下即可。
- 分区表备份。分区区域结束后就是分区表备份，其地址在GPT头备份扇区中有描述。分区表备份是对分区表32个扇区的完整备份。如果分区表被破坏，则系统会自动读取分区表备份，也能够保证正常识别分区。

小提示 GPT的分区结构相对于MBR要简单许多，并且分区表以及GPT头都有备份。

（3）Ext3/4文件系统结构简介

1）Linux支持的文件系统。

① Ext1文件系统。Mini x文件系统是Linux支持的第1个文件系统，但是由于存在严重的性能问题，因此出现了另一个Linux的文件系统，即扩展文件系统。第1个扩展文件系统（Ext1）于1992年4月引入，支持的最大文件系统为2GB。

② Ext2文件系统。第2个扩展文件系统（Ext2）于1993年1月引入，它借鉴了当时文件系统（如Berkeley Fast File System）的先进想法。Ext2支持的最大文件系统为2TB，2.6版本内核将该文件系统支持的最大容量提升到了32TB。

③ Ext3文件系统。第3个扩展文件系统（Ext3）于2001年11月引入，并具有重大改进。它引入了日志概念，以在系统突然停止时提高文件系统的可靠性。Ext3支持Ext2系统就地（in-place）升级。

④ Ext4文件系统。第4个扩展文件系统（Ext4）是当今最流行的，在性能、伸缩性和可靠性方面进行了大量改进。Ext4支持1EB的文件系统。

2）Ext3/4文件系统结构。

Ext3/4文件系统的全部空间被划分为若干个块组，每个块组内的结构大致相同。由于现在的文件系统往往比较大，因此文件系统普遍采用稀疏超级块方式，即只有在块组号是3、5、7的幂的块组（如1、3、5、7、9、25、49等）内才对超级快和块组描述符表进行备份。所以块组内的布局主要有两种，如附图2所示。

附图2中的块组0的布局与布局1相同，只不过其包含的超级块和块组描述符不是备份。Ext3/Ext4文件系统的前两个扇区用来存放引导程序，称为引导扇区。如果没有引导程序则保留不用，一般为空扇区，没有任何数据。

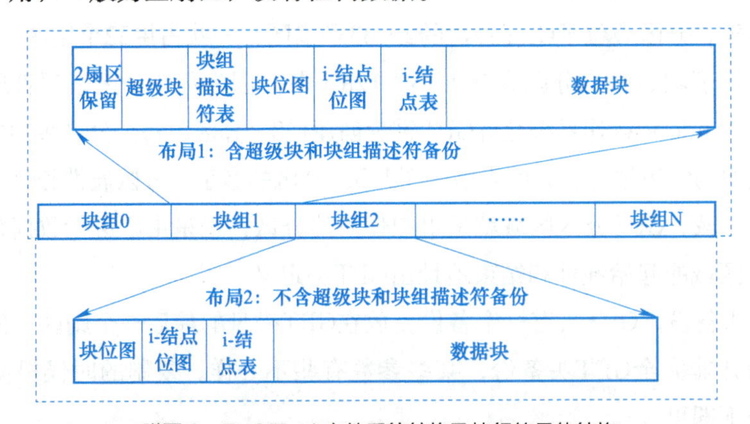

附图 2　Ext3/Ext4 文件系统结构及块组的具体结构

Ext3/Ext4文件系统的第3个扇区（也就是2号扇区）是“超级块”，占用两个扇区，用于存储文件系统的配置参数（如块大小、总块数和i-结点数）和动态信息（如当前空闲块数和i-结点数）。

块组描述符表用于存储块组描述符，占用一个或者多个块，具体取决于文件系统的大小。每个块组描述符主要描述块位图、i-结点位图及i-结点表的地址等信息。

块位图用于描述该块组所管理的块的分配状态。如果某个块对应的位未置位，那么代表该块未分配，可以用于存储数据；否则，代表该块已经用于存储数据或者该块不能够使用（如该块物理上不存在）。由于块位图仅占一个块，因此这也决定了块组的大小。

i-结点位图用于描述该块组所管理的i-结点的分配状态。i-结点是用于描述文件的元数据，每个i-结点对应文件系统中的唯一一个号。如果i-结点位图中相应位置位，那么代表该i-结点已经分配出去；否则可以使用。由于其仅占用一个块，因此这也限制了一个块组中所能够使用的最大i-结点数量。

i-结点表用于存储i-结点信息。它占用一个或多个块（为了有效地利用空间，多个i-结点存储在一个块中），其大小取决于文件系统创建时的参数。由于i-结点位图的限制，因此这也决定了其所占用的最大空间。

小提示 块组开头的2个扇区类似于NTFS中的引导代码，超级块类似于BPB参数部分，块位图类似于元文件$Bitmap，i-结点位图与i-结点表联合起来类似于MFT。

3）文件管理。

Ext3/Ext4对文件的管理步骤大致如下：从超级块获取各种参数，然后每个文件（包括文件夹）对应i-结点表中的一个结点和目录区的一个目录项，同时块组描述符表对应的块组描述符帮助定位i-结点表的位置。这个过程如附图3所示。

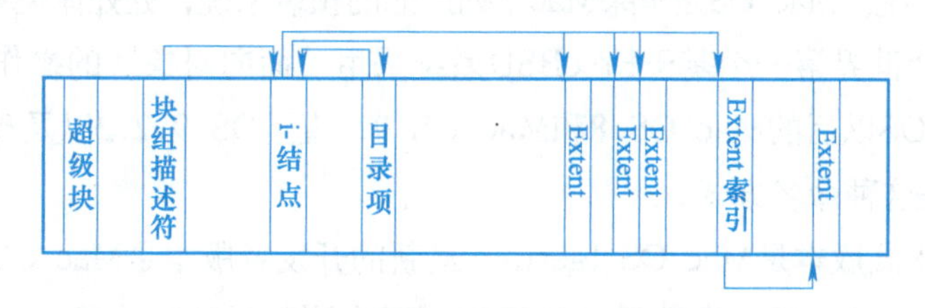

附图 3 Ext3/Ext4 系统文件管理示意图

2. Apple系统

Mac OS是苹果公司为Mac系列产品开发的专属操作系统，是全世界第一个基于FreeBSD系统采用“面向对象”的操作系统。“面向对象操作系统”是史蒂夫·乔布斯（Steve Jobs）于1985年离开苹果公司后成立的NeXT公司所开发的。后来苹果公司收购了该公司，史蒂夫·乔布斯重新担任苹果公司CEO，Mac使用的Mac OS被整合到NeXT公司开发的Openstep系统上。

（1）Apple计算机与MAC操作系统简介

1）Apple计算机。1976年，两位中学时的好友史蒂夫·乔布斯和斯蒂夫·沃兹尼亚克在美国硅谷的一间简陋车库里创办了苹果公司。他们唯一的产品就是Apple I，但是Apple I的市场反应很冷淡。直到1977年，Apple II诞生并作了第一次商业展示后才引起人们的注意，Apple II的问世在计算机界引起了极大的轰动。

1979年，乔布斯和其他几个工程师从施乐公司的PARC试验室里学到了图形用户界面技术，并将其应用于Apple计算机。

1980年，苹果公司已经有几千名雇员，并且产品开始销往世界各地，苹果成了计算机的代名词。苹果公司随后的发展虽然也经历了许多波折，甚至出现过巨额亏损，但是依靠其强大的研发能力和独具特色的产品，Apple计算机始终占据着一定的市场份额，并推出了真正的划时代传奇产品iMac。这个产品实现了苹果巨人的复活，使得苹果时代又一次到来。

2005年，苹果计算机公司与英特尔公司展开会谈，计划在其Macintosh计算机上使用英特尔处理器芯片，并逐渐摒弃原有的Power PC。在2005年6月6日的WWDC大会上，乔布斯正式宣布从2006年起Mac产品将开始使用Intel所制造的CPU，从此Apple计算机也走向了x86平台。

Apple计算机往往代表了潮流和时尚，代表了高端和精美的工业设计。Apple计算机对计算机最大的两个贡献是图形界面和用鼠标操纵计算机，而在那之前，计算机操作完全是基于文字界面的。不仅如此，Apple计算机最早引入了“桌面排版系统”和“多媒体计算”的概念，让人类摆脱了“事件驱动”和“菜单控制”的初级阶段。“桌面排版系统”的发明，使得印刷业获得了新生，这也是Apple计算机的辉煌贡献之一。

2）Mac操作系统。

Apple计算机的灵魂并不是硬件，而是其操作系统。Mac OS是苹果公司为Mac系列产品开发的专属操作系统。Mac OS是苹果Mac系列产品的预装系统，处处体现着简洁的宗旨。

Mac OS是全世界第一个基于FreeBSD系统采用“面向对象”的操作系统。苹果操作系统更名为Mac OS以后的Mac OS 8和Mac OS 9，直至OS 9.2.2以及现在的Mac OS X v10.6采用的都是这种命名方式。

现在最新的正式版本是Mac OS Sierra，最新的开发者版本是Mac OS High Sierra。

OS X v10.0～10.8版本在苹果计算机内部以大型猫科动物为代号，如10.0版本的代号是Cheetah，10.1版本代号为Puma。在苹果的产品市场10.2版本以后，苹果公开地使用猫科名称作为产品商标推出系统，并作为系统版本简称。Mac OS X 10.2命名为Jaguar（美洲豹），10.3相似地命名为Panther（黑豹）。2011年苹果推出OS X Lion，改变了命名规则，在产品正式名称中去掉了Mac字样和版本号。2012年又推出OS X Mountain Lion（山猫）。如今猫科动物名称即将用尽，WWDC 2013上发布OS X Mavericks时，Craig Federighi开玩笑说OS X 10.9曾考虑命名为OS X Sea Lion，但考虑到今后再命名困难，所以系统定名为Mavericks，即加州北部的一处冲浪胜地。随后他宣布今后十年苹果将会用给开发团队灵感的加州景点名称作为系统代号名，像是2014年发布的OS X Yosemite，“Yosemite”即是加州的“优胜美地国家公园”。

现在苹果计算机的网站和文章中提及特殊的OS版本会以不同的方式呈现。

- OS X Mavericks：版本的正式名称。
- OS X 10.9“Mavericks”：版本号码和名称，苹果有时会省略引号（目前已停止使用此命名方式）。
- “Mavericks”：版本简称及商标。

(2) Apple计算机的分区结构简介

在传统的Power PC平台的Apple计算机上采用APM分区管理方式，而在Intel平台下，Apple计算机可以支持APM分区、GPT分区和MBR磁盘分区，但MBR磁盘分区仅应用于外置硬盘或者U盘上，这样可以方便同计算机传送数据。

小提示 Mac OS X不能从MBR的分区的硬盘上启动系统。

APM（Apple Partition MAP，苹果分区映射）是Apple计算机独有的分区结构，最初用在Power PC平台的Apple计算机上，采用Big-Endian的字节序。虽然从2006年起Apple计算机开始使用Intel所制造的CPU，但APM分区结构依然在使用。

小提示 Big-Endian字节序是高字节存放在低地址处，低字节存放在高地址处。与Intel的Little-Endian字节序正好相反。

Apple计算机的分区结构如下。

1）Apple磁盘的第一个扇区。Apple磁盘的第一个扇区既不是引导扇区，也不是分区表，而是一个驱动程序描述符。该描述符中记录着签名值、设备的块大小（扇区大小）、设备总块数。另外，驱动程序描述符中还记录了描述符的数目和驱动程序描述符等。

小提示 这里所说的设备“块”其实就是指扇区。

2）APM分区结构。APM分区结构与MBR磁盘分区结构完全不一样，APM分区结构很简单，而且还可以创建任意多个分区，并且分区信息都存放在一些连续的扇区内。

APM分区信息是通过分区映射来描述的，分区映射表开始于磁盘的第2个扇区（即1号扇区），映射表中没有引导代码。分区映射表中的每个映射表项用来描述1个分区，而每个分区映射表项占用1个扇区，即512字节。

APM磁盘中的APM分区分为以下4种类型：第1种分区是映射表分区，用来管理分区映射表自身；第2种是设备的驱动程序分区，用来管理物理设备；第3种是文件系统分区，用来管理操作系统及用户的文件；第4种是空闲空间分区，用来管理未分配的空间。其结构如附图4所示。

驱动程序描述符扇区	分区映射表分区	驱动程序分区	文件系统分区	文件系统分区	文件系统分区	空闲空间分区

附图 4　APM 分区结构图

① 分区映射表分区。分区映射表分区的映射表项位于Apple磁盘的1号扇区，是描述分区映射表自身的一个表项。

② 驱动程序分区。Apple计算机用给每个驱动器创建分区的方式来管理这些驱动器设备，所以在苹果系统的主磁盘中有很多为驱动器创建的分区。

③ 文件系统分区。Apple计算机的文件系统分区用来管理操作系统及用户的文件，Apple磁盘中一般有一个到多个文件系统分区。

④ 空闲空间分区。Apple计算机的空闲空间分区用来管理未分配的磁盘空间。因为磁

盘中的所有空间不一定都分配给分区使用，往往还会剩余一部分，所以这部分就用1个空闲空间分区进行管理。

3）APM分区映射表结构。APM分区映射表由若干个映射表项构成，其中第1个映射表项是分区映射表自身的表项，在该表项中记录着分区映射表的总大小以及分区的数目。分区映射表分区自身的表项起始于Apple磁盘的第2个扇区，并且连续占用若干个扇区。该磁盘中所有分区都在这个映射表中描述，每个分区映射的描述信息称为一个映射表项，占用512B。分区映射表项的含义见附表1。

附表 1　分区映射表项的含义

地址偏移	长度/字节	含义
0x00~0x01	2	签名值。一般为504DH
0x02~0x03	2	保留
0x04~0x07	4	分区个数
0x08~0x0B	4	分区起始扇区
0x0C~0x0F	4	分区总扇区数
0x10~0x2F	32	分区名称
0x30~0x4F	32	分区类型。表示存储器的类型，以“Apple_”开头
0x50~0x53	4	数据区起始扇区号
0x54~0x57	4	数据区总扇区数
0x59~0x5B	4	分区的状态。现已不使用
0x5C~0x5F	4	引导代码起始扇区
0x60~0x63	4	引导代码扇区数
0x64~0x67	4	引导代码装载地址
0x68~0x6B	4	保留
0x6C~0x6F	4	引导区装载指针
0x70~0x73	4	保留
0x74~0x77	4	引导代码校脸和
0x78~0x87	16	处理器类型
0x88~0x1FF	376	保留

（3）HFS+文件系统简介

1）HFS+文件系统的特点。

HFS+文件系统是目前的Apple计算机中默认的最常用的文件系统，HFS+来源于UNIX，但又不同于UNIX，它增加了许多新的特性，同时也有许多不同于Windows、UNIX等操作系统的概念。

HFS+文件系统的特点如下：

① 在HFS+文件系统中，磁盘被分成512字节的逻辑块，称为“扇区”。所有的扇区

从0开始编号，直到磁盘的最大扇区数减1。

② 在一个文件卷内，HFS+把所有的扇区分成等大的组（称为分配块），一个分配块占用一组连续的扇区。

小提示 HFS+中的分配块类似于FAT32、NTFS中的簇，甚至可以说是相同的，只是工作环境与名称不同而已。

- 分配块的大小为2的整数次幂，且大于等于512字节。这个值在卷初始化时被设定，并且在卷存在的过程中不能被修改，除非重新对卷进行初始化。
- HFS+用32位记录分配块的数量，因此最多可以管理2^{32}个分配块。

小提示 一般情况下，分配块的大小为4KB，这是最优化的分配块大小。

③ 所有的文件结构，包括卷头，都包含在一个或者几个分配块中（也有例外的情况，如备份卷头）。

小提示 用每分配块的大小字节数（在HFS卷标头偏移20H～24H或HFS＋的卷标头中偏移28H～2BH处的4字节表示）除以512字节（每扇区字节数）所得到的每分配块大小扇区数，直接乘以分配块号就可以得到1个分配块的第1个扇区所在的位置。

④ 为了减少文件碎片的产生，HFS＋在为文件分配存储空间的时候，会尽可能地为其分配一组连续的分配块或块组。块组的大小通常为分配块大小的整数倍，这个值在卷头中说明。

⑤ 对于非连续存储的文件，Mac OS采用“下一个可用分配策略”为其分配存储空间。即当Mac OS接收到文件空间分配请求时，如果首先找到的空闲空间无法满足请求的空间大小，则继续从下一个找到的空闲块开始继续分配，如果这次找到的连续空闲空间足够大，则根据请求空间的大小分配“块组”大小的整数倍空间给这个文件。

2）HFS+文件系统的元文件。

HFS+文件系统中有5种特殊的文件，用来保存文件系统结构的数据性数据和属性，称这5个文件为“元文件”，它们分别是分配文件、盘区溢出文件、编录文件、属性文件和启动文件。

HFS+文件系统的元文件只有数据分支，没有资源分支，它们的起始地址和大小都在文件系统的卷头中描述。

① 分配文件。分配文件的作用是描述文件系统中的块是空闲的还是已被占用。它相当于NTFS中的位图文件。

② 盘区溢出文件。HFS+文件系统的盘区是为分支分配的一系列连续的块，并用“起始块号”和“块数”描述盘区的所在地址。对于一个用户文件，每个分支前8个盘区的信息保存在宗卷的编录文件中，如果文件的分支大于8个盘区，则超出的盘区信息存放在“盘区溢出文件”中，文件系统只要通过跟踪分支的盘区就能确定块的具体归属了。

另外，盘区溢出文件也可以为元文件保存除盘区溢出文件自身以外的其他附加盘区信息，不过有一个元文件例外，就是启动文件。如果启动文件需要的盘区数量大于在卷头中所描述的8个，需要用盘区溢出文件来保存，系统对它的访问就会变得很困难，也就无法达到快速启动的目的。所以，在实际中启动文件将单独保存，这样就不需要在盘区溢出文件中保存它的额外盘区信息了。

③ 编录文件。编录文件用来描述文件系统内的文件和目录的层次结构，该文件内存储着文件系统中所有文件和目录的重要信息。

④ 属性文件。属性文件的作用是保存文件及目录的附加信息，它的组织结构与编录文件一样，都采用B–树结构。

⑤ 启动文件（Startup File）。启动文件是一个为了从HFS+宗卷上启动非Mac OS系统而设置的元文件。

另外，在HFS+文件系统中还有一个特殊的文件，用来管理文件系统中有缺陷的块地址，该文件被称为“坏块文件”。

小提示 坏块文件不属于用户文件，也不属于元文件，在文件系统的卷头中没有对其描述。

3）HFS+文件系统结构总览。

HFS+文件系统总体结构如附图5所示。

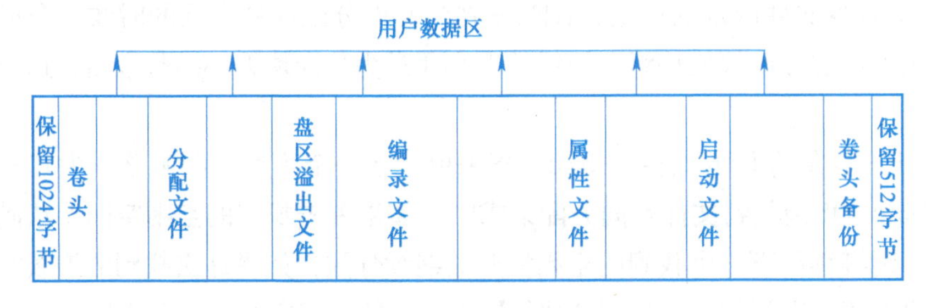

附图 5　HFS+ 文件系统总体结构图

从附图5可以看出，HFS+宗卷的前2个扇区是保留不用的，一般为空扇区，没有任何数据，但这两个保留不用的扇区所在的块在分配文件内会被标记为“已使用”。宗卷的第3个扇区（也就是2号扇区）称为“卷头”。

小提示 HFS+把文件系统的“卷”称为“宗卷”。

文件系统中的5个元文件并没有被存放在一起，而是在宗卷中分布存储，它们的地址在卷头中有具体的描述。

在宗卷的倒数第2个扇区处，是卷头的1个备份，最后1个扇区则保留不用。

小提示 为了保护备份卷头和卷尾最后一个扇区的保留空间，宗卷的最后一个块（如果块大小为512字节，则为2个块）也在分配文件中被标记为“已使用”。

如果宗卷所包含的扇区数不是块大小的整数倍，那么在宗卷的最后一个块的后面就会有不够一个块大小的几个扇区。这几个扇区不在文件系统的块计数之内，这时备份卷头的

位置就会在最后一个块之外。在这种情况下，最后一个块也会被保留而不被占用。

小思考 卷头的作用相当于其他文件系统的什么作用？

① HFS+文件系统的卷头分析。HFS+文件系统卷头位于宗卷的2号扇区，占用1个扇区，其重要性类似于FAT文件系统和NTFS中的DBR。卷头中记录着许多参数，具体见附表2。

附表2 卷头的结构参数

地址偏移	长度/字节	含义
0x00～0x01	2	签名值。卷头的标志位，“H+”表示该宗卷格式为HFS+；“HX”则表示该宗卷格式为HFSX
0x02～0x03	2	版本
0x04～0x07	4	属性。其值用来唯一识别最后对该宗卷做写操作的操作系统版本
0x08～0x0B	4	最后加载版本
0x0C～0x0F	4	日志信息块。描述日志信息块的地址
0x10～0x13	4	创建时间（非GMT时间，而是本地时间）
0x14～0x17	4	修改时间（非GMT时间，而是本地时间）
0x18～0x1B	4	备份时间（非GMT时间，而是本地时间）
0x1C～0x1F	4	最后检查时间（非GMT时间，而是本地时间）
0x20～0x23	4	文件数目。记录了该宗卷上文件的总数，但不包括元文件
0x24～0x27	4	目录数目。目录数目参数记录了该宗卷的文件夹的总数，但不包括根目录
0x28～0x2B	4	每块字节数
0x2C～0x2F	4	总块数
0x30～0x33	4	空闲块数
0x34～0x37	4	下一个分配块号。用于记录下次分配搜索的起始位置
0x38～0x3B	4	资源分支的块大小。在为文件增加存储空间时，需要以这个大小给文件分配空间
0x3C～0x3F	4	数据分支的块大小。该参数记录了默认的数据分支块组的大小，以字节为单位
0x40～0x43	4	下一目录的ID。记录了下一个未使用的目录文件ID
0x44～0x47	4	写记数。写记数区域的记录在每次宗卷被加载时都会增加，它允许一个操作跟踪该宗卷的加载情况，甚至是未被正确加载或意外失去连接的情况。当介质重新接入时，系统会检测此处的值，以确定意外失去连接时是否对宗卷产生了改变
0x48～0x4F	8	文档编码位图。它部分记录了文件和目录名的编码类型，允许用Unicode码以外的编码以达到最佳的描述效果
0x50～0x6F	32	系统引导信息。系统引导信息包含Mac OS系统的探测器信息和系统程序引导进程的信息
0x70～0xBF	80	分配文件的信息。用来记录分配文件的位置和大小
0xC0～0x10F	80	盘区溢出文件的信息。用来记录盘区溢出文件的位置和大小
0x110～0x15F	80	编录文件的信息。用来记录盘区编录文件的位置和大小
0x160～0x1AF	80	属性文件的信息。用来记录盘区属性文件的位置和大小
0x1B0～0x1FF	80	启动文件的信息。用来记录盘区启动文件的位置和大小

小领悟 这些参数与BPB参数的作用很相似。

- HFS+文件系统的文件管理。

HFS+文件系统对文件的管理如下：

- HFS+文件系统中有几个重要元文件，其中编录文件是最重要的一个元文件。用户数据的大部分信息都由编录文件来管理，编录文件的存放地址则由文件系统的卷头描述。
- 编录文件用B−树结构组织数据，B−树的第一个结点称为头结点。头结点中会描述结点的大小及根结点的结点号等信息，这样就可以通过头结点定位到根结点。
- 根结点一般是索引结点，它用指针记录的形式描述B−树中各个关键字的分布情况，利用这种描述关系可以找到需要的关键字所在的结点号。
- 通过索引结点定位到目标关键字所在的结点。这个结点属于叶结点，它由数据记录组成，包括文件夹记录、文件记录、文件夹链接记录、文件链接记录，文件夹记录及文件记录描述文件夹和文件的具体信息。链接记录则能够说明文件与文件夹之间的上下级关系。
- 在目标文件所在的叶结点中对关键字做顺序遍历，能够很快找到目标文件的文件记录。文件记录中有文件的分支信息，通过分支信息中描述的盘区地址，最终就可以定位到文件的存储地址了，在这些盘区中存放的就是文件的数据。

HFS+文件系统对文件的管理结构图如附图6所示。

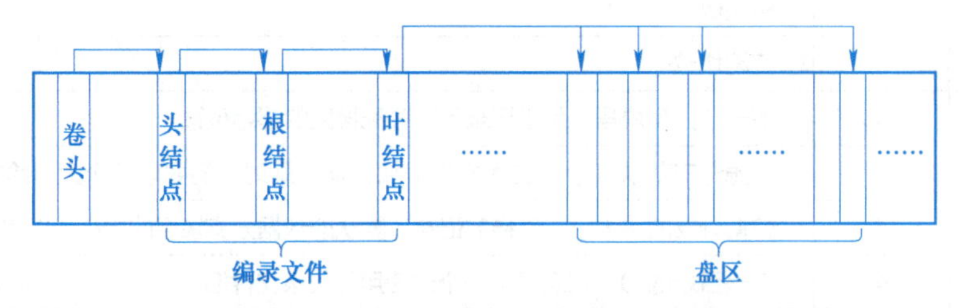

附图6　HFS+ 文件系统对文件的管理结构图

参 考 文 献

[1] 刘伟．数据恢复技术深度解密[M]．北京：电子工业出版社，2010．

[2] 张京生，汪中夏，刘伟．数据恢复方法与案例分析[M]．北京：电子工业出版社，2008．

[3] 赵振洲．数据恢复技术案例教程[M]．北京：机械工业出版社，2013．

[4] 梁宇恩，沈建刚，梁启来．计算机数据恢复技术[M]．西安：西安电子科技大学出版社，2015．